本书由
教育部人文社会科学重点研究基地——山西大学科学技术哲学研究中心基金
山西省"1331工程"重点学科建设计划
资助出版

认知哲学译丛

魏屹东/主编

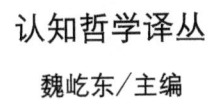

热思维：
情感认知的机制与应用

〔加〕保罗·萨伽德/著
(与弗雷德·克罗恩，约瑟夫·涅布，巴尔津德·萨德拉，
卡梅伦·雪莱和布兰登·瓦加林合作)

魏屹东　王　敬/译

魏屹东/审校

科学出版社
北京

图字：01-2019-5010 号

内 容 简 介

本书论述了情感认知这种热思维的相关内容，揭示了认知与情感在产生人类思维过程中是如何相互作用的。第 1 部分情感认知的机制描述了认知、社会、神经和分子机制，这些机制在人类思维的解释方面相互影响。第 2 部分情感认知的应用展现了情感认知在法律、科学、宗教等方面的应用，最后提出了关于情感认知的规范性地位的哲学问题，特别是思维和推理活动应该在何时、如何被情感化的问题。

本书可供科学哲学、认知哲学、语言哲学、认知科学、脑科学、认知心理学等相关领域的本科生、研究生和研究人员阅读参考。

© 2006 Massachusetts Institute of Technology
All rights reserved. No part of this book may be reproduced in any form by any electronic or mechanical means (including photocopying, recording, or information storage and retrieval) without permission in writing from the publisher.
This authorized Chinese translation edition is published by China Science Publishing & Media Ltd.
Translation Copyright © [2019] by Massachusetts Institute of Technology and China Science Publishing & Media Ltd.

图书在版编目（CIP）数据

热思维：情感认知的机制与应用/（加）保罗·萨伽德（Paul Thagard）著；魏屹东，王敬译. —北京：科学出版社，2019.10
（认知哲学译丛 / 魏屹东主编）
书名原文：Hot Thought: Mechanism and Applications of Emotional Cogntion
ISBN 978-7-03-062160-3

Ⅰ. ①热⋯ Ⅱ. ①保⋯ ②魏⋯ ③王⋯ Ⅲ. ①情感-研究 Ⅳ. ①B842.6
中国版本图书馆 CIP 数据核字（2019）第 212062 号

丛书策划：郭勇斌
责任编辑：邹 聪 殷梦雯 / 责任校对：贾伟娟
责任印制：徐晓晨 / 封面设计：黄华斌

科学出版社 出版
北京东黄城根北街 16 号
邮政编码：100717
http://www.sciencep.com
北京虎彩文化传播有限公司 印刷
科学出版社发行 各地新华书店经销

*

2019 年 10 月第 一 版 开本：720×1000 B5
2020 年 5 月第二次印刷 印张：18 3/4
字数：350 000

定价：118.00 元
（如有印装质量问题，我社负责调换）

作者简介

保罗·萨伽德（Paul Thagard），男，1950年9月28日生于加拿大萨斯喀彻温省的约克顿，著名哲学家、滑铁卢大学哲学荣誉教授，曾任国际认知科学学会（The Cognitive Science Society）理事会主席，机器与心灵学会（The Society for Machines and Mentality）主席，主要从事认知科学、心灵哲学、科学哲学和医学哲学研究。1999年当选为加拿大皇家学会研究员，2003年荣获滑铁卢大学杰出研究奖，2013年荣获加拿大国家最高科学奖——基廉奖（Killam Prizes），著有《心智：认知科学导论》（*Mind: Anintroduction to Cognitive Science*）等，发表论文200余篇。

译 者 简 介

魏屹东，男，1958年生，山西永济人，哲学博士，现为山西大学科学技术哲学研究中心、哲学社会学学院教授、博士生导师，主要从事科学技术哲学、科学技术史、西方哲学等研究。出版《爱西斯与科学史》《广义语境中的科学》《语境论与科学哲学的重建》等10部专著，翻译《认知科学哲学导论》《心灵与认知哲学》和《溯因推理：从逻辑探究发现与解释》，主编"认知哲学译丛"和"认知哲学丛书"，在《中国社会科学报》《自然辩证法研究》等刊物发表学术论文200余篇。

王敬，男，1990年生，山西吕梁人，现为山西大学哲学社会学学院博士研究生，主要从事认知哲学研究，合作发表论文《论情境认知的本质特征》。

丛 书 序

与传统哲学相比，认知哲学（philosophy of cognition）是一个全新的哲学研究领域，它的兴起与认知科学的迅速发展密切相关。认知科学是20世纪70年代中期兴起的一门前沿性、交叉性和综合性学科。它是在心理科学、计算机科学、神经科学、语言学、文化人类学、哲学以及社会科学的交界面上涌现出来的，旨在研究人类认知和智力本质及规律，具体包括知觉、注意、记忆、动作、语言、推理、思维、意识乃至情感动机在内的各个层次的认知和智力活动。十几年以来，这一领域的研究异常活跃，成果异常丰富，自产生之日起就向世人展示了强大的生命力，也为认知哲学的兴起提供了新的研究领域和契机。

认知科学的迅速发展使得科学哲学发生了"认知转向"，它试图从认知心理学和人工智能角度出发研究科学的发展，使得心灵哲学从形而上学的思辨演变为具体科学或认识论的研究，使得分析哲学从纯粹的语言和逻辑分析转向认知语言和认知逻辑的结构分析、符号操作及模型推理，极大促进了心理学哲学中实证主义和物理主义的流行。各种实证主义和物理主义理论的背后都能找到认知科学的支持。例如，认知心理学支持行为主义，人工智能支持功能主义，神经科学支持心脑同一论和取消论。心灵哲学的重大问题，如心身问题、感受性、附随性、意识现象、思想语言和心理表征、意向性与心理内容的研究，无一例外都受到来自认知科学的巨大影响与挑战。这些研究取向已经蕴涵认知哲学的端倪，因为众多认知科学家、哲学家、心理学家、语言学家和人工智能专家的论著论及认知的哲学内容。

尽管迄今国内外的相关文献极少单独出现认知哲学这个概念，精确的界定和深入系统的研究也极少，但研究趋向已经非常明显。鉴于此，这里有必要对认知哲学的几个问题做出澄清。这些问题是：什么是认知？什么是认知哲学？认知哲学与相关学科是什么关系？认知哲学研究哪些问题？

第一个问题需要从词源学谈起。认知这个词最初来自拉丁文

"cognoscere"，意思是"与……相识""对……了解"。它由 co+gnoscere 构成，意思是"开始知道"。从信息论的观点看，"认知"本质上是通过提供缺失的信息获得新信息和新知识的过程，那些缺失的信息对于减少不确定性是必需的。

然而，认知在不同学科中意义相近，但不尽相同。

在心理学中，认知是指个体的心理功能的信息加工观点，即它被用于指个体的心理过程，与"心智有内在心理状态"观点相关。有的心理学家认为，认知是思维的显现或结果，它是以问题解决为导向的思维过程，直接与思维、问题解决相关。在认知心理学中，认知被看做心灵的表征和过程，它不仅包括思维，而且包括语言运用、符号操作和行为控制。

在认知科学中，认知是在更一般意义上使用的，目的是确定独立于执行认知任务的主体（人、动物或机器）的认知过程的主要特征。或者说，认知是指信息的规范提取、知识的获得与改进、环境的建构与模型的改进。从熵的观点看来，认知就是减少不确定性的能力，它通过改进环境的模型，通过提取新信息、产生新信息和改进知识并反映自身的活动和能力，来支持主体对环境的适应性。逻辑、心理学、哲学、语言学、人工智能、脑科学是研究认知的重要手段。《MIT 认知科学百科全书》将认知与老化（aging）并列，旨在说明认知是老化过程中的现象。在这个意义上，认知被分为两类：动态认知和具化认知。前者指包括各种推理（归纳、演绎、因果等）、记忆、空间表现的测度能力，在评估时被用于反映处理的效果；后者指对词的意义、信息和知识的测度的评价能力，它倾向于反映过去执行过程中积累的结果。这两种认知能力在老化过程中表现不同。这是认知发展意义上的定义。

在哲学中，认知与认识论密切相关。认识论把认知看做产生新信息和改进知识的能力来研究。其核心论题是：在环境中信息发现如何影响知识的发展。在科学哲学中就是科学发现问题。科学发现过程就是一个复杂的认知过程，它旨在阐明未知事物，具体表现在三方面：①揭示以前存在但未被发现的客体或事件；②发现已知事物的新性质；③发现与创造理想客体。尼古拉斯·布宁和余纪元编著的《西方哲学英汉对照辞典》（2001 年）对认知的解释是：认知源于拉丁文"*cognition*"，意指知道或形成某物的观念，通常译作"知识"，也作为"*scientia*"（知识）。笛卡儿将认知与知识区分开来，认为认知是过程，知识是认知的结果。斯宾诺莎将认知分为三个等级：第一等的认知是由第二手的意见、想象和从变幻不定的经验中得来的认知构成，这种认知承认虚假；第二等的认知是理性，它寻找现象的根本理由或原因，发现必然真理；第三等即最高等的认知，是直觉认识，它是从有关属性本质的恰当观念发展而来的，达到对事物本质的恰当认识。按照一般的哲学用法，认知包括通往知识的那些状态和过程，与感觉、感情、意志相区别。

在人工智能研究中，认知与发展智能系统相关。具有认知能力的智能系统就是认知系统。它理解认知的方式主要有认知主义、涌现和混合三种。认知主义试图创造一个包括学习、问题解决和决策等认知问题的统一理论，涉及心理学、认知科学、脑科学、语言学等学科。涌现方式是一个非常不同的认知观，主张认知是一个自组织过程。其中，认知系统在真实时间中不断地重新建构自己，通过多系统-环境相互作用的自我控制保持其操作的同一性。这是系统科学的研究进路。混合方式是将认知主义和涌现相结合。这些方式提出了认知过程模拟的不同观点，研究认知过程的工具主要是计算建模，计算模型提供了详细的、基于加工的表征、机制和过程的理解，并通过计算机算法和程序表征认知，从而揭示认知的本质和功能。

概言之，这些对认知的不同理解体现在三方面：①提取新信息及其关系；②对所提取信息的可能来源实验、系统观察和对实验、观察结果的理论化；③通过对初始数据的分析、假设提出、假设检验，以及对假设的接受或拒绝来实现认知。从哲学角度对这三方面进行反思，将是认知哲学的重大任务。

针对认知的研究，根据我的梳理主要有 11 个方面：

（1）认知的科学研究，包括认知科学、认知神经科学、动物认知、感知控制论、认知协同学等，文献相当丰富。其中，与哲学最密切的是认知科学。

（2）认知的技术研究，包括计算机科学、人工智能、认知工程学（运用涉及技术、组织和学习环境研究工作场所中的认知）、机器人技术，文献相当丰富。其中，模拟人类大脑功能的人工智能与哲学最密切。

（3）认知的心理学研究，包括认知心理学、认知理论、认知发展、行为科学、认知性格学（研究动物在其自然环境中的心理体验）等，文献异常丰富，与哲学密切的是认知心理学和认知理论。

（4）认知的语言学研究，包括认知语言学、认知语用学、认知语义学、认知词典学、认知隐喻学等，这些研究领域与语言哲学密切相关。

（5）认知的逻辑学研究，主要是认知逻辑、认知推理和认知模型。

（6）认知的人类学研究，包括文化人类学、认知人类学和认知考古学（研究过去社会中人们的思想和符号行为）。

（7）认知的宗教学研究，典型的是宗教认知科学（cognitive science of religion），它寻求解释人们心灵如何借助日常认知能力的途径习得、产生和传播宗教文化基因。

（8）认知的历史研究，包括认知历史思想、认知科学的历史。一般的认知科学导论性著作都涉及历史，但不系统。

（9）认知的生态学研究，主要是认知生态学和认知进化的研究。

（10）认知的社会学研究，主要是社会表征、社会认知和社会认识论的研究。

（11）认知的哲学研究，包括认知科学哲学、人工智能哲学、心灵哲学、心理学哲学、现象学、存在主义、语境论、科学哲学等。

以上各个方面虽然蕴涵认知哲学的内容，但还不是认知哲学本身。这就涉及第二个问题。

第二个问题需要从哲学立场谈起。

在我看来，认知哲学是一门旨在对认知这种极其复杂现象进行多学科、多视角、多维度整合研究的新兴哲学研究领域，其研究对象包括认知科学（认知心理学、计算机科学、脑科学）、人工智能、心灵哲学、认知逻辑、认知语言学、认知现象学、认知神经心理学、进化心理学、认知动力学、认知生态学等涉及认知现象的各个学科中的哲学问题，它涵盖和融合了自然科学和人文科学的不同分支学科。说它具有整合性，名副其实。对认知现象进行哲学探讨，将是当代哲学研究者的重任。科学哲学、科学社会学与科学知识社会学的"认知转向"充分说明了这一点。

尽管认知哲学具有交叉性、融合性、整合性、综合性，但它既不是认知科学，也不是认知科学哲学、心理学哲学、心灵哲学和人工智能哲学的简单叠加，它是在梳理、分析和整合各种以认知为研究对象的学科的基础上，立足于哲学，反思、审视和探究认知的各种哲学问题的研究领域。它不是直接与认知现象发生联系，而是通过研究认知现象的各个学科与之发生联系，也即它以认知本身为研究对象，如同科学哲学是以科学为对象而不是以自然为对象，因此它是一种"元研究"。在这种意义上，认知哲学既要吸收各个相关学科的优点，又要克服它们的缺点，既要分析与整合，也要解构与建构。一句话，认知哲学是一个具有自己的研究对象和方法、基于综合创新的原始性创新研究领域。

认知哲学的核心主张是：本体论上，主张认知是物理现象和精神现象的统一体，二者通过中介如语言、文化等相互作用产生客观知识；认识论上，主张认知是积极、持续、变化的客观实在，语境是事件或行动整合的基底，理解是人际认知互动；方法论上，主张对研究对象进行层次分析、语境分析、行为分析、任务分析、逻辑分析、概念分析和文化网络分析，通过纲领计划、启示法和洞见提高研究的创造性；价值论上，主张认知是负载意义和判断的，负载文化和价值的。

认知哲学研究的目的：一是在哲学层次建立一个整合性范式，揭示认知现象的本质及运作机制；二是把哲学探究与认知科学研究相结合，使得认知研究将抽象概括与具体操作衔接，一方面避免陷入纯粹思辨的窠臼，另一方面避免陷入琐碎细节的陷阱；三是澄清先前理论中的错误，为以后的研究提供经验、教训；四是提炼认知研究的思想和方法，为认知科学提供科学的、可行的认识论和方法论。

认知哲学的研究意义在于：①提出认知哲学的概念并给出定义及研究的范围，在认知哲学框架下，整合不同学科、不同认知科学家的观点，试图建立统一的研究范式。②运用认知历史分析、语境分析等方法挖掘著名认知科学家的认知思想及哲学意蕴，并进行客观、合理的评析，澄清存在的问题。③从认知科学及其哲学的核心主题——认知发展、认知模型和认知表征三个相互关联和渗透的方面，深入研究信念形成、概念获得、知识产生、心理表征、模型表征、心身问题、智能机的意识化等重要问题，得出合理可靠的结论。④选取的认知科学家具有典型性和代表性，对这些人物的思想和方法的研究将会对认知科学、人工智能、心灵哲学、科学哲学等学科的研究者具有重要的启示与借鉴作用。⑤认知哲学研究是对迄今为止认知研究领域内的主要研究成果的梳理与概括，在一定程度上总结并整合了其中的主要思想与方法。

第三个问题是，认知哲学与相关学科或领域究竟是什么关系？

我通过"超循环结构"来给予说明。所谓"超循环结构"，就是小循环环环相套，构成一个大循环。认知科学哲学、心理学哲学、心灵哲学、人工智能哲学、认知语言学是小循环，它们环环相套，构成认知哲学这个大循环。也就是说，这些相关学科相互交叉、重叠，形成了整合性的认知哲学。同时，认知哲学这个大循环有自己独特的研究域，它不包括其他小循环的内容，如认知的本原、认知的预设、认知的分类、认知的形而上学问题等。

第四个问题是，认知哲学研究哪些问题？如果说认知就是研究人们如何思维，那么认知哲学就是研究人们思维过程中产生的各种哲学问题，具体要研究10个基本问题：

（1）什么是认知，其预设是什么？认知的本原是什么？认知的分类有哪些？认知的认识论和方法论是什么？认知的统一基底是什么？是否有无生命的认知？

（2）认知科学产生之前，哲学家是如何看待认知现象和思维的？他们的看法是合理的吗？认知科学的基本理论与当代心灵哲学范式是冲突，还是融合？能否建立一个囊括不同学科的统一的认知理论？

（3）认知是纯粹心理表征，还是心智与外部世界相互作用的结果？无身的认知能否实现？或者说，离身的认知是否可能？

（4）认知表征是如何形成的？其本质是什么？是否有无表征的认知？

（5）意识是如何产生的？其本质和形成机制是什么？它是实在的还是非实在的？是否有无意识的表征？

（6）人工智能机器是否能够像人一样思维？判断的标准是什么？如何在计算理论层次、脑的知识表征层次和计算机层次上联合实现？

（7）认知概念如思维、注意、记忆、意象的形成的机制和本质是什么？其哲学预设是什么？它们之间是否存在相互作用？心身之间、心脑之间、心物之间、心语之间、心世之间是否存在相互作用？它们相互作用的机制是什么？

（8）语言的形成与认知能力的发展是什么关系？是否有无语言的认知？

（9）知识获得与智能发展是什么关系？知识是否能够促进智能的发展？

（10）人机交互的界面是什么？脑机交互实现的机制是什么？仿生脑能否实现？

以上问题形成了认知哲学的问题域，也就是它的研究对象和研究范围。

"认知哲学译丛"所选的著作，内容基本涵盖了认知哲学的以上10个基本问题。这是一个庞大的翻译工程，希望"认知哲学译丛"的出版能够为认知哲学的发展提供一个坚实的学科基础，希望它的逐步面世能够为我国认知哲学的研究提供知识源和思想库。

"认知哲学译丛"从2008年开始策划至今，我们为之付出了不懈的努力和艰辛。在它即将付梓之际，作为"认知哲学译丛"的组织者和实施者，我有许多肺腑之言，溢于言表。一要感谢每本书的原作者，在翻译过程中，他们中的不少人提供了许多帮助；二要感谢每位译者，在翻译过程中，他们对遇到的核心概念和一些难以理解的句子都要反复讨论和斟酌，他们的认真负责和严谨的态度令我感动；三要感谢科学出版社编辑郭勇斌，他作为总策划者，为"认知哲学译丛"的编辑和出版付出了大量心血；四要感谢每本译著的责任编辑，正是他们的无私工作，才使得每本书最大限度地减少了翻译中的错误；五要特别感谢山西大学科学技术哲学研究中心、哲学社会学学院的大力支持，没有它们作后盾，实施和完成"认知哲学译丛"是不可想象的。

魏屹东

2013年5月30日

前　言

本书汇总了情感认知——热思维的相关论文，笔者在 2000 年出版的《思想与行为的连贯性》（*Coherence in Thought and Action*）一书中首次提出热思维这一概念。这些关于心理机制的论文解释了认知与情感在产生多种形式的人类思维（从日常决策到合规则的推理到科学发现再到宗教信仰）过程中是如何相互作用的。本书的第 1 部分描述了认知机制、社会机制、神经机制和分子机制，这些机制在提供牵涉情感的多种人类思维的诠释路径上交互影响。第 2 部分在特殊领域的探究达到了新的深度，展现了情感认知在理解法律、科学、宗教等领域中的运用。最后两章提出了关于情感认知的规范性地位的哲学问题，特别是思维和推理活动应该在何时、如何被情感化的问题。为了将当前和未来关于情感认知的本质和意义的研究联系起来，最后一章也给予了一些建议。

各个章节再版的相关文章大都保持不变，笔者做了一些轻微的编辑来调整参考文献、删除多余的内容。文献来源已在致谢中提及。

致 谢

在我写作和校订这本书的过程中,我的研究得到了加拿大自然科学与工程研究委员会的支持。我与许多人讨论了情感在认知中的作用问题,这使我受益良多。我要特别感谢书中包含的论文合著者:Fred Kroon、Josef Nerb、Baljinder Sahdr、Cameron Shelley 以及 Brandon Wagar。请注意:Baljinder 和 Brandon 是他们各自论文的第一作者。对于特别章节的评论,我要对 Allison Barnes、Barbara Bulman-Fleming、Peter Carruthers、Mike Dixon、Chris Eliasmith、Christine Freeman、David Gooding、Usha Goswami、Ray Grondin、Tim Kenyon、Patrick Lee、James McAllister、Elijah Millgram、Josef Nerb、Stephen Read、Baljinder Sahdra、Cameron Shelley、Jeff Shrager、Craig Smith、Eliot Smith、Steve Smith、Marcia Sokolowski、Rob Stainton、Robin Vallacher、Chris White 和 Zhu Jing 表示感谢。

我还要感谢相关的出版商,感谢我的合著者允许我将如下文献再版:

Sahdra, B, and P. Thagard (2003). Self-deception and emotional coherence. *Minds and Machines* 15: 213-231.

Thagard, P. (2001). How to make decisions: Coherence, emotion, and practical inference. In E. Millgram (ed.), *Varieties of Practical Inference*, 355-371. Cambridge, Mass.: MIT Press.

Thagard, P. (2002). Curing cancer? Patrick Lee's path to the reovirus treatment. *International Studies in the Philosophy of Science* 16: 179-193.

Thagard, P. (2002). How molecules matter to mental computation. *Philosophy of Science* 69: 429-446.

Thagard, P. (2002). The passionate scientist: Emotional in scientific cognition. In P. Carruthers, S. Stich, and M. Siegal (eds.), *The Cognitive Basis of Science*, 235-250. Cambridge: Cambridge University Press.

Thagard, P. (2003). Why wasn't O. J. convicted? Emotional coherence in legal inference. *Cognition and Emotion* 17:361-383.

Thagard, P. (2004). What is doubt and when is it reasonable? In M. Ezcurdia, R. Stainton, and C. Viger (eds.), *New Essays in the Philosophy of Language and Mind. Canadian Journal of Philosophy*, supplementary volume 30, 391-406. Calgary: University of Calgary Press.

Thagard, P. (2005). How to be a successful scientist. In M.E. Gorman, R. D. Tweney, DC. Gooding, and A. P. Kincannon (eds.), *Scientific and Technological Thinking*, 159-171. Mahwah, N.J.: Lawrence Erlbaum.

Thagard, P. (2005). The emotional coherence of religion. *Journal of Cognition and Culture* 5: 58-74.

Thagard, P. (Forthcoming). Critique of emotional reason. In C. de Waal (ed.), *Susan Haack: The Philosopher Replies to Critics*. Buffalo: Prometheus Books.

Thagard, P., and F. W. Kroon (forthcoming). Emotional consensus in group decision making. *Mind and Society*.

Thagard, P., and J. Nerb (2002). Emotional gestalts: Appraisal, change, and emotional coherence. *Personality and Social Psychology Review* 6: 274-282.

Thagard, P., and C. P. Shelley (2001). Emotional analogies and analogical inference. In D. Gentner, K. H. Holyoak, and B. K. Kokinov (eds.). *The Analogical Mind: Perspective from Cognitive Science*, 335-362. Cambridge, Mass.: MIT Press.

Wagar, B. M., and P. Thagard(2004). Spiking Phineas Gage: A neurocomputational theory of cognitive-affective integration in decision making. *Psychological Review* 111: 67-79.

感谢 Todd Nudelman 细致的审稿工作，Abninder Litt 帮助我对文稿进行了校对和提取索引的工作，在此一并表示感谢。

目　　录

第 1 部分　情感认知的机制

1　心理机制 ··· 3
　　情感认知 ··· 3
　　机械与机制 ·· 4
　　心理机制的类型 ·· 5
　　复杂机制的本质 ·· 6
　　本书指南 ··· 8
2　如何决策 ··· 11
　　作为直觉的决策 ··· 12
　　作为计算的决策 ··· 13
　　作为连贯性的决策 ·· 15
　　情感连贯性 ··· 18
　　利用直觉和情感做出正确决策 ····································· 21
　　结论 ··· 23
3　情感类比和类比推理 ··· 24
　　导论 ··· 24
　　类比推理：现有模型 ··· 24
　　HOTCO 中的类比推理 ·· 26
　　情感的类比 ··· 29
　　传递情感的类比 ··· 31
　　产生情感的类比 ··· 35
　　网络调查 ··· 38
　　结论 ··· 45
　　附录：专业详述 ··· 45
4　情感的格式塔：评价、变化与情感动力 ························ 47
　　导论 ··· 47

   作为动态系统的情感……48
   作为平行约束满足的思维……49
   情感格式塔：理论……50
   情感格式塔：模型……52
   热连贯性（HOTCO）……53
   环境风险评估中的直觉思维（ITERA）……54
   结论……57

5 群体决策中的情感一致……59
   导论……59
   个体决策中的情感……60
   情感传递的社会机制……62
   情感一致的计算模型……66
   模拟……69
   相关研究……74
   结论……75

6 刺穿菲尼亚斯·盖奇：决策中认知-情感综合的神经计算理论……77
   导论……77
   达马西奥的躯体标记假说……79
   NAcc 中的认知-情感整合……80
   建立预测结果……81
   对 NAcc 通过量的控制……81
   网络动力学……84
   GAGE……87
   连通性……87
   模拟……88
   一般讨论……94
   GAGE 的缺陷……97
   结论……97

7 分子如何影响心理计算……99
   导论……99
   为心智建模……99

蛋白质与细胞 … 101
神经递质 … 103
神经调质 … 106
情感认知 … 108
情感与神经化学 … 109
认知 … 110
人工智能 … 111
结论 … 113

第 2 部分　情感认知的应用

8　为什么 O.J. 没有被定罪？法律推理中的情感连贯性 … 117
　导论 … 117
　解释的连贯性 … 118
　概率论 … 122
　愿望思维 … 126
　情感连贯性 … 128
　情感连贯性的心理学根据 … 132
　HOTCO 模型的局限 … 134
　结论 … 135

9　何为怀疑，它何时合理 … 137
　导论 … 137
　冷怀疑与热怀疑 … 137
　作为情感非连贯性的怀疑 … 139
　合理怀疑 … 143
　结论 … 147

10　激情四射的科学家：科学认知中的情感 … 149
　导论 … 149
　DNA 结构的发现 … 150
　研究语境中的情感 … 152
　发现语境中的情感 … 155
　辩护语境中的情感 … 157

情感变化作为概念变化 160
科学家应该情感化吗？ 162

11 治愈癌症？帕特里克·李的呼肠孤病毒治疗之路 164
导论 164
癌症的治疗 165
呼肠孤病毒 166
帕特里克·李 167
发现呼肠孤病毒与癌症的联系 168
意外发现与实验研究的经济性 171
认知机制：假设的形成 174
情感机制 176
结论 179

12 如何成为一名成功的科学家 180
导论 180
高度创造力人士的习惯 180
拉莫尔·卡扎尔 183
彼得·梅达沃 185
詹姆斯·沃森 187
讨论 188

13 自我欺骗与情感连贯性 191
导论 191
何为自我欺骗？ 192
丁梅斯代尔的自我欺骗 193
丁梅斯代尔自我欺骗模型概述 196
ECHO 与解释连贯性 198
HOTCO 与情感连贯性 199
冷牧师与热牧师的研究结果 200
自我欺骗与主观幸福感 201
愿望思维、否认以及自我欺骗 203
争论 204
笔者的模型与自我欺骗的其他计算模型之间的比较 206

	结论	207
14	宗教信仰中的情感连贯性	208
	导论	208
	宗教是情感化的	208
	认知是情感化的	209
	信仰	212
	社会机制	213
	宗教仪式	216
	进化的无关性	216
	结论	219
15	情感理性批判	220
	导论	220
	理论理性与实践理性	220
	理论理性：行为产生	221
	理论理性：目标评估	223
	实践理性：行为产生	225
	实践理性：行为评估	227
	结论	230
16	新的方向	231
	相关研究	231
	计划增加的部分	232
	扩展的 GAGE	232
	理性	236
	解释层级之间的联系	237
参考文献		241
词汇与人名表		259

第 1 部分
情感认知的机制

1 心理机制

情感认知

情感认知是一种被情感因素，诸如特殊情感、情绪或动机所影响的思维形式。下面列举一些人们深受自身好的或差的情绪影响的情形：

一位陪审团成员对指控一男子犯有谋杀罪的证据进行了复审，但是他忽视了大部分证据，因为被指控的男子看起来是个好人。

顾问们告知某一位科学家，称她所计划的研究没有任何意义，但她仍然继续着研究工作是因为她发现这项研究是那么令人激动，为了获得诺贝尔奖她继续坚持研究。

一位企业家决定做一门新颖的生意，因为本能的直觉告诉他生意会大获成功，结果如愿以偿。

一位选民在选举哪位候选人上举棋不定，于是他将票投给了拥有巨大领导魅力的那个人。

某人在成为重生的耶稣基督的信徒的过程中找到了安慰，从而克服了家庭变故带来的焦虑和内疚。

本书的首要目的在于让人们更加了解情感认知在上述情境中如何发挥效用。情感可以培养我们良好的决策能力，也会妨碍我们做出好的决定。对不同的情况进行区分能够提升我们的思维，这是本书的第二个规范性目标。推理作为一种特别的思维方式，所作决策与所获信念都是对不同选项比较评估后得到的，而这些选项又都与各种不同的证据有关。与标准的哲学假设针锋相对，推理常常是一种情感过程，提高推理能力要求对情感的影响进行识别和利用。

实现描述性和规范性目标需要理解作为心智认知基础的心理机制。本书的第一部分描述了情感思维的某些关键机制，如认知机制、社会机制、神经机制以及分子机制。这些机制诠释了情感怎样频繁地影响人们的决策和推断。第二部分说明了这些机制在法律、科学和宗教方面如何进行情感推理，并讨论了可取和不可取的情感思维之间的差异。然而在探究细节之前，我们有必要阐明机制以及它们对解释的作用。

机械与机制

早在有文字记录的历史之前，人类便已发明了诸如杠杆和楔子这样的简单机械。请思考图 1.1 中的基本杠杆，它仅有木棍和石头两个部分，但是却可以强有力地帮助人们修建埃及金字塔等巨型建筑物。一般而言，机械是将力、运动和能量传输至每一组成部分以完成某项任务的组合物。为了描述某一机械并解释其运作，我们需对零件的性质以及零件与其他部分之间的关系进行详细分析。最重要的是，力、运动和能量部分的性质，它们之间关系的改变，以及如何使机械完成其任务，这是我们需要描述的问题。图 1.1 中的杠杆借助坚硬的岩石之上的硬木棒，通过对木棒的顶端加力使得木棒底部移动，从而撬动石块，这样机械的任务就完成了。

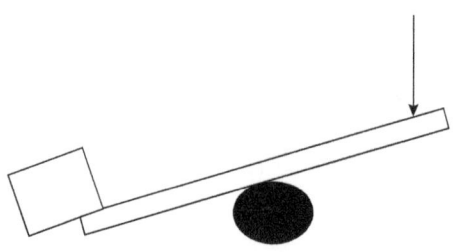

图 1.1　一种简单机械：杠杆

伊壁鸠鲁和卢克莱修等古代哲学家意识到，人们可以利用解释机械操作的方式解释自然事件。他们假定物质由原子构成，原子之间的相互作用决定了由它所构成的物体的运动。卢克莱修甚至主张人的思维也是原子交互作用的产物（Lucretius，1969）。自然现象与机器相似，其变化是力和运动作用于其组成部分的结果，因此可以利用机械论来解释。然而与机器不同的是，尽管自然机制或许具有某种生物功能，但其不是由人建构，且不具有人为的任务。只不过自然化和人为建构的机制具有相同的解释形式：两者都详细说明了组成部分的性质、关系，并描述了力、运动和能量通过系统传输所产生的变化。

机械论解释在现代科学中取得了辉煌的胜利,如牛顿运动理论、物质原子理论、疾病细菌学说以及生物进化论和生物遗传学。但是,从柏拉图到笛卡儿、莱布尼兹等很多哲学家,以及当今的一些思想家,都反对把机械的解释延展至心理现象[①]。柏拉图的理念、笛卡儿的心灵观、莱布尼兹的单子论和20世纪的现象学和解释学,都试图在实体部分之外清楚明白地理解人类心智。诚然,早期机械论,如卢克莱修的原子主义、休谟的心理联想及现代行为主义的刺激-反应理论,对心理操作的解释并不令人满意,因为这些理论太过于粗糙,无法诠释人类思想的丰富性。但是,接下来笔者将考察一些富有解释力的机械论,它们在过去的五十年成功地阐释了一般思维和特殊的情感推理活动。

心理机制的类型

目前,认知科学通过融合认知机制、神经机制、分子机制和社会机制的方式来解释人类思维。这些机制中我们最熟悉的莫过于认知机制,它将心灵描述为基于心理表征的计算过程(Thagard,2005)。观念、规则和表象等心理表征都是某种认知结构,它们都是由算法过程操作的,如扩展观念的激活、链接规则及旋转表象。对心理现象的联结主义解释认为,心理表征是单纯的类神经元的活动和过程的涌现,该过程包含对激活的扩展和对类神经元间联系的修正。

表1.1 心理机制的构成

机制	构成要素	关系	交互作用	变化
社会的	个人与社会群体	人与人的联合、会员制	交流活动	影响力和群体决策
认知的	心理表征,如概念	构成、联想、蕴含	计算过程	推理
神经的	神经元、神经组织	突触的联结	激发与抑制	大脑活动
分子的	分子,如神经递质与蛋白质	组分、物理联结	生物化学反应	分子的转化

[①] 也就是反对用机械论解释心理现象。——译者注

神经机制在两个关键方面与大脑的运行方式高度类似。首先，与联结主义中高度简化的神经单元相比，神经机制的人工神经元更具有神经学意义的现实性。例如，真实的神经元具有时间特性，即在激发过程中相互协调，这对于支持复杂的心理活动至关重要。其次，与联结主义模型采用少量互联单元的做法相反，大脑机制包含由数十亿个神经元所组成的功能区域，如海马和大脑皮质。神经机制依赖于分子机制，如神经元中离子的运动、神经递质在彼此间突触联结内的传递，以及借助脑供血实现的激素循环。

最后，由于人类思维常常浸没在与他人的交互活动中，我们因此要留意社会机制，它使得单个人的思想能够影响他人。社会机制包括言语和其他多种交流形式，有一些形式使得情感也像信息那样进行传递成为可能。表1.1概括了四种机制的某些构成要素，这些机制有助于我们解释不同层级的心理状态。第2～7章列举了相关机制在各个层级的许多详细事例，帮助我们理解情感思维。

复杂机制的本质

笔者对情感的处理方式与萨尔蒙（Salmon，1984b）、贝克特尔与理查德森（Bechtel et al.，1993），以及贝克特尔与亚拉伯罕森（Bechtel et al.，2005）这些科学哲学家所支持的基于机制的解释观点是一致的，他们将机制描述为"实体和活动以某种方式组织起来，使它们能够从开始或设置到完成或终止条件的系统变化中产生效果。"笔者更喜欢用"要素"而非"实体"一词，因为"要素"表明了某一机制内的客体从属于另一规模较大的系统；笔者也更愿意用"交互"和"变化"来取代"行动"一词，因为这两个词语听起来更少拟人化。更重要的是，笔者发现引用起始性条件和终止性条件容易使人误解，因为解释情感思维的机制涉及持续的反馈过程，而不是单向的变化。

举个反馈机制的简单例子，细想图1.2所示系统。当恒温器这种装置检测到温度低于设定的阈值时，便向加热炉发出信号，使之启动并加热空气。分开来看，恒温器和加热炉都是由单一规则所描述的非定向性机器，若温度低于 X，则加热炉收到信号后开始加热；若加热炉接收到开始工作的信号，则加热炉启动。然而将两者结合起来，它们就建构成为一种将温度维持在稳定区间的反馈机制。这里存在的不是起始和终止条件，而是一种调节温度的持续性过程。人的身体包含许多这样的反馈机制，如维持正常血压高低差和胆固醇含量。在后续的第 4 章我们将会看到，与解释情感密切相关的认知的、神经的、分子的和社会的机制皆为反馈机制，而不是伴随着起始性和终止性条件的单向式机制。

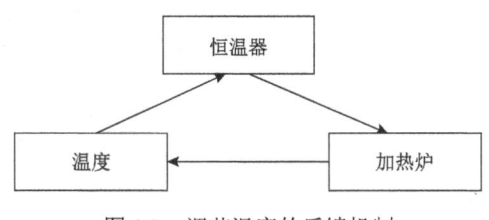

图 1.2 调节温度的反馈机制

马卡莫、达顿和克莱威尔（Machamer et al.，2000）观察到机制以嵌套层次结构的形式存在，而且对机制的描述往往是多层次的。他们主张有必要通过较高层次的实体和行为来理解较低层次的实体和行为，反之亦然，也就是说综合不同层次来说明心理现象是最佳的解释方式。笔者深以为然，并将在后续章节中详细描述理解情感思维如何整合认知、神经、分子和社会等层次。这种整合比将社会层次还原为认知层次，将认知层次还原为神经层次，将神经层次还原为分子层次的简单还原要复杂得多。解释某些涉及情感的事项需包含同时间的所有层级。例如，如果两个人之间的社会交往产生了恐惧情绪，皮质醇（一种应激激素）水平就会升高，从而改变这一社会交往行为。侮辱使人的认知和生理产生变化从而引发冲突，即因果联系既能够削弱也能够增强社会－认知－神经－分子机制的嵌套层次结构。

上述机制的嵌套性层次结构是一种包含组成部分和交互式转变的层次结构。一个社会群体由拥有大脑的人组成，大脑则由神经元组成，神经元又由分子组成。社会群体变化的产生源于个体大脑的变化，而这种变化则是由神经元和分子的变化所引起的。因此笔者反对单层次的解释策略，包括最低层优于被还原层次的策略，以及强调仅有一种层次如认知层次适于生理学解释的中间策略。笔者与麦考利和贝克特尔一样赞成解释的多元主义，即拒斥极端的还原论与反还原论。笔者希望阐明基于多层次机制的多元、多层次解释是理解情感思维的最佳方式。对这种立场作先验的论证是不可能的。后面的章节将为情感思维解释的多层进路提供充足的实验和理论支撑（进一步的讨论见第 16 章）。

在每一级的层次结构中，对情感思维面面俱到的解释将详细说明由组成部分及其交互变化所构成的机制。这些方面既包括情感思维的积极情况，如科学家在兴奋情感思维驱使下工作获得诺贝尔奖，也有消极的情况，如选民受领袖气质而不是政治才干的影响而投票。正如懂得机器的工作原理可以使我们对其进行理解和修理，这种多层次的机制显示了一种解释和改善情感思维路径的层次结构。

本书的许多章节在描述思维各个层级时利用了计算模型，模型是对机制的某种描述，即对解释现象的成分、关系、交互作用和变化的详细说明。认知科学利用计算模型通常有两个原因。第一，在经济学和物理学领域，电子计算机在描述复杂的交互作用方面展现了强大的威力，且发现了自身的重要性。第二，更具体而言，认知科学假定思维本身就是一种计算过程，大脑是一类特殊的计算机。对该观点的辩护，见萨伽德 2005 年的文献。

笔者讨论计算机制（如在第一部分描述的机制）的主要目的在于解释人类思维的重要方面。机制对常常发生或可能发生的事情的描述不具备任何解释力。更确切地说，机制在描述关键因素的系统性交互作用时才具有解释力，而这些因素往往会导致某事的产生。在计算机制中，这些因素包括认知层面的心理表征和神经层面的神经元。

本 书 指 南

本书第一部分的剩余内容描述了不同层次的分析机制，这些机制产生了情感影响思维的各种方式。第 2～4 章描述了认知层面，并利用与情感相关的联结主义模型来阐明理性决策及其他情感推理活动的本质。第 2 章从情感连贯性的角度对决策进行了简要介绍。在第 3 章，我们利用情感相关性观点说明情感在类比思维中的作用。第 4 章笔者考察了动力系统方面的情感思维。第 5 章讨论了情感交流的社会机制,这种交流有助于群体在决策制定过程中达成共识。与个体决策相类似,群体决策常常是高度情感化的。经过扩展的热连贯性(HOTCO)模型使计算机得以模拟共识在群体间的涌现过程,这些群体在对不同选项的情感反应上便产生了分歧。本章阐述了共识的社会模型如何能够建立在情感决策的认知模型的基础之上。

第 2~5 章所描述的 HOTCO 模型没有神经学意义的实在性:该模型利用人工神经元表征的全部概念和命题;并且这些神经元不能组合构成大脑的功能区间。这就是笔者为何将其归类到认知机制而不是神经机制的原因。与此相反,第 6 章中的盖奇(GAGE)模型由于利用了脉冲神经元、分布式表征以及明显的大脑区间,更具有神经学意义的实在性。这种实在性使得模型可以解释受到特殊脑损伤人群的行为,也可以解释在通常情况下,情感和认知如何通过神经机制相互影响。

第 7 章我们将目光转向另一层次——分子层次,主张关于思维,特别是情感思维的完整理论需重视在分子机制上实现的心理计算,如在神经元与其他细胞之内和之间的化学反应。

本书的剩余章节关注怎样利用情感机制的知识来阐明人类在法律、科学及宗教领域的思维活动。第 8 章解释了为什么陪审团庭审辛普森(O.J.Simpson)时没有将他定罪,并证明陪审团的决定是基于解释和情感连贯性的结合。第 9 章在更一般的意义上讨论了法律和其他语境下怀疑与合理怀疑的本质。第 10~12 章考察了情感在科学思维中的积极和消极作用。第 10 章概述了情感影响科学观念的探索、发现和评价过程的方式。第 11 章考察了在特定情况下情感如何促进研究。关于如何成为一位成功的科学家,第 12 章提供了一系列精细的建议,包括重要的情感习惯。第 13、14 章讨论了情感连贯性在宗教思维上的应用,第 13 章论述了牧师的自我欺骗这一特殊情况,第 14 章考察了一般情况下宗教信念内的情感内容。

所有对情感推理的应用的讨论都暗含着一系列关于合理标准的判断,即情感要素何时可以合乎规则地引入认知的熟思。第 15 章开始对该规范性问题进行讨论，第 16 章则是该讨论的延续。笔者拒斥所谓情感有害于正确推理的传统假设，而且反对所谓情感总是有助于好的思维这一浪漫主义观点。在第 16 章笔者同时略述了对热思维的其他一些领域的持续性研究，包括热思维与兴趣的矛盾之间的关联、解释性假设的产生以及神经经济学。

我们会看到人类思维和推理活动的许多方面都受情感的影响。无论情感对思维的影响是积极的还是消极的，对它的理解都需要详细说明认知的、社会的、神经的及分子的机制。这样的机制由经历着交互式变化的成分所组成，这种变化也许包括反馈过程。我们解释情感思维活动的最佳策略就是着眼于因果机制的多重综合层级。

2 如何决策

学生们面临许多重要的决定：我应该读哪所大学？我应该学什么？我该找一份什么样的工作？我该和谁一起玩？我应该继续或中断一段关系么？我应该结婚吗？我应该生孩子吗？我应该用哪种医疗手段？学生以及其他人如何提高他们决策的能力，实用推理的理论应该有话要说。

笔者经常在第一学年教授关于批判性思维的课程，旨在帮助学生提升他们信任什么和做什么的推理能力。笔者利用 2/3 的课程讲授提升学生对比较有争议的观点的真实与谬误的判断力，如医学和伪科学领域存在的争论。剩余 1/3 的课程讲授实用推理，即聚焦于人们怎样做出更好的决定。笔者探讨了决策者们通常所犯的各种错误推理，以及心理学家、经济学家和哲学家所提出的某些系统化模型，这些模型用来详细说明人们应该如何决策。

课上的许多学生对这些模型嗤之以鼻，他们都反对这种观点，即与单纯的直觉相比，利用这些模型进行决策是一种更好的选择。他们相信自己的"直觉"胜过相信分析方法，尽管这种分析方法对满足多重标准的竞争行为作了系统的、精确的比较评估。笔者所使用的教材（Gilovich, 1991; Russo et al., 1989; Schick et al., 1999）都在鼓励人们不要利用直觉，而是要将他们所做的判断与决定奠基于推理策略的基础之上，这能够使我们尽可能地避免推理中常见的错误。从这个角度来看，决策活动应该是关于计算而非直觉的问题。

尽管笔者赞同基于直觉的决策活动会产生许多问题，但笔者也认为心理学家和经济学家所推荐的基于计算的决策活动具有一些严重的缺陷。在本章，笔者将尝试用最近创立的情感连贯性理论（Thagard, 2000）对决策的直觉模型与计算模型进行综合和局部调整。该理论以笔者与伊利亚·密尔格雷姆（Elijah Millgram）先前合作创立的基于连贯性的决策理论为基础。根据情感连贯性理解决策能够使我们发现直觉和计算在实现有效的实际推理中所具有的价值。

作为直觉的决策

设想你是一名学生，试图决定去学习你有着强烈兴趣的哲学或艺术史等文科专业，抑或是经济学或计算机科学等能够找到高收入工作的专业。利用直觉做出决策只需选择你的情感反应所支持的那个选项。也许你对感兴趣的学科有着强烈的积极直觉，同时对导向就业的专业有着强烈的消极情绪，抑或你的感受可能正好相反。更有可能的是，你对这两者都有着积极的感受，但由于你不清楚哪个选项更好，所以同时又伴随着焦虑和不安。最终，基于直觉的决策者选择了他们的情感反应所认为更好的选项。

关于直觉性决策，要说的太多了。迅速是它所具有的一个明显优势：情感的反应是当下的，并可以直接做出决定。如果你要在巧克力和香草冰激凌之间进行选择，那么耗费大量时间和精力去考虑两种口味的优缺点是毫无意义的。基于诸如"巧克力——美味啊！"等情感反应反而可以做出快速、合理的决定。直觉性决策的另一个优势在于将你的决策建立在情感之上有助于确保它们能够顾及你真正关心的东西。如果你对预期的行为感到满意和兴奋，这就是一个好的迹象，这种行为有希望实现对你来说真正重要的目标。最后，基于情感的直觉性决策与行为直接相关：对某一选择的积极感受会激励你去实现它。

然而基于情感的直觉性决策也存在一些严重缺陷。某一个选项之所以在情感方面有吸引力是因为人们没有考虑其他可选择项。直觉可能暗示你买巧克力味的冰激凌，只是因为你没有考虑另一种较低脂肪含量的冰激凌，而这是更为健康的选择。直觉也会受制于强烈的渴望，即有毒瘾的人所谓的"犯瘾"。如果你对可卡因，或者比萨，抑或梅赛德斯-奔驰牌敞篷车犯瘾了，你的直觉就会告诉你去选择自己所渴求的东西，但这仅仅是因为你在情感方面的渴望掩盖了你的其他要求。当这种渴望不那么强烈时，你会更多地注意到其他的要求。

直觉的另一个问题在于它可能会基于错误或不相关的信息。设想你需要决定一份工作的雇佣人选，如果你对人怀有特殊的性别、门第或种族的歧视与偏见，那么你的直觉会告诉你不要雇佣他们，即使他们拥有胜任这份工作的优越条件。因此，很难以内省方式确定你的直觉是否源于可靠、相关的信息。

最后，直觉性推理在需要集体做出决策的情境中也存在问题。若他人与你的选择不一致，你不能简单地认为你的直觉强于或优于其他人。为你的情感反应辩护以及尝试与他人达成某种共识需要的是一种更具分析性的方法，而不是简单的直觉表露。

作为计算的决策

决策专家给我们推荐了一种更具系统性、计算性的方式。例如，巴泽曼（Bazerman, 1994）主张理性的决策活动应该包括以下六个步骤：

1. 明确问题，描绘你所做决定的一般目的。
2. 确定标准，详细说明你想要实现的目标或目的。
3. 重视标准，对目标的相关重要性进行判定。
4. 产生可供选择性，确定可能实现不同目标的合理行为过程。
5. 依照每一条标准评估每一个选择项，评定各个行为对各自目标的实现程度。
6. 计算出最佳决定，通过乘以每一个选择项在任一标准下的预期效力，再乘以该标准的权重，从而评价每一个可供选择项。然后与可供选择项在所有标准下的预期值相加。

然后，我们可以选择有最高期望值的可供选择项，将决策行为植根于计算而非主观的情感反应。拉索和休梅克（Russo et al., 1989）（详见第6章）提出了实质上相同的决策过程，也是基于多种加权因素，只是所用术语略有不同。

一些学生不考虑这种机器人一样的程序，讨厌利用数学计算方式做出他们人生的重要决定。《纽约客》杂志中的一幅漫画（2000年1月10日出版，第74页）描绘了这样的画面：一个男人坐在电脑前对一个女人说："我算好了，我会和你结婚的。"至少某些决定似乎不适合依靠数字计算。但是在情感上拒绝巴泽曼的六步计算法是合理的吗？我们看到与直觉方式相比，计算方式确实有一些明显的优势。第一，它可以避免忽略相关的选项和目标。第二，它使我们能够明确地考虑不同的选项如何实现不同的目标。第三，它将决策过程公之于众，让某些特定的决策者和其他与决策群体有关的人进行仔细审视。

然而，决策的计算方式也许比决策专家声称的更为困难和低效。设想你试图在哲学和计算机科学两门课程间做出决定，然后你系统地罗列出所有相关标准，如你对课程的兴趣及课程与你的职业规划的匹配程度。接着你对标准进行衡量并评估每个选项的满足程度，而后计算出相互竞争的选项的期望值。完成以后，你发现某一选项（如哲学）的期望值超过了计算机科学的期望值。但是，如果你对此的反应是"我不想学哲学"，那该怎么办呢？你的情绪反应不必过于强烈。这可能是因为你加之于标准的数字权重没有反映你的真实诉求。此外，就有关不同行为在何种程度上实现你的目标而言，你的评价可能是十分主观和易变的，所以至少你的无意识评价和有意识评价几乎同样有效。有人曾告诉笔者，她做决定时优先采用掷硬币的方式，正面代表一个选项，反面代表另一个。当硬币正面朝上时，她将自己的情绪反应记录下来，这样使她能够更加了解自己是否真的想要正面代表的选项。然后，她利用该情感信息在两个选项间做出选择。

有经验表明，在做出正确决策的过程中，计算方法可能在某些情况下逊于直觉。达马西奥（Damasio, 1994）描述了大脑受损患者的情形，他们大脑中执行文字推理与数字运算功能的部分与诸如杏仁核的情感中枢之间的联系被切断。由于他们的抽象推理能力完好无损，你也许认为这些患者会成为理性的典范，就像《星际迷航》（*Star Trek*）里的斯波克（Spock）或达塔（Data）。恰恰相反，在人际关系方面，这些患者容易做出糟糕的决定。据达马西奥推测，缺陷的产生是患者脑部的损伤使他们无法进行情感的评价活动，包括躯体标记和身体状况，这种身体状况预示着不同可能性的积极或消极的情感值。问题在于患者只是不知道他们关心什么。威尔逊和斯库勒（Wilson et al., 1991）的研究报告显示，人在某些领域的直觉判断可能比自身更系统、审慎的判断要有效得多。他们研究了大学生对草莓酱品牌和大学课程的偏好，发现那些被要求分析自身偏好原因的学生最终的选择与专家的意见不太相符，而不那么善于分析的学生的选择更符合专家的意见。据威尔逊和斯库勒推测，这种情况的产生是对原因的分析使人们将注意力集中于相对次要的标准。利伯曼（Lieberman，2000）主张直觉往往基于无意识的学习过程，而尝试有意识的学习则会对该过程产生干扰。

因而我们似乎需要某种决策模型，与计算模型相比，它在心理上更为自然且更加规范有效。根据情感的连贯性原则，笔者将论证，通过实用推理我们能够更好地理解决策应该如何生成。

作为连贯性的决策

决策活动是一种推理形式，但是何为推理？许多哲学家将演绎逻辑视为推理的典范。下面是一则演绎的实用推理：

当你想吃冰激凌时，你应该点一份巧克力。

你想吃冰激凌。

因此，你应该点巧克力。

遗憾的是，很少有普遍的准则告知我们具体可以做什么，因此对于实用推理而言，演绎并不是一种好的模型。我们熟悉的第二类推理模型是计算，例如，它能有效地解决算术问题和利用概率论。但是存在第三类推理的一般模型，它主张下列准则：当且仅当某一表征最大限度地符合你的其余表征时接受该表征。许多哲学家主张推理融贯论，但在如何将连贯性最大化的问题上仍然相当模糊（Harman，1986；Brink，1989；Hurley，1989）。我们可依据约束满足来建构基于连贯性推断的精确、普遍模型（Thagard et al.，1998；Thagard，2000）。

当我们理解某一段文本、某一张图片、某一个人或者某一事件时，我们需要建构一种符合所有可用信息，并且优于选择性的解释。考虑到相互匹配及不匹配的信息，最佳解释能够最连贯地说明我们想要理解的内容。例如，当我们遇到不平常的人，我们可能考虑将组合的假设和观念以不同的方式整合起来以理解他们的行为。

我们可以根据多重约束条件下的最大满足来理解连贯性，可以非正式方式概述如下：

1. 概念、命题、部分图像、目标、行为等即是表征。

2. 要素可以连贯（连接）或不连贯（离散）。连贯性关系包括解释、演绎、简化、联想等。非连贯性关系包括不一致性、不相容性及消极联想。

3. 若两个要素相连贯，则二者间存在一种积极的约束条件。若两个要素不连贯，则二者间存在一种消极的约束条件。

4. 要素可分为被接受和被拒斥两个部分。

5. 承认或拒斥两个要素可满足两要素间的积极约束条件。

6. 只有在承认一个要素且拒斥另一个要素的情况下，才能满足两要素间的消极约束条件。

7. 连贯性问题包括对一组要素的区分，分为可接受的和拒斥的两个集合，某种程度上可满足大部分约束条件。

计算连贯性是将约束满足最大化的问题，通过多种不同算法可以接近实现这种连贯性。联结主义算法提供了在心理上最有吸引力的聚合优化模型。这些模型利用类神经元单元表征要素，利用兴奋性和抑制性链接表征积极的和消极的约束条件。通过扩展激活设置的联结主义网络导致一些单元的激活（接受）和其他单元的惰化（拒斥）。依据各种算法实现的约束满足度，我们可以对连贯性予以测算。一般而言，将连贯性予以精确最大化的计算问题是很复杂的，但是存在有效算法可以接近最大化，即约束满足分析的连贯性（Thagard et al., 1998）。

现在，笔者通过说明连贯性如何适用于关于做什么的推断来更加详细地解释连贯性。伊利亚·密尔格雷姆和笔者已证明实践推理包括连贯性判断，即关于怎样组合不同的合理行为与目标（Millgram et al., 1996; Thagard et al., 1995）。在我们看来，行为与目标是要素，积极的约束条件基于简化关系（去巴黎的行为使我玩得开心的目标变得容易实现），消极的约束条件则基于不相容的关系（你不可能同时去巴黎和伦敦）。决定做什么是基于对最连贯计划的推理，这里的连贯性不但包括对目标的评估，而且包括决定要做什么。

更确切地说，审慎的连贯性（deliberative coherence，DECO）可以通过下列原则详细说明：

原则 1：对称性　连贯性与非连贯性之间是对称关系：若要素（行为

或目标）F_1 符合要素 F_2，则 F_2 符合 F_1。

原则 2：促进性　试想行为 $A_1\cdots A_n$ 的集合促进了目标 G 的实现。则

（a）每一 A_i 都与 G 相符。

（b）每一 A_i 与彼此的 A_j 相符。

（c）所需的行为越多，行为与目标之间的连贯性就越小。

原则 3：不相容性

（a）若两个要素都不能被作用或得到，那么它们之间不相关的程度较强。

（b）若两个要素难以被同时作用或得到，那么它们之间不相关的程度较弱。

原则 4：目标优先性　某些目标要求内在的或其他不相关的原因。

原则 5：判断力　促进关系和竞争关系依赖于判断具有的连贯性，即关于真实信念可接受性的判断。

原则 6：决策　决策的制定基于对一组行为和目标总体连贯性的评估。

为了评估整体的连贯性，我们可使用计算机程序 DECO。DECO 通过人工神经元网络中的类神经元单元表征每一要素（目标或行为），然后通过激活某些单元并钝化其他单元，通过网络将这种激活作用予以扩散。当激活作用的扩散结束时，活跃的单元表示被接受的要素，而无效的单元表示被拒斥的要素。DECO 为计算最为连贯的行为和目标提供了切实有效、实用的方式。

乍看之下，审慎的连贯性似乎是决策计算模型的一个变体。通过计算可得出最符合目标的行为,听起来与巴泽曼基于满足加权标准的程度对可选择项预期价值的计算相类似。但这里有几个显著的不同点。与巴泽曼的构想不同，决策的审慎连贯性模型不固定目标的权重。DECO 的单元表示与原则 4 的目标优先性相一致，但其影响依赖于和其他目标的关系，即使是基本目标也可以被其他目标部分钝化：目标对决策活动的影响取决于它们被激活的程度，而这依赖于它们和其他目标以及不同行为之间的关系。例如，学生们试图决定如何过周末的时候，开始可能认为他们最想做的就是玩得开心，但又意识到玩不是那么重要，因为这和学习备考或者节省钱以支付下学期的学费等其他目标相冲突。

从心理学上讲，作为连贯性的决策和作为计算的决策有很大差异。计

算是有意识的、清楚的，每个人都可以用纸笔进行计算。相比之下，如果人脑中的连贯或一致性最大化与 DECO 所使用的人工神经元网络内的连贯性最大化相似，那么对一致性的评估就是某种过程，而与意识无关。我们所能意识到的只是一致性最大化过程的结果：我想付诸实践的行为得以实现。因此在解释人们如何决策的问题上，DECO 比计算模型更接近于决策的直觉模型。不是清晰、有意识地计算，而是一种无意识的过程将连贯性最大化，该过程产生的直觉认为某种行为比其他行为更优越。然而，在解释决策活动上，协商的一致性与直觉之间的主要区别是：关于做什么的直觉一般是情感性的，包括感觉到做某一行为是有利的，另一行为则是有害的。幸运的是，连贯性理论可以自然地得到扩展以囊括情感判断。

情感连贯性

在前面论述的连贯性理论中，要素具有被接受或被拒斥的认知状态。我们也可以谈到可接受度，连贯性的人工神经网络模型将它解释为表征要素的单元的激活程度。笔者认为除了可接受性之外，连贯性系统中的要素还具有一种积极或消极的情感效价。根据要素表示的性质，某一要素的效价可表示为青睐度、合意性，或者其他积极或消极的态度。例如，对大多数人而言，特蕾莎修女的效价是高度积极的，而希特勒的效价则是非常消极的。很多其他研究者曾经认为，添加效价或情感标签可以将情感引入认知（Bower, 1981；Bower, 1991；Fiske et al., 1986；Lodge et al., 1993；Ortony et al., 1988；Sears et al., 1986）。卡内曼（Kahneman, 1999）在考察实验数据后认为，对好/坏维度的评价是人类思维中普遍存在的成分。

正如上节所描述的那样，要素通过积极或消极的协商约束相互关联，它们也可以通过积极或消极的效价约束来相互关联。有些要素具有内在的积极和消极效价，如快乐与痛苦。其他要素可以通过关联具有内在效价的要素而获得效价。这些联系可以是特殊的效价约束，也可以是协商一致性理论所假设的任何约束条件。例如，如果有人认为牙医和疼痛的观念之间是正相关的关系，疼痛内在地具有消极效价，那么牙医也相应地获得某种消极效价。然而，正如某一要素的可接受性取决于所有限制它的要素的可接受性，因此某一要素的效价依赖于所有限制它的要素的效价。

情感连贯性的基本理论可归纳为三个原则，类似于上述连贯性的定性原则：

1. 要素具有积极或消极效价。
2. 要素间有积极或消极的情感关联。
3. 要素的效价由与之相联系的所有要素的效价和可接受性决定。

如前所述，连贯性可以通过多种算法进行计算，但最具有心理吸引力的模型和首先将连贯性理论作为约束满足的模型都采用了人工神经网络。在该联结主义模型中，要素由与神经元或神经元群大致相类似的单元进行表征。要素间的积极约束通过单元之间的对称兴奋性链接来表征，要素间的消极约束通过单元之间的对称抑制性链接来表征。单元的激活来表征要素的可接受程度，考虑到各种兴奋和抑制环节的强度，该单元通过激活与之相关的所有单元予以确定。

我们可将这种模型直接扩展为与情感连贯性相融合的模型。在扩展模型中，我们将"HOTCO"称为"热连贯性"，单元具有效价和激活，能够输入效价以表征它们的内在价态。此外，效价与行为在系统内的扩展方式有相似之处，只是效价的扩展部分地依赖于激活的扩展。情绪化的决策源于激活和效价在系统内的传播，因为表征某些行为的节点接受积极效价，而表征其他行为的节点则接受消极效价。意识的直觉是认知、情绪约束满足的复杂过程的最终结果。情绪反应，诸如快乐、愤怒和恐惧，都比积极和消极效价要复杂得多，因此，HOTCO 绝不是情感认知的一般模式。但它通过对客体、情境和选择的积极和消极态度的情感推断获取一般成果。

现在看来，我们似乎可以因为心理上更丰富的情感连贯性理论而放弃协商一致的认知理论。但这是错误的，原因有两个。第一，情感连贯性必须与其他类型的连贯性相互联系，这些连贯性包括关于什么可被接受以及在情感上什么可取的推断。要素的效价不仅取决于限制它的要素的效价，还取决于它们的可接受性。如果"牙医"这一概念在先前的经验中没有消极效价，那么将消极效价附于"牙医"是基于当前语境之中产生疼痛感的消极效价，以及产生疼痛感的可接受性（信任）。这里的推理情况类似于预期效用理论，通过对各种结果进行求和，得出的数字乘以结果的概率，然后再与结果的效用相乘，从而计算出某一行为的预期效用。要素的计算效价类似于行为的预期效用，可接受度与可能性相类似，效价与效用相类似。然而我们没有理由期望可接受度与效价具备限定效用和概率的数学属性。由于效价的计算依赖于所有相关要素的可接受性，因而会受其他连贯性的影响。例如，关于是否信任某人的推论在很大程度上取决于他们本身的效价，而这又基于你所掌握的这些人的全部信息，这些信息有一部分来源于基于解释性、类比性和概念连贯性的推论（Thagard，2000）。

情感连贯性的热理论不能完全取代审慎连贯性的冷（非情感化）理论的第二个原因在于，关于做什么，人们有时会提出不相容的热判断和冷判断。无意识地利用审慎连贯性可能会让你产生不应该做某事的判断，而情感连贯性会从与之不同的方向对你进行引导。例如，加拿大的漫长冬季行将结束，学生们看到第一个风和日丽的春日，在情感上他们可能会决定外出好好享受春意，但与此同时也考虑到，另一个选择是要完成学校期末的任务，而这与他们的核心目标如大学毕业更为一致。我不是唯一一个这样想的人："我最好是去做 X，但我打算做 Y。"强烈刺激产生的爱好能使情感连贯性取代审慎连贯性。

情感连贯性理论为我们理解直觉在决策中的作用提供了心理实在论的路径。我应该去巴黎这一直觉是无意识心理过程的结果，过程内的各种行为和目标在相互对立中保持平衡。连贯性过程包括关于我认为什么是真的判断（例如，我在巴黎会玩得开心）以及我对目标实现程度的判断。但是计算连贯性不仅决定了被接受和拒斥的要素，而且决定了要素的情绪反应。它不仅仅是"去巴黎——行"或"去巴黎——不行"，而是"去巴黎——耶！"或"去巴黎——呸！"

然而，正如我们所见，情感连贯性更适合作为描述人们如何决策的理论，而不是人们应该如何进行决策的规范性理论。基于情感连贯性的判断可能同样会受到笔者对直觉决策的批评：容易受到干扰，没有考虑行为和目标的适用范围。然而，笔者怀疑人们是否有能力在不依赖情感连贯性的情况下进行决策——这正是我们大脑的构成方式。因而，对于规范性目的而言，最好的方法是采用与情感连贯性交互作用的程序，以生成知情、有效的直觉。

利用直觉和情感做出正确决策

情感连贯性理论表明，人们关于做什么的直觉有时可能会从综合的、无意识的、关于最能实现他们目标的判断中涌现出来。但该理论也适用于人们的直觉信息不足以及直觉过于迅速的情况。

怎样帮助学生和其他人确保他们的决定是建立在知情的直觉基础之上呢？

对于重要的决定，笔者的建议是不要迅速做出即时的、直觉的选择，而应该遵循如下步骤：

知情直觉

1. 仔细设定决策问题，要求确定你的决定所要实现的目标，并列举出可能实现这些目标的合理行为的主要范围。

2. 仔细考量不同目标的重要性。这样的反思比只用数字权重计算目标的方式更加情感化、直觉化，但应该有助于你在当前的决策情境中更多地意识到你所关心的事情。爱好和情感失真（扭曲）可能夸大某些目标的重要性，因此我们要确定这些目标并加以识别。

3. 检验关于不同行为促成不同目标之程度的信念。这些信念具有充分的证据吗？如果没有，对信念进行修正。

4. 将你对最佳行为的直觉判断付诸实践，并密切注视你对不同选择的情感反应。将你的决策交由他人审视，观察其是否合理。

这一程序（过程）既整合了决策的直觉模型和计算模型的优势，又规避了两者的不足。例如，直觉模型承认决策是一种涉及情感的无意识过程。再如，计算模型旨在避免由杂乱无章（无系统的）和未经检验的直觉所造成的决策错误。知情直觉程序的一个缺陷是主体间的交互性弱于计算模型，在计算模型中，数字权重以及计算过程都一目了然。在许多情况下，人们通过产生计算的一系列步骤来了解人们如何不同地理解情境，那将是一种确实有用的训练。然而，个人决策者最终须根据自己关于适合做什么的直觉判断来做出决定。群组成员可能没有具体说明不同目标的情感权重，他们也许忽视了对不同行为促成不同目标的程度的实践。在一组决策者间达成一致可能需要广泛而深入的讨论，以揭示决策者对自身以及他人的目标和信念。识别他人的爱好和情感失真（扭曲）比识别你自身的爱好和情感失真要容易得多。讨论活动包括进行共同计算的练习，可能使得群组的成员将注意力集中于目标的重要性和信息的似真性（合理性），两者产生情感连贯性的共有反应。相互争论的科学理论之间的科学共识源自个人连贯性和人际交往过程（Thagard，1999；详见第7章）。但是就做什么而言，其矛盾的消解要求更为复杂的过程：比较和联系驱动着不同决策者的多元目标。这一过程的关键部分是意识到他人的情感状态，这和面对面的互动（包括从单纯的言语交流到对人们体征外貌的感知）一样受益良多。

相比于哲学家一般所讨论的实践三段论，知情直觉是一个更为复杂的决策过程。密尔格雷姆（Millgram，1997）举了下列例子：

1. 我们应该吃可口的东西。（大前提）
2. 这块蛋糕很好吃。（小前提）
3. 我们吃蛋糕。（结论）

实践三段论给了我们一个既不充分描述也不充分规范的决策状况。在描述性上它没有注意到决定吃蛋糕受到了吃蛋糕这一行为的情感价值的重要影响。对于规范性而言，它没有看到做决定是审慎连贯性的问题，必须平衡互相矛盾的目标（如吃可口的东西、可以减肥的东西、健康的东西），评估相互矛盾的行为（如吃蛋糕、吃苹果、喝毕雷矿泉水）。推论的连贯性模型中的论证和推断有相当大的差异。论证是文字式的、线性的，类似于形式逻辑中的实践三段论与证明。但是推断是一个无意识的心理过程，在许多要素的相互对立中获得判断，即以尽可能将连贯性最大化的方式接受某些信念、拒斥其他信念。

这并不意味着我们应该轻视实践推理和理论推理。推理是一种言语的、有意识的过程，容易传递给他人。人们绝少直接相信论证，但是推理不能直接转化为推断这一事实并不意味着推理毫无意义。在决策中进行清晰的推理有助于向与决策有关的人传递相关目标、行为和促进关系。若该传递有效，则理想的结果就是：关于做什么，每个决策者都将做出明智、直觉的决定。

完善推理需要识别知情直觉等有效的推理方式，同时还要注意人们通常所犯的错误。诸如此类的错误，哲学家一般称之为谬误，心理学家称之为偏见。心理学家、经济学家和哲学家在决策活动中发现了种种错误倾向，如考虑沉没成本、使用糟糕的类比以及对判断过于自信。关注情感连贯性在决策活动中的作用使得我们扩充了上述错误表，将不适当决策的情感决定因素囊括进来，如癖好以及未能理解他人的情感态度。在文章中笔者强调了运用推荐的方法、知情直觉进行决策的积极策略，但更为完备的解释也会产生消极的策略，即回避了人类思维中固有的各种倾向，而这往往会导致糟糕的决定。

决策的连贯性模型允许我们在评估决策时调整目标的重要性，但这并未论述我们如何采纳新目标的问题。密尔格雷姆认为实践的归纳能够描述人们如何在新的情境中生发出新的兴趣，而这些兴趣为他们提供了新的目标。一项完备的决策理论需要对人的目标来源于何处以及如何评价目标做出说明。那些以性、毒品为目标进行决策的人们也许会获得局部意义上的连贯性，但对于丰富人类生活的全方位追求，他们还知之甚少。

结 论

笔者试图在这一章为学生和其他人提供一种自然而又有效的决策模型。实践推理不是简单地由实践三段论或成本效益的计算生成的，而是需要对积极和消极的相互关联的目标和行为的一致性做出评估。这项评估是一个无意识的过程，在某种程度上基于所考虑的不同目标的情感效价，而且产生了有意识的判断，它不仅是关于最佳行为的信念，而且是对该行为积极的情感态度。如果评估一致性生成的情感判断考虑到相关的行为和目标以及二者之间的关系，那么理性和情感就不必是相互冲突的。笔者所建议的知情直觉的方式，说明了决策如何直观且合乎理性。（详见第15、16章对规范性问题的进一步讨论）

3 情感类比和类比推理

保罗·萨伽德　卡梅隆·雪莱

导　论

尽管越来越多的人认识到情感与认知的相关性,但相比之下,研究者对情感的关注却还不够。本章讨论了情感的三种常规种类的类比。最直接的是情感的类比和隐喻,如"爱是一朵玫瑰花,最好不要采摘它"。涉及情感传递的类比更有趣,如在移情作用中,人们通过设想自身在相似情境中的情绪反应来理解他人的情感。最后,还有一些可以产生情感的类比,比如类似的玩笑会产生诸如惊喜和乐趣的情感。

理解情感类比需要一种比已有的类比推理更为复杂的理论。笔者在下一节对类比推理如何通过可废止的、整体论的、多重的和情感的方式进行描述做了新的解释。情感类比在一定程度上可以利用 ACME 和 SME 等标准模型予以解释。但是传递情感的类比要求将这种处理予以扩展,即考虑情感状态的特殊性。我们描述的情感连贯性的新模型 HOTCO 刺激了情感的传递,说明了 HOTCO 如何模拟情感的产生,如对幽默比喻的反应。最后,我们通过讨论从网络有线服务中挑选的一个更全面的样本来补充我们收集的情感类比的轶事。

类比推理:现有模型

在逻辑学著作中,类比推理通常由下列模式表示(Salmon,1984a):

类型 X 的客体具有 G、H 等属性。
类型 Y 的客体具有 G、H 等属性。
类型 X 的客体具有属性 F。
因此:类型 Y 的客体具有属性 F。

例如，当实验确定大剂量的人造增甜剂糖精可在鼠体内引发膀胱癌时，科学家通过类推认为该物质对人也有致癌性。逻辑学家还指出，类比论证的强弱依赖于其前提中的属性与结论中属性的相关程度。对类比推理的描述至少可以追溯到 19 世纪约翰·斯图亚特·穆勒的逻辑体系，不过这种描述有几方面的缺陷。第一，逻辑学家很少阐明"相关性"的含义，因此这种模式几乎无法区分强类比和弱类比。第二，该模式依据客体及其属性予以表述，它弱化了这一事实：最强、最有用的类比都包含关系，尤其是因果关系（Gentner，1983；Holyoak et al.，1995）。这样的因果关系是决定相关性的关键：设想在上述模式中，客体 X 的属性 G、H 共同引起 F，那么通过类比可认为在客体 Y 中它们可能引起 F。这样的因果关系产生的推断比只是计算属性更强。第三，逻辑学家通常讨论类比论证时往往会忽视类比推理的复杂性，这需要对其他信息的潜在结论做出更全面的评估。如果你已经知道许多这类没有 F 属性的客体，或者有不同的类比表明它们没有属性 F，那么推断类型 Y 的客体具有属性 F 是没有意义的。类比推理必须可以被消除，因为其他信息可能会推翻潜在的结论，而且类比推理必须是整体的，因为推论者所知道的一切都可能推翻或增强推理。

相比于逻辑学家的模式，类比映射的计算模型诸如 SME（Falkenhainer et al.，1989）和 ACME（Holyoak et al.，1989）更加丰富地描述了类比结构。SME 利用关系结构生成备用推论，ACME 利用霍利约克（Holyoak）、诺维克（Novick）和梅尔茨（Melz）所谓的复制替代和生成（CWSG）的过程将信息从源模拟传递到目标模拟。基于实例的推理以及其他许多类比的计算模型也利用了类似的过程（Kolodner，1993）。

但是所有这些计算模型都不足以理解普遍意义的类比推理和特殊的情感类比。它们没有说明类比推理为何可以被消除以及为何是整体的，或者类比推理如何利用复合源类比支持或否定某种结论。而且，类比的普遍模型利用符号对信息进行编码，且假设所推论的是由谓词演算或某些类似的表征系统以命题形式表征的言语信息。视觉类比映射的 VAMP 系统是少数处理非言语类比的尝试之一（Thagard et al.，1992）。正如之后文献所述的，类比推理常用于传递某一情绪，而不仅仅是某一情绪的言语表征。下面我们将描述情感连贯性的新式模型 HOTCO 如何进行可消除的、整体性、多重性以及情感性的类比推理。

HOTCO 中的类比推理

萨伽德（Thagard，2000）提出了一种能够运用于许多重要心理现象（如信任）的情感连贯性理论。该理论对推论和情感做出如下假设：

1. 全部推理基于连贯性。所谓的推理规则如演绎推理自身不能认可推论，因为它们的结论可能与其他公认的信息相矛盾。唯一的推理规则是：赞同某一结论的前提是其可接受性能将连贯性最大化。

2. 连贯性是约束满足的问题，可以利用联结主义和其他算法进行计算（Thagard et al.，1998）。

3. 存在六种连贯性：类比的、概念的、解释的、演绎的、感知的和审慎的（Thagard，2000）

4. 连贯性不仅接受或拒绝某一结论，而且在命题、对象、概念或其他表征上附加了积极或消极的情感评价。

从该连贯性的视角来看，所有推论都是可消除的、整体的，而且与形式系统中的逻辑推理明显不同。包括博桑基特（Bosanquet，1920）和哈曼（Harman，1986）在内的哲学家主张利用连贯性解释推论。

计算模型 HOTCO 实现了这些理论假设。它融合了下列早期的连贯性模型。

解释连贯性：ECHO（Thagard，1989；Thagard，1992）；

概念连贯性：IMP（Kunda et al.，1996）；

类比连贯性：ACME（Holyoak et al.，1989）；

审慎连贯性：DECO（Thagard et al.，1995）。

这种融合是自然而然的，因为上述所有模型都利用了类似联结主义的算法将约束满足予以最大化，尽管它们采用了不同的约束条件作用于不同表征。HOTCO 的新颖之处在于，其所表征的要素不仅具有表征要素的接受和拒斥的激活作用，而且具有表征判断积极或消极的情感诉求的效价。在 HOTCO 中，与其构成模型相类似，激活作用在具有刺激环节和抑制环节的单元网中整体的传播过程产生了关于接受什么的推论，这些环节表征积极和消极约束的要素。但是 HOTCO 利用相同的刺激和抑制环节系统，以一种类似整体主义的方式传递效价和激活。例如，HOTCO 模拟决定是否雇佣特定的人当保姆，在某种程度上是"冷"审慎连贯性、解释连贯性、概念连贯性和类比连贯性的问题，而且是对候选人产生的情感反应的问题。对个人的客观推断和所推断之物的附属效价的结合产生了情感的反应。如果你推断应聘保姆的人有责任感、聪明，而且喜欢孩子，那么这些属性的积极效价会波及他（她），然而如果连贯性使你推断出该应征者懒惰、愚蠢且心理病态，那么他（她）则获得消极的效价。在 HOTCO 中，效价与激活作用在约束网络内的传播方式很相似（相关技术细节，请参阅本章附录）。其结果是情感的格式塔反应，即提供了对可能成为保姆之人的全方位的"直觉反应"。

现在我们可以描述 HOTCO 如何以一种可消除的、整体的、多重的方式进行类比推理。HOTCO 利用 ACME 在来源与目标之间进行类比映射，利用复制替代和生成产生新的推论命题。它能够以一般模式运行，在这种模式中，一切与来源相关的信息都传递给目标，或者以更加具体的模式运行，即查询被用于使用来源中的特定命题来增强目标。每一命题在谓词演算的形式化中都有其结构［谓词（对象）命题名称］，有一个关于腔棘鱼的科学类比的实例（腔棘鱼是一种难以直接研究的珍稀鱼类）（Shelley, 1999）。

来源 1：荆鲨属

［具有（荆鲨属杆菌色素-1）具有-1］

［吸收（杆菌色素-1 波长 472nm 可见光）吸收-1］

［穿透（波长 472nm 的可见光深海海水）穿透-1］

［可见（荆鲨属深海海水）可见-1］

［栖息（荆鲨属深海海水）栖息-1］

［可行（具有-1 可见-1）可行-1］

［因为（吸收-1 穿透-1）因为-1］

［适应（可见-1 栖息-1）适应-1］

目标：腔棘鱼－3

［具有（腔棘鱼杆菌色素-3）具有-3］

［吸收（杆菌色素-3 波长473nm可见光）吸收-3］

［穿透（波长473nm可见光 深海海水）穿透-3］

［可见（腔棘鱼 深海海水）可见-3］

［可行（具有-3 可见-3）可行-3］

［因为（吸收-3 穿透-3）因为-3］

在特定模式下运行的HOTCO须说明腔棘鱼的栖息深度，并利用来源中的命题栖息-1构造目标中的相应命题。

［栖息（腔棘鱼 深海海水）栖息-新］

HOTCO在一般模式下运行，并进行替代和生成的全面复制，可以通过类比的方式将来源的全部信息转换到目标。在这种情况下产生的命题：腔棘鱼栖息于深海作为候选项被推论出来。

然而，HOTCO实际上并不推论新的命题，因为类比推理是可废除的。更确切地说，它只不过是在代表源命题栖息-1和目标命题栖息-新之间建立的某种刺激联系。由于这种联系表征两个命题之间的积极约束，连贯性的最大化促使两个命题同时被接受或拒斥。源命题栖息-1可能被人们接受，所以在HOTCO模式中，该命题具有积极的激活作用，并将这一积极激活传递给命题栖息-新，除非命题栖息-新和其他趋向于抑制其激活的可接受命题不相容。因此类比推理是不可行的，因为所有HOTCO模型都寻求为整体连贯性判断创建某个链接，它表示一个新型约束，而且这种约束是整体的，因为整个约束网络可能有助于最终接受或拒绝推论命题。

这一框架内很容易看到类比推理如何利用多种类比，因为人们可以使用多种来源构建新型的约束条件。雪莱（Shelley，1999）描述了生物学家如何不是简单地利用荆鲨属的类似物作为来源推断出腔棘鱼栖息于深水区，而且利用了下列不同来源：

来源2：棘鳞蛇鲭属－2

［具有（棘鳞蛇鲭属 杆菌色素-2）具有-2］

［吸收（杆菌色素-2 波长474纳米可见光）吸收-2］

［穿透（波长474纳米可见光 深海海水）穿透-2］

［看见（棘鳞蛇鲭属 深海海水）看见-2］

［栖息（棘鳞蛇鲭属 深海海水）栖息-2］

[可行（具有-2 可见-2）可行-2]
[因为（吸收-2 穿透-2）因为-2]
[适应（看见-2 栖息-2）适应-2]

大体的推论是：腔棘鱼之所以栖息于深水区是因为它们与来源荆鲨属和棘鳞蛇鲭属相类似，两者都具有能够使它们适应深水生活的杆菌色素。请注意，这些类比深刻而又系统，因为自然选择学说表明，两种来源的鱼类之所以具有杆菌色素是因为该色素可以使它们适应深海环境。在HOTCO将来源荆鲨属映射于目标腔棘鱼之后，当HOTCO将来源棘鳞蛇鲭属映射于目标腔棘鱼时，它从第一来源的命题栖息-1和第二来源的命题栖息-2 推论得出的命题栖息-新中构建了刺激链接。因此，激活可以从这些命题传递至命题栖息-新，所以该推理被多种类比所支持。如果另一个类比或其他信息表明推论是矛盾的，那么栖息-新将会被激发和抑制。因此，多重类比可以促成类比推理的可消除性和整体性。

在目标命题和来源命题之间建立的新型链接也使得情感转移成为可能。对于大多数人而言，腔棘鱼的例子在情感上是中立的，但如果将某一情感效价附于栖息-1和栖息-2，那么它们与栖息-新之间的兴奋链接会使这种效价的扩散与表示接受的激活传播成为可能。复杂的类比在一个或多个来源的各个方面与目标之间建立了多个新的兴奋性链接，效价可传播至所有已建立的链接，以促成对目标的一般情感反应。下一节列举了这类情感类比推理的详细实例。

情感的类比

《哥伦比亚语录词典》（微软书架提供相关电子版）收录了许多关于爱和其他情感的隐喻和类比。例如，将爱比喻为信仰、主、朝圣、天使/鸟、贪食、战争、疾病、酗酒、疯狂、市场交易、光、幽灵以及吸烟。作者没有使用文字讨论情感，我们不必对此感到惊讶，因为情感体验很难描述。在关于情感的类比中，文字来源有助于阐明情感目标，可通过言语来描述，但它同时也具有难以捉摸的、非语言的及现象学特征。消极情感也利用类比：愤怒像一座火山，嫉妒像一个绿眼怪物，等等。

为了运用情感的复杂性，诗人常常诉诸多种比喻，如下列例子：

（1）约翰·多恩（John Donne）：

像疾病一样，微妙之间我们得到了爱情；

但是得到它如同获得宝藏般的甜蜜。

（2）罗伯特·伯恩斯（Robert Burns）

啊，我的爱人像朵鲜红玫瑰，

在六月里初开绽放；

我的爱人是动听的乐曲，

甜美如天籁。

（3）威廉·莎士比亚（William Shakespeare）

爱是叹息扬起的尘；爱人的眼里有它净化的星火光点；

爱人的眼泪是它撞起的海潮。

它也是最睿智的狂野，

哽喉的苦，无法品尝的蜜。

在这些例子中，诗人使用了不止一个比喻或隐喻来阐明爱情的不同方面。使用多种比喻的做法与上节所述的科学实例有所不同，其中利用两种海洋来源的目的在于支持有关腔棘鱼栖息深度的相同结论。在这些诗歌的例子中，不同来源的类比阐明了目标情感（爱）的不同方面。

情感类比可能是普遍的，正如以上关于爱情的实例，或者特别地讲，类比还可描述某个个体的情感状态。例如，在电影《一切从心开始》中，梅丽尔·斯特里普（Meryl Streep）饰演的李讲述她不愿讨论自己的情感，说她的感觉如同鱼钩——一个都无法拾起。正如难以用文字表达情感的一般特征一样，口头描述自己的情感状态往往也很困难。创伤后应激障碍的受害者经常使用类比和隐喻描述自己的情况（Meichenbaum，1994）。

- 我是一颗随时会爆炸的定时炸弹。
- 我感觉自己陷入了一场龙卷风。
- 我是一只聚光灯下的兔子，动弹不得。
- 我的生活就像重演的电影，永不停止。
- 我感觉自己置身洞穴，无法出去。
- 家就像一个高压锅。

- 我是个没有感情的机器人。

在这些特殊的情感类比中，我们要理解个人的情感状态，语言来源大致描述了人的感受。情感类比的目的通常是解释性的，描述了一般情感或某一特定人的情感状态的本质。但类比也可以用来应付情感，如以下援引纳撒尼尔·霍桑（Nathaniel Hawthorne）所述："幸福是一只蝴蝶，当你追逐它时，它总是飞得远远的，然而如果你静静地坐着，它就会飞落在你的身上。"人们也会得到如何应对消极情绪的建议，如被告知要"发泄"他们的怒气，或者"盖上盖子"。

原则上，我们可以利用标准模型（如 ACME 和 SME）模拟情感类比，利用来源的言语表征推断情感目标。然而，即使在以上某些实例中，比喻的目的不仅在于传递言语信息，还在于传递某种情感态度。当某人说"我感觉自己陷入了一场龙卷风"，他（她）也许是在讲"我的感觉就像你被卷入龙卷风时的感觉一样"。我们需超越文字的比喻以把握情感的传递。

传递情感的类比

如前所述，并非所有类比都是语言类比，有些还涉及视觉表征的传递（Holyoak et al., 1995）。此外，类比还包括情感从来源到目标的传递。至少存在三种这样的情感传递，包括说服、移情和逆向移情。在说服中，我可以利用某个比喻说服你接受某种情感化的态度。在移情中，我通过向你传递在相似情境下我的情绪反应，以试图理解你在某一情境下的情绪反应。在逆向移情中，通过将我的所处情境和相对应的情绪反应与你所熟悉的情境和反应进行比较，我力图使你理解我的情感。

许多有说服力的类比的目的在于产生某种情绪化的态度，如当我们试图使某人确信流产是可憎的或者死刑是非常可取的。如果我想让某人对某事采取积极的情绪，我可以将之与他（她）已有积极态度的事情相比较。相反地，我可以将之与他（她）已经消极看待的事物进行比较试图让他（她）产生某种消极态度。说服性情感类比的结构是：

你具有来源于 S 的某种情感评价。

目标 T 在相关方面与 S 相类似。

所以你对 T 应该具有某种类似的情感评价。

当然，情感评价可以用"精彩""可怕"等词语口头表述，但对于说服性目的而言，如果附属于某物的特定直觉本身可以传递至目标，那么这种说服会更为有效。例如，大屠杀或残害婴儿等情感强烈的论题通常用来传递消极情感。

布兰切特和邓巴（Blanchette et al., 2001）全面记录了说服性类比在政治背景下的利用情况，魁北克人于 1995 年进行全民公投决定是否从加拿大独立。布兰切特和邓巴在三份蒙特利尔当地的报纸上共发现了 234 种来自各种领域的不同类比：政治、体育、商业，等等。许多这样的类比是情绪化的：他们认为其中 66 个类比具有消极情感，75 个类比具有积极情感。因此，全民公投中使用的类比有一半以上具备可识别的情感维度。例如，反对魁北克从加拿大分离出去的一方表示："这就像父母离婚，也许你的父母不愿意得到监护权。" 在这里，离婚的消极情绪的内涵传递至魁北克独立这一事件。与此相反，支持魁北克独立的一方则利用分离的积极情感类比："支持方的胜利就像经济魔杖一样。"

HOTCO 可以自然地模拟使用情感的说服性类比。类比：分离-离婚可表示如下：

来源：离婚

［结婚（配偶-1 配偶-2）结婚-1］

［具有（配偶-1 配偶-2 孩子）具有-1］

［离婚（配偶-1 配偶-2）离婚-1］消极效价

［获得-监护权（配偶-1）获得-监护权-1］

［不愿（配偶-1）不愿-1］消极效价

目标：分离

［组成部分（魁北克 加拿大）组成部分-2］

［统治（魁北克 加拿大魁北克人民）统治-2］

［脱离（魁北克 加拿大）脱离-2］

［控制（魁北克 魁北克人民）控制-2］

HOTCO 对该实例进行综合性推论，不仅计算了从来源到目标的类比映射，并且利用替代和生成复制的方式完成目标，而且将命题结婚-1 附属的消极效价传递至命题脱离-2。

说服性类比在最近有关微软公司的争论中甚嚣尘上，即微软在其操作系统 Windows 98 中引入万维网浏览器是否涉及垄断。有提议要求微软公司同样将其竞争对手——美国网景公司研发的浏览器列入操作系统，微软公司时任总裁比尔·盖茨对此回应时抱怨：这就像"要求可口可乐公司在销售可口可乐时在每六个包装中包含三罐百事可乐"，或者像"要求福特公司销售装配克莱斯勒发动机的汽车"。这些类比在某种程度上是情绪化的，因为其目的是将强迫可口可乐和福特公司（貌似荒谬）所引发的情绪反应传递到对微软公司的强迫之上。另一方面，微软几乎垄断了个人电脑操作系统，其批评者将盖茨与约翰·D.洛克菲勒（John D. Rockefeller）相提并论，美国政府于 1911 年结束了洛克菲勒具有掠夺性质的标准石油对石油产品的垄断。

说服性类比表明了霍里约克与萨伽德（1995）提出的类比推理的多重约束理论的一个可能范围。在该理论中，相似性是影响两个类似物如何相互映射的约束条件之一，包括谓语的语义相似性与对象的视觉相似性。我们猜想情感相似性也可能影响类比映射，预测人们更可能映射具备同样积极或消极效价的要素。例如，如果你对比尔·盖茨具有某种积极情感，对约翰·D.洛克菲勒具有某种消极情感，那么你不太可能认为两者相类似，这阻碍了检索和映射。最近，关于癌症的书籍和广告对基因突变细胞所导致的肿瘤生长和耶稣创设基督教进行了比较。不论该类比的结构信息如何丰富，癌细胞和耶稣之间，以及肿瘤和基督教之间的对应关系使许多人产生了情绪上的失配，致使这一类比失效。1999 年的科索沃战争期间，人们经常将塞尔维亚领导人斯洛博丹·米洛舍维奇（Slobodan Milosovic）比作阿道夫·希特勒（Adolf Hitler），这些比喻适合大多数人的情感，但对于米洛舍维奇的支持者来说则不然。

另一种更加个性化的说服性情感类比是身份认同，即你认同某人，那么你会将自身积极的情感态度传递给他们。据芬诺所述（Fenno, 1978），美国国会议员试图向其选民传递某种认同感。其中心思想是"你了解我，我就像你，所以你可以信任我"。这种认同的结构是：

你对自己有某种积极的情感评价（来源）。

我（目标）与你相似。

所以你对我应该有一个积极的情感评价。

认同是一种说服性类比，但与一般类比不同的是，来源和目标都是相关的人。充分体现认同和其他类比的相似性，需要详细说明因果关系和其他高阶关系，从而获得来源和目标之间深刻、高度相关的相似性。

移情也涉及人与人之间情感状态的传递；请参阅巴恩斯和萨伽德（Barnes and Thagard，1997）对此的详尽讨论。它与劝导的不同之处在于，其类比的目标是理解而不是说服某人，其基本结构可概括为：

你身处情境 T（目标）。

当我处于相似的情境 S 时，我体验到情感 E（来源）。

因此你可能正体验到某种类似于 E 的情感。

如同说服和认同，这种类推可以纯粹利用语言来完成，但是对目标体验的感同身受则更为有效。例如，如果萨伽德想了解某位外国的新研究生的情感状况，他可以回忆自己当初去英国留学时的情感状态：焦虑而又困惑。一个有关移情的更详细的实例是，某人将自己失业和莎士比亚笔下的哈姆雷特丧父进行比较，以试图理解主人公的痛苦（Barnes et al.，1997）：

来源：你	目标：哈姆雷特
[解雇（上司，你）s1-解雇]	[杀害（叔父，父亲）t1-杀害]
[损失（你，工作）s2-损失]	[失去（哈姆雷特，父亲）t2-失去]
	[结婚（叔父，母亲）t2a-结婚]
[原因（s1-解雇，s2-损失）s3]	[原因（t1-杀害，t2-失去）t3]
[愤怒（你）s4-愤怒]	[愤怒（哈姆雷特）t4-愤怒]
[沮丧（你）s5-沮丧]	[沮丧（哈姆雷特）t5-沮丧]
[原因（s2-损失，s4-愤怒）s6]	[原因（t2-失去，t4-愤怒）t6]
[原因（s2-损失，s5-沮丧）s7]	[原因（t2-失去，t5-沮丧）t7]
[犹豫不决（你）s8-犹豫不决]	
[原因（s5-沮丧，s8-犹豫不决）s9]	

这个类比的目的不是简单地描绘来源与目标之间的对应关系，而是将你记忆中消沉的意象转换到哈姆雷特身上。

说服性类比的主要作用在于传递积极或消极效价，与此不同，移情要求传递全方位的情感反应。根据他（她）所处的情境，我需要设想某人愤怒、恐惧、鄙视、狂喜、入迷等的情绪状态。就目前已实施的情况，HOTCO仅传递与命题和对象相关的积极或消极效价，但是我们也可以很容易将其扩展，从而囊括某种表征众多单元的激活模式的情绪矢量，每一个单元的激活表征情感的不同成分。这种被扩充的表征也使得"复杂"情感的传递成为可能。

移情只是一种解释性的情感类比。我们已见过许多类比的实例，其目的在于人们向他人解释自身的情感状态，有一种逆向移情使他人能够对自己有感同身受的理解。逆向移情的结构如下：

我身处情境 T（目标）。

当你处于相似的情境 S 时，你体验到情绪 E（来源）。

所以我体验到与 E 相似的情绪。

这里是关于情感的类比传递的最后一个例子："心理学家宁愿彼此使用对方的牙刷，也不愿意使用对方的术语。"这是个复杂的比喻，因为在某一层面上，它将厌恶使用牙刷的情感反应投射到对术语的使用上，但同时也产生了某些乐趣。《环球邮报》（*The Globe and Mail*）的下列评论也具有类似的双重作用："星巴克咖啡店在多伦多的蔓延可比头虱在幼儿园班级的传播要快得多。"这两个例子都表达了一种态度，正如乡村音乐明星加斯·布鲁克斯（Garth Brooks）所说："我的职业就像人们所说的比萨和性：当其对他们有利时，简直棒极了，即使对他们有害，也还是不错的。"请注意，这是一个多重比喻，不论它有何种价值。作家福楼拜（Flaubert）同样利用比喻表达他对自己工作的态度："我对自己的工作有一种疯狂而变态的爱，就像苦行者爱那件划破他肚皮的刚毛衬衣一样。"现在让我们来思考类比，它超越了情感的类比传递，而且确实产生了新的情感。

产生情感的类比

第三类情感类比涉及与情感无关且不传递情感状态的类比，而是用来生成新的情感状态。至少存在四个情感生成的子类，包括幽默、讽刺、探索以及动机。

类比最令人愉快的使用在于使人们开怀大笑，产生欢乐或娱乐的情感状态。密歇根大学最近开展了一项宣传活动，目的在于让人们更仔细地保护自己的电脑密码。海报提醒学生把电脑密码当作自己的内衣一样看待：将密码设置得冗长且难解，不要散布密码并经常更换密码。这个类比的目的不是驱使任何人以密码和内衣之间的相似性为根据，而是为了达到娱乐的效果，从而使人们聚焦密码安全问题。

促使类比趣味化的一个主要部分在于和谐与失谐两者出人意料的结合。密码和内衣在语义上并不相符，所以当两者之间呈现出良好关系的拟合时（两者经常替换）会令人意想不到。其他情感也可以使类比变得有趣，例如，当类比指向某人讨厌的人或群体：

为什么心理学家更愿意用律师而非鼠作为实验对象？

1. 现在的律师比鼠多。

2. 心理学家发现他们曾经过于依赖鼠。

3. 有些事情鼠不会做。

这个玩笑依赖心理实验中的鼠与开展业务的律师之间新奇的类比，映射了人们对律师的消极情绪。附录中有更多的令人惊奇的内容，即心理学家不再将律师作为其实验对象，因为实验结果没有现实意义。笑话中暗含着另一个幽默的比喻："一个单身女人怎样才能将蟑螂赶出厨房？让它做出保证。"

某些类比的笑话基于视觉表征，正如下列孩子的玩笑："0 对 8 说了什么？好漂亮的腰带。"这个笑话要求人们理解数字和人类服饰之间新奇的视觉映射。有一些更为幽默的比喻，所有这些都包括奇特和有趣的映射：

（1）安全的饮食就像安全的性行为。

（2）改变一所大学就像移动墓地一样困难。

（3）管理大学生就像是在照管一群猫。

（4）副院长是将学生训练成耗子的鼠。

（5）"为了寻找一块适合依附和筑巢的岩石或珊瑚礁，幼年海鞘在海中漫游。为完成这项任务，海鞘生成了发育不完全的神经系统。当它找到位置并扎根下来后，就不再需要它的大脑了，所以海鞘就将它的大脑吃掉了（海鞘的大脑就像有任期似的）！"（Dennett，1991）

（6）比尔·詹姆斯对蒂姆·麦卡弗写的有关棒球的书这样评论道："然而要正确地通读这本书几乎是不可能的，这就像是在糖蜜湖里划独木舟一样困难。"

（7）雷德·史密斯："和一个非球迷谈论棒球就像跟一个8岁的孩子谈论性，无论你说什么，对方的回答总是'但是为什么？'"

（8）关于夸克，哈佛大学物理学家梅丽莎·富兰克林说道："真是不可思议，你有六个夸克，其中五个非常轻，而第六个却重得难以置信。①就好像你感到昏昏欲睡、迟钝、脾气暴躁、很高兴，以及忧虑。"

请注意，富兰克林仅提及四种平缓的情绪，因此不是一一对应的，事实上没有破坏类比。一对一映射的失败甚至很有趣，如在1998年的一部动漫里有这样的画面：一艘名为"比尔·克林顿"的轮船即将和名为"比尔·克林顿"的冰山相撞。②

萨伽德的情感连贯论（2000）将惊奇视为一种元连贯性，HOTCO从某一个连贯说明到另一个说明的转换，伴随着单元从先前的活跃到钝化的状态变换，反之亦然，单元活跃状态的转换激活了意想不到的节点。在类比的笑话中，异常的映射产生惊奇的效果是因为它将之前未映射的要素连接在了一起。但即便如此，在某种程度上它依旧高度一致。意外节点、相关节点的激活与其他情感之间的结合产生了幽默的娱乐效果。

特别真挚、文雅的类比生成的情感与美产生的情感也可能相同。一个优美的比喻是非常精确、丰富、含蓄的，有着如同卓越的科学理论或数学原理的情感吸引力。霍利约克与萨伽德（1998）描述了重要的科学类比，如与马尔萨斯人口增长论的联系启发了达尔文的自然选择论。因此，科学类比和其他文雅的类比能够产生诸如幸福以及脱离了滑稽的欢乐之类的积极情感。

然而，并非所有类比都能够产生积极的情绪。讽刺有时基于类比，并且有时候会产生娱乐的效果，但它们也能产生绝望等消极的情绪：

---

① 这里提及的夸克是粒子物理学中的一种亚原子基本粒子，如质子和中子由更基本的夸克组成。相对轻force如电子等夸克是重子。夸克有六个，包括上夸克、下夸克、奇夸克、粲夸克、底夸克及顶夸克。夸克用于描述强相互作用粒子，即强子，这标志着20世纪后半叶粒子物理学的革命。——译者注
② 此处暗指1998年美国总统比尔·克林顿与白宫实习生莱文斯基的性丑闻。——译者注

香港（1月11日，1998年，法新社）——苦恼的香港百富勤投资集团职员周一将上班，他们仍在公司与自己工作之命运的黑暗中挣扎……援引周日百富勤的其他办理经纪人业务的职员的话说，他们对公司的未来感到悲观，据估计公司负债4亿美元。《南华早报》引用一位经纪人的话说："我要去看电影《泰坦尼克号》了……这很有讽刺意味，又一庞然大物即将倾覆。"

雪莱（2001）认为讽刺是一个"双重性"问题，两种情况既可以视为相互一致，又可以视为相互排斥。类比：百富勤投资集团—泰坦尼克号，在一定程度上将泰坦尼克号在灾难情境下的绝望情绪传递到了公司人员所面临的境遇下的情绪，但是讽刺恰如其分地产生了一种额外的绝望情绪。

我们要讨论最后一种情感-生成类比：激励类比，它生成了包括灵感和自信在内的积极情绪。洛克伍德和昆达（Lockwood et al., 1997）描述了人们如何模仿典范，从而为他们的所作所为提供新的可能性。例如，一个健壮的非裔美国男孩也许认为迈克尔·乔丹是利用他的运动能力取得超凡的成就。通过将自己与迈克尔·乔丹进行类推比较，男孩对实现自己的运动目标感到乐观。采用角色模型在某种程度上涉及情感的传递，例如，将角色模型成功的积极效价传递至自身所期望的成果，但同时也生成新的情绪，这种情绪伴随着欲望和激励以追求类比所显示的行为过程。类比推论的一般结构是：

我的榜样通过行为A实现了目标G。

在各个方面我都与榜样相似。

因此完成A我也可能实现G。

"我也许有能力做A"这一推断可以对这样一个成就的预期产生极大的鼓舞。

网 络 调 查

到目前为止，本章讨论的实例都是随意收集的，因此实际上是轶事或趣闻而非数据。为了更加系统地收集类比，卡姆·雪莱（Cam Shelley）编写了程序，利用互联网搜索关于类比的描述。借助基于互联网的搜索引擎，通过关键词搜索术语"类比"和其他比较术语，收集了从 1997 年 2 月至 1998 年 9 月的候选新闻报道。许多候选报道由于缺乏清晰度而遭到去除。其他报道则由雪莱根据其主要实用功能进行分类，包括：

1. 澄清：清楚地说明或解决两个事物之间的相似性问题，这常作为一种解谜练习。
2. 推理：利用来源概念提供的信息完善某些目标概念。
3. 描述：提供生动的或丰富多彩的阅读文本。

推论类比进一步可分为"热"与"冷"两种类型。热类比用来将情绪标签或情绪态度从来源传递至目标，而冷类比仅仅用于传递结构化的信息，不产生任何特殊影响。

热类比可进一步分解为以上讨论的三种类型的情感类比，即移情、逆向移情和说服。每篇新闻报道表达的类比往往很复杂，对于此处所列举的功能，似乎满足不止一项。但是，我们只根据其最突出的功能来计算各个类比。结果如图 3.1 所示。请注意，超过一半的类比具有情感内容和情感目标。也许这一结果并不令人意外，因为新闻报道，特别是美联社或路透社等主要通讯社，常以轰动性的新闻吸引读者。

许多非情绪化的类比来自对科学进步的报道,如对人类免疫系统的医学研究。例如，盖瑞·利特曼（Gary Litman）博士对模拟人类和鲨鱼的免疫系统产生了浓厚的兴趣，这种比较主要是为了活跃他的研究，而不是在他的同伴之间营造激动的氛围。(选自《科学家钓鱼》，1998 年 2 月 11 日，《圣彼得堡时报》)。

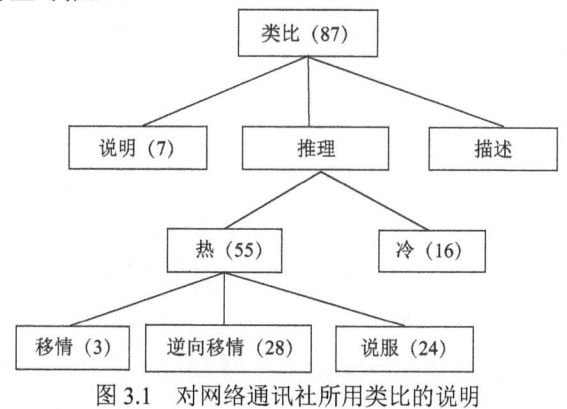

图 3.1 对网络通讯社所用类比的说明

显然，似乎很少有情感类比能揭示移情的过程。人们将新闻报道视作移情的实例，这些例子表现了人们试图通过类比其自身的情感体验来理解他人。考虑到记者有兴趣在高度情绪化的体验中对人们进行记录，似乎令人惊讶的是，互联网数据库内关于移情的实例竟然如此之少。但是，至少存在两个理由可以说明缺乏实例这一情况是虚假的。

首先，我们可以希望人们将移情基于个人经验。但这种期望内在于这样的观点，即我们的个人经验必定是我们可能记忆的最直接或最显著的体验。这种观念似乎并不真实。这种数据库内有关移情的实例表明，人们对他人的同情却是基于传统的或常规的经验。例如，威廉·卡特罗纳（William Catalona）博士对中年男士表示同情，通过与抗皱霜的需求进行对比，他们大声地要求强力药物——伟哥（选自"婴儿潮一代以各种方式对抗衰老"，P. B. 利夫拉赫，1998年6月1日，斯克里普斯·霍华德新闻社）："伟哥就像是青春之泉"卡特罗纳说道，"伟哥类似于抗皱霜，可以使时间倒流，能够让他们做回年轻的自己。"

换言之，在将中年男性对伟哥的渴望和他所设想的中年女性对抗皱霜的渴望进行对比之后，卡特罗纳对中年男性表示同情。尽管这一源类比并不是卡特罗纳本人的经验，但由于（a）作为药物的伟哥和作为化妆品的抗皱霜之间表面的相似性，以及（b）抗皱霜的情形代表性了人们（愚蠢地？）渴望年轻这一成见。由于人们在表达同情时常常选择常规的类比，所以我们不清楚他们是真的在同情，还是仅仅使记者相信这两种情感状况的确相似。我们在新闻报道的文章中很难将同情和说服区分开来。

移情似乎很罕见的第二个原因在于它可以作为劝服或逆向移情过程的第一步，两种过程都涉及某人试图影响他人对情感的判断。但是，为了将人们对问题的判断趋向于某个特定目标，有必要对他们的情感倾向或对情感状况的观点进行评估。要获得人们正确的情感反应，需要得知他们对情感和情感主题的意向。移情是获得关于某人的观念的一种重要方式。（当然还有其他方法，如利用关于人们情绪反应的普遍规则。）例如，细想一下以色列总理本雅明·内塔尼亚胡（Benjamin Netanyahu）所做的比喻，他将巴勒斯坦权力机构比作"助长恐怖之政权"（选自《美国因为内塔尼亚胡的花言巧语斥责阿拉法特》，1998年8月7日，路透社）：

内塔尼亚胡将自炸弹袭击后对巴勒斯坦人施加的经济压力等同于华盛顿对涉嫌支持恐怖主义的国家如利比亚施加的经济制裁。时任美国国务卿奥尔布赖特声称，这个类比"不起任何作用"，并且火上浇油，而非缓和紧张局势。"整体局势已完全不同了，尽管我们尊重内塔尼亚胡总理为保护人民的安全需要做的任何事，但是利用不恰当的类比没有任何意义。"她说道。

在这里，内塔尼亚胡将阿拉法特的巴勒斯坦民族权力机构与利比亚的卡扎菲政权相比，是为了向包括美国的精英人士在内的听众表达他对阿拉法特的感受。然而，内塔尼亚胡之所以选择利比亚作为源类比，不仅仅因为它与巴勒斯坦民族权力机构之间的相似之处，也由于他了解利比亚尤其为美国人所诟病。换句话说，内塔尼亚胡理解美国人，充分确信提及利比亚和卡扎菲很可能会在人群中引发强烈的消极情绪。当然，时任美国国务卿奥尔布赖特发现他所选的源类比带有煽动性。

表 3.1 显示的是类比数据库中情感的积极效价和消极效价的发生频率。效价分布于常规的基础之上，表示恐惧、愤怒、厌恶、悲伤和惊讶的是消极的情感状态，而表示幸福、自豪、赞赏、冷静和信任的是积极的情感状态。当然，举例来说，新闻报道中描述的情感状态通常比较复杂，因而不能完全采用并作为幸福或愤怒的简单实例。人们利用所谓的基本情感（愤怒、恐惧、厌恶、惊奇和快乐）对每个情感类比的实例进行分类。然而这样的描述显然是不可能或不充分的，存在涉及更复杂状态的词汇，例如自豪和钦佩。我们利用 11 个情感词汇进行基本分类：恐惧、快乐、钦佩、冷静、厌恶、愤怒、骄傲、信任、悲伤、惊奇及不安。若这些词汇未能完全获得某一类比的情感内容，其他词汇可作为补充。移情的实例数量太少，因而无法获得关于移情过程的任何结论，但是逆向移情和说服的数量则更令人关注。逆向移情的实例均匀地分布于积极效价和消极效价之间的区间。正如我们之前描述的，逆向移情涉及利用类比以使别人理解你自身的情感状态。请思考时任美国公民自由联盟的执行董事诺曼·西格尔（Norman Siegel）所举的例子，他加入了由时任纽约市长鲁道夫·朱利安尼（Rudolph Giuliani）创建的 28 人特别小组，以调查警方暴力问题（选

自《饱受争议,朱利安尼成立针对警察的专家组》弗雷德·卡普兰,1997年8月20日,《波士顿环球报》):"虽然西格尔对于朱利安尼对特别小组的承诺仍持谨慎态度,但他强调,他愿意现在接替市长的职位,并称朱利安尼处于特殊的境况'从而一劳永逸地解决警察暴力的系统性问题'。"①

表3.1 情感类比中积极情感和消极情感的出现频率

	积极情感	消极情感
移情	1	2
逆向移情	15	13
说服	3	21

宇航员大卫·沃尔夫(David Wolf)描述了他开始在和平号空间站执行任务时的体验,这是有关积极情感在逆向移情内投射的一个显著实例(选自《宇航员在致家庭的邮件中幽默地描绘了和平号空间站的生活》,亚当·泰纳,1997年12月2日,路透社):

> 1992年沃尔夫被提名为美国宇航局年度发明家,他描述了各种情绪体验,包括美国航天飞机从和平号空间站脱离的时刻,他则留在空间站执行为期四个月的任务。
>
> "我记得上次体验这种感觉是在我十岁那年,我父母的旅行车离开了南印第安纳,将我独自留了下来,那是我人生中第一个夏令营。我们都不知道未来会发生什么,这样的刺激令人满足。"

在这里,沃尔夫通过参照自己少年时被父母留在夏令营的体验,表达了他留在空间站的感受。除了传递事件的结构,沃尔夫利用了许多美国人通用的源类比,有助于表达他在某一事件中所体验到的对预期的真实紧张感,且这一事件是只有少数人曾体验过的感觉。

有说服力的情感类比通常不在具有不同经历的人们之间传递情感,而是使一个人将某种情感态度从某种观念转换到另一种观念。例如,为了劝服人们冷静地面对某一貌似危险的情境,你可以使其联想到他们能够沉着

---

① 此处有删减。——译者注

应对的相似情境。由于墨西哥城附近的火山活动,这一情况真实发生了(选自 1997 年 4 月 24 日美联社的一篇无标题报道):

> 周四,风景如画,俯瞰墨西哥城的波波卡特佩特火山(Popocatepetl)向空中喷射出高达 2～3 英里①、呈羽状的气体和灰尘,专家表示这些气体和灰尘相当于地球打嗝喷出的物质。墨西哥国家防灾中心的罗伯特·基斯(Robert Quass)称,虽然这是这座被积雪覆盖的山峰在过去五六个月最剧烈的一次火山活动,但是这种小规模的喷射活动并不意味着火山会全面喷发。"这种爆发只是打开了可能自三月份以来就被岩浆堵塞的火山的呼吸道。"夸斯说,"最好是释放而不是堆积这些压力。"

在这个例子中,通过将火山活动与打嗝相比较,夸斯试图说服公众冷静应对波波卡特佩特火山的活动,大概没有人会对打嗝大惊小怪。实际的说服往往会幽默地贬低某些情况或关系。

表 3.1 显示,就说服而言,数据库中积极效价与消极效价之间极不对称。似乎说服性类比主要用于谴责某个人或某种情况。细想一下《波士顿环球报》(Boston Globe)的一名记者对纽约格林尼治村的麦当劳店试销的蔬菜汉堡的反应,这种汉堡是由吉姆·刘易斯所发明(选自《麦当劳会将蔬菜汉堡收入菜单吗》,亚历克斯·比姆,1998 年 6 月 10 日,《波士顿环球报》):

> 啊,味道。即使刘易斯也承认味道不是他特制的汉堡肉和豆基汉堡,以及阿切尔·丹尼尔斯·米德兰(Archer Daniels Midland)"类似于肉"的汉堡肉的优点。虽然它比普通的汉堡多了一些脂肪,奇怪的是,尝起来却索然无味。刘易斯解释说,设计这款汉堡是为了复制食用汉堡时产生的质感,而不是模仿味道。我们称之为汉堡世界的"充气娃娃"。

在这里,通过将食用蔬菜汉堡和与玩偶玩耍进行对比,②比姆表达了对蔬菜汉堡肉饼的厌恶或至少是反感和嘲笑的态度。比姆不必阐述他的源

---

① 1 英里≈1.609 千米。
② 此处有改动。——译者注

类比，因为读者很容易获得（或想象）源类比及其附属的情感态度。

我们不清楚为什么消极情绪会主导说服性类比。一种可能性是对报道的选择有所偏向，也就是说，新闻记者可能对描述消极情绪更感兴趣。然而，这种可能性在逆向移情的实例中并不与积极和消极情感的对称性相矛盾。第二个更大的可能性是对来源本身的偏向，也就是说，与积极情绪的类比相比，利用消极情绪的类比更能达到劝服的目的。但是这种情况的原因尚不明确：人们囤积了更多关于他人的消极经验仅仅是为了提醒自己吗？消极的经验比积极的经验更容易重现吗？消极经验比积极经验更易于适应新的情境吗？说服人们去谴责而非赞扬某事物，这更为大众所接受吗？数据库没有明确的答案，但是逆向移情的本质表明社会因素可以发挥重要作用。此处讨论的三种情感类比中，说服是说话人给予他或她的听众以最大程度的说服力，即说话人试图刻意改变他人的意愿。这种通过评估与真实话题相类似的东西能够获得间接性，它可能有助于缓解偏见带来的负担，并使得听众更有可能接受说话人的观点。

像这样的社会因素在实践中往往遮蔽了逆向移情与说服性类比之间的差别。正如格莱斯（Grice，1989）所言，大多数人与人之间的交流和互动取决于人们在相互打交道时所采取的合作立场。因此，我们回想一个典型的实例，有人可能不直截了当地索要盐瓶，而是说"这份烤宽面条可以加一点盐。"同样，有人利用逆向移情作为说服的间接方式。思考一下微软公司法律和公司事务高级副总裁威廉·诺伊康（William Neukom）所举的类比，在一起有关微软的法庭诉讼中，微软强迫电脑制造商在每次安装操作系统 Windows 95 时都要捆绑安装 IE 浏览器［选自《微软揭露肆无忌惮的申诉策略》，凯特琳·奎斯嘉（Kaitlin Quistgaard）和丹·布雷克（Dan Brekke），1997 年 12 月 16 日］：我们的核心立场是，既然计算机制造商准许安装 Windows，那么它应该安装完整的产品，就像福特公司要求它所销售的所有车辆都配置福特发动机一样。这是保证客户获得始终如一的 Windows 体验的唯一途径。"在这个例子中，诺伊康试图说服法官，即对微软的诉讼与对福特汽车公司的诉讼一样，是不合理的。诺伊康的这种做法不是直接敦促法庭采纳微软的立场，而是仅仅表明他们的立场。换句话说，他只是表明了微软对法庭的官方态度，以这样的方式使得法庭采纳其意见，这是说服的一种间接利用。这种间接方法只是一个实例，说明合作行为的呈现等社会因素往往会模糊情感类比在劝服和逆向移情中应用的差别。

我们不能想当然地认为互联网调查中的类比是一般情感类比所特有的。也许某种不同的方法论会发现更多移情与积极情感的实例。但是这一调查搜集了许多有趣的类比，进一步说明了类比推理的情感本质。

结　论

在这一章，我们提供了许多情感类比的实例，包括情感类比，在说服中传递情感的类比，移情和逆向移情；以及在幽默、讽刺、探索和动机中生成情感的类比。为了理解涉及情感类比的认知过程，我们提出将可消除的、整体的、多重以及情感的类比推理作为解释。情感连贯的 HOTCO 模型为类比推理的认知和情感两方面的交互作了计算说明。

附录：专业详述

连贯性的解释程序 ECHO 创建了一个具有解释性和抑制性环节的单元网络，然后在网络中传播激活做出推断（Thagard, 1992）。单元 j, a_j 的激活根据下列方程式进行修正：

$$a_j(t+1) = a_j(t)(1-d) + net_j(max - a_j(t)) \quad 若 net_j > 0，则$$

$$net_j \left[a_j(t) - min \right].$$

在这里 d 是衰减参数（如 0.05），指每个单元在每一周期的减量，min 指最小激活（-1），max 指最大激活（1）。根据单元 i 和 j 之间的权重 w_{ij}，我们可以计算某一单元的净输入 net_j:

$$net_j = \sum_i w_{ij} a_i(t)$$

在模型 HOTCO 中，单元具有效价和激活。与单元 u_j 相关的全部单元 u_i 相乘结果之和是单元 u_j 的效价，u_i 的激活乘以 u_i 效价，再乘以 u_i 与 u_j 之间链接的权重。在 HOTCO 中，修正单元 j 的效价 v_j 实际所用的方程式与修正激活所用的方程式相似：

$$v_j(t+1) = v_j(t)(1-d) + net_j [max - v_j(t)] \quad 若 net_j > 0，则$$

$$net_j [v_j(t) - min]$$

再次，d 是衰减参数（如 0.05），指每个单元在每一周期的减量，min 指最低效价（-1），max 指最高效价（1）。根据单元 i 和 j 之间的权重 w_{ij}，我们可以计算某一单元的净效价 net_j：

$$net_j = \sum_i w_{ij} v_i(t) a_i(t)$$

修正效价就像修正激活外加包含着乘积因子的效价。

HOTCO2 允许单元的激活受输入激活与输入效价的影响。修正激活的基本方程式与上述 ECHO 所给定的程式相同，但是净输入由激活和效价的组合体界定：

$$net_j = \sum_i w_{ij} a_i(t) + \sum_i w_{ij} v_i(t) a_i(t)$$

ECHO 和 HOTCO 分两个阶段进行。

首先，关于解释性和其他关系的输入产生了一个单元链接网络。笔者的一致性程序的全部 LISP 代码位于网址：http://cogsci.uwaterloo.ca/CoherenceCode/COHERE/COHERE.instructions.html/。

其次，激活（就 HOTCO 而言）和效价根据上述方程式并行得到修正。这样的修正一直持续到网络稳定，即所有激活都达到稳定值。本书讨论的网络运行通常只需要几秒钟和几百次迭代更新。

4 情感的格式塔：评价、变化与情感动力

保罗·萨伽德　约瑟夫·纳伯

导　论

某个星期二的上午，戈登·阿特伍德教授精神饱满、大步流星地走进他在育空学院的办公室。美好的一天——阳光灿烂，早餐时家里的气氛很和谐，而且他业已完成学期的教学任务。他高兴地向部门助理打招呼，走到他的信箱旁，热切地注意到有一封来自《认知化学》杂志的信，这封信他盼望已久。当打开信件，读到这句话时，戈登心中一沉："很抱歉通知您，根据审稿人的报告，我们不能接受您提交的论文。"他浏览着评审意见，当他认识到其中一位审稿人完全没有理解他的论文，而另一位审稿人拒稿的原因竟然是论文没有充分引用审稿人的成果时，难过转变为愤怒。戈登匆匆走出办公室，责怪秘书又用完了打印纸。

在大部分时间用于上网，碌碌无为了一个上午之后，戈登和妻子相约吃午饭。妻子提醒他说最近他已经有两篇论文被接受并发表了，这篇被拒的文章可以随时在别处发表。他们聊起了女儿最近在芭蕾舞学校成功的演出，并计划周末去看音乐剧。他们觉得泰式咖喱味道不错，咖啡也很浓。戈登回到办公室，愉快地修改他的文章以向其他杂志投稿。

每个人都有这样的日子，在不同的心境和情感之间转换。情感心理学理论必须解释两个问题。第一，不同的情感状态是如何产生的；第二，某一状态如何能够为另一个完全不同的状态所代替。情感是动态理论中实存的主体，该理论强调思维的流动性以及情感与认知之间复杂的交互作用。本章的目的在于详尽阐述情感状态的涌现和交互理论。

我们首先将情绪变化解释为复杂动力系统内的某种转换。然而，由于没有具体说明引起情绪和情绪变化的结构与机制，这种隐喻诠释的解释力

度很有限。我们认为适当的动态系统可以扩展新近的任务，即神经网络如何做到平行约束满足。将认知约束和情感约束予以整合的平行过程导致了某种状态，我们称之为情感的格式塔（emotional gestalts），诸如戈登（Gordon）所体验的变化可以理解为情感的格式塔转换。最后，我们描述了以各种方式模拟此类现象的计算模型，这些模型表明了如何具体地实现动态的、格式塔的隐喻。

作为动态系统的情感

简单来说，心理学理论假设心理属性和行为之间存在因果关系，如具有外向型人格特质的人会很健谈。自20世纪50年代认知科学兴起以来，心理学理论逐渐假设表征结构和作用于结构的计算过程产生了行为。最近一些心理学家和哲学家提出，心理学理论应该模拟复杂的动态理论，这种理论已经越来越多地应用于物理学、生物学及其他科学（Port et al., 1995; Thelen et al., 1994）。

萨伽德（2005）（详见第12章）利用下列解释模式描述了动态理论如何应用于心理现象：

解释目标：为什么人们具有稳定但不可预测的行为模式？
解释模式：
人类思维可用一组变量来描述。
这些变量由一组非线性方程决定。
这些方程建构了一个具有吸引子的状态空间。
方程所描述的系统是混沌的。
吸引子的存在解释了行为的稳定模式，多个吸引子解释突发的相变。
系统的混沌性质解释了行为不可预测的原因。

将该解释模式应用于情感是很容易的。我们希望能够解释为什么人们具有持续的情感和情绪，以及有时他们如何在不同的情感状态间做出显著转换。假设我们可以确定一组描述环境、身体以及心理的变量。描述这些变量间因果关系的方程显然是非线性的，因为它们需要详细说明不同因子之间复杂的反馈关系。方程描述的系统毫无疑问是混沌的,因为某些变量数值的细微变化可能导致整个系统的重大变化:仅仅一件事就使戈登的情绪发生了鲜明的变化。另一方面,情感的动态系统确实具有一定的稳定性,如人们可以长时间保持愉快或糟糕的情绪。这种稳定性的存在是因为系统具有某种演化为少数一般状态(即吸引子)的趋势,情绪间的转换可描述为吸引子之间的转换。

比较一下由格式塔心理学家确定的各种感知转换。在你看到内克尔立方体或鸭兔图时,你看到的不仅仅是构成图形的线条。立方体前后翻转,因此你看到了不同的格式塔;而你看鸭兔图时,所看到的要么是鸭子,要么是兔子,不可能兼而有之。我们注意到关注绘画的不同方面会产生某个格式塔转换,即从某种构型转变为另一种构型。在动态系统理论的术语中,感知系统有两个吸引子状态,而格式塔转换涉及从一个吸引子到另一个吸引子的相变。类似地,我们也可以将情感状态视为从环境、身体和认知变量的复杂交互作用中涌现的某种格式塔,并将情感的变化视作一种格式塔转换。

隐喻到此为止。如果对于情感和感知现象,我们想给出一种科学而非文学的解释,那么我们需要通过详细说明变量和与之相关的方程,以充实动态系统的解释模型。然后,我们可以利用计算机模型模拟数学系统的运行状况,以确定其如何充分模拟调查过程中心理系统的复杂行为。我们尤其想了解动态理论是否能够解释心理系统的稳定性和变易性,如格式塔及格式塔转换。现在我们将描述作为平行约束满足的思维理论如何能够提供期望的解释。联结主义(人工神经网络)模型贯彻了这些理论,模型中的变量和方程规定了动态系统的运行状况。

作为平行约束满足的思维

传统观点认为思维是一个连续的过程,在这一过程中,新型表征是规则应用于心理表征的结果。相比之下,我们可将思维的多种形式有效地理解为同时包括许多相互制约的表征,这些表征并行运作以最大化约束满足。例如,昆达和萨伽德(1996)解释了人们如何从刻板印象形成对他人的印象，即通过描述不同模式化的特征、品质和行为间的交互作用，以生成一个整体印象或格式塔。你对遇到的某人的整体印象为：男性、加拿大人、一个性格急躁的教授，这一印象取决于你对上述每一个观念的表征的同步交互。里德、瓦曼和米勒（Read et al., 1997）考察了最近的平行约束满足理论如何阐明传统的格式塔原理和社会心理学的相关性。类比和分类等许多认知现象可根据平行约束满足来理解（Holyoak, 1993; Thagard, 2000）。

除了隐喻，计算模型也有可行性，它表明人工神经网络如何能够实现平行约束满足。可以利用单元（人工神经元）模拟概念和命题这类表征，其变量表示每个单元的激活程度（合理性或可接受度）。表征之间的约束可用单元间的兴奋和抑制连接表征；例如，通过相关单元的兴奋连接可以获得概念：教授、智慧之间的积极约束，而教授和富有之间的消极约束可由某种抑制连接得到。平行约束满足是通过方程实现的，该方程详细说明了每个单元的激活如何依据与激活相连接的单元以及这些连接的强度（积极或消极）的函数进行更新。更新通常会导致这类系统陷入稳定状态，这种状态下全部单元的激活不再发生变化，称为沉淀（settling）。然而，在混沌系统中，输入的细微变化可能导致系统由稳定状态陷入异常状态。例如，我们可以利用神经网络轻松模拟内克尔立方体，其中每个单元代表一种假设，即关于立方体的特征是正面还是背面（Rumelhart et al., 1986）。关于正面或背面的特定特征的输入，其轻微的改变可能对整体的网络状态产生剧烈的变化。因此，实现平行约束满足的人工神经网络可以自然而然地模拟格式塔和格式塔转换。现在我们将描述如何将平行约束满足和联结主义模型扩展至情感思维。

情感格式塔：理论

平行约束满足向情感的延展要求超越纯粹的认知连贯所需的表征和机制。除了对命题、概念、目标及行为的表征之外，我们还需要表征诸如幸福、悲伤、惊奇和愤怒等情感状态。此外，认知表征需与情感状态相关联，最常见的是积极和消极的评价或效价（Bower, 1981; Lewin, 1951）。

例如，戈登·阿特伍德的关于其论文被拒这一信念具有消极效价，而且和悲伤相关联，然而，他的另一个信念——女儿是一名出色的舞蹈演员则具有积极效价，并与自豪相关联。与信念相似，概念也具有积极效价，如表示成功和阳光的概念，同时其他概念具有消极效价，如表示死亡和疾病的概念。

在纯粹的认知连贯性中，表征通过积极和消极约束相互联结，这些约束表示表征之间的相互适应程度。同理，表征可通过情感约束予以联结。其中一些约束是具有代表性的人所固有的：例如，大多数儿童对糖果具有内在的积极效价。在其他情况下，借助联想可以获得效价，如一个孩子得到杂货店的积极效价是因为店里卖糖果。

在纯粹的认知连贯模型中，接受或拒斥表征取决于这样做是否有助于满足大多数约束条件，如果与约束相关联的表征既可以被接受，又可以被拒斥，那么该约束则是积极的。判断情感一致性不仅要求对接受和拒斥表征做出推断，而且要求推断表征所具有的效价。戈登被迫接受他的论文无法见刊这一结局，而且他将这一命题附以消极效价。情感连贯性或一致性不仅需要整体的决定过程，即如何最大限度地满足全部认知约束，而且同时要求评价所有相关表征的效价。

评价结果可能是一个情感格式塔，包括一组在认知和情感上一致的表征，这些具有可接受度和效价的表征最大限度地满足了与之相关的约束条件。当然，实际环境可能会妨碍连贯性的实现，例如，当人们支持不一致的信念或相互竞争的行为与相互冲突的效价相关联。但正常情况下，平行约束满足过程会使某人获得一套牢固确信、并适用于当前情境的命题与概念，以及一组显示这些表征之情感价值的效价。像幸福和悲伤这样的特定情感可以从评价中涌现，即当前情境在多大程度上满足了一个人持续不断的目标。

当表征发生变化，其效价生成一个接受度和效价的新序列时，情感的格式塔转换应运而生。与之前不同的是，新的接受度和效价能够将约束满足最大化。当戈登读到杂志的来信时，他必须转变对这一命题的认知状态，从接受转换为拒斥，即认为他的论文会在该杂志发表。借助平行约束满足，这一转变可能会改变其余命题的接受状态，如他今年是否会得到晋升或加薪。此外，他对论文、杂志甚至其整个职业生涯的表征所属效价可能会发生某些变化。

对事件与情境的评估引发了情绪的产生，据此我们认为情感连贯性理论与情感评价理论高度相容（Scherer et al.，2001）。理论评估专家详细解释了不同的认知评价如何产生许多不同的情绪。但他们没有明确说明产生评价和引发情绪的具体机制。我们认为评价是一个平行约束满足的过程，包括具有效价和接受度的表征，下一节我们将描述可以进行某种评价活动的神经网络模型。根据评价理论，个人如何评价所处境遇的改变会使他们在心理治疗中的情绪发生变化。情感连贯性理论更加具体地说明了认知疗法的作用机制，治疗师通过引入新证据、改造连贯关系等方式改变情感评价（Thagard，2000）。现在让我们更具体地考察平行约束满足过程如何产生情感格式塔及情感变化。

情感格式塔：模型

计算模型是发展心理学和评价其解释力和预测力不可或缺的工具。诸如平行约束满足的思维观并不先于计算模型，而是因为人工神经元网络模型（联结主义）的发展才产生的（Rumelhart et al.，1986）。在概念上应对以下几点进行区分：①结构和过程的心理学理论，这些结构和过程产生了某种思维；②根据数据结构和算法精确地阐明结构与过程的计算模型；③某个运行的计算机程序：它使用特定的编程语言来完成模型，并用于测试模型和理论的能力和经验相关性。然而在实践中，计算机程序的发展可能会成为新的模型和理论主要的创新部分。

计算机模拟对复杂的动力学系统理论至关重要。隐喻地使用动力学系统术语（非线性系统、混沌、吸引子、自组织、涌现等）有助于对复杂现象进行概念重建，然而对这些现象的深刻理解需要在数学上明确说明生成现象及其相互关系的基本变量。一旦这种说明是有效的，我们就难以推断以数学演绎或工具模拟为特征的系统的运行状况，因此需要利用计算机模拟确定数学模型的含义。正如瓦拉赫、里德及诺瓦克（Vallacher et al.，2002）

所强调的，心理学的动态研究需要计算机模拟补充实证研究。

幸运的是，补充情感认知的人工神经网络模型已经可以使用了。我们将描述 HOTCO 和 ITERA 两种模型如何局部实现情感格式塔，为未来的研究指明方向。计算机对情感认知或"热"认知的模拟源于阿贝尔森（Abelson，1963）对理性化的探讨，但当前的模型则是利用人工神经网络来整合认知与情感。

热连贯性（HOTCO）

本书其他部分描述了 HOTCO 模型（第 3 章、第 8 章）。在 HOTCO 模型的原始版本中，激活能够影响效价，但反之无效（Thagard，2000）。这反映了规范上适当的战略，即信念可能影响情感，但反之无效。然而在现实生活中，人们受制于愿望思维和动机推理，他们的渴望和要求影响了他们的信念（Kunda，1990）。行为决策理论最近的研究结果支持愿望影响信念这一观点，相关案例中，决策结果或判断目标都具有丰富的情感（Finucane et al.，2000；Rottenstreich et al.，2001）。这些研究结果与期望效用理论和预期理论相矛盾，两种理论认为概率和效用是独立的。弗格斯（Forgas，1995）考察了情感状态在社会性判断中的作用，他的情感浸入模型（AIM）解释了动机的处理效应，该模型详细说明了情感状态的效价在何时以及如何能够介入判断。

因此，HOTCO2 容许单元的激活同时受输入激活与输入效价的影响（Thagard，2003）（详见第 8 章）。HOTCO 被用于模拟各种心理现象，包括信任和陪审推理。图 4.1 表示一个抽象网络，其中情感输入和证据输入的结合通过对连贯性进行总体评估以生成情绪。在戈登的实例中，其论文被拒稿的新证据一时间使他重新对自身及其所处的境遇做了评估，明显改变了他的情绪。对于社会心理学家而言，他们最感兴趣的 HOTCO2 模拟涉及辛克莱尔与昆达所描述的关于刻板印象激活（stereotype activation）的研究（Sinclair et al.，1999）（另见第 8 章）。

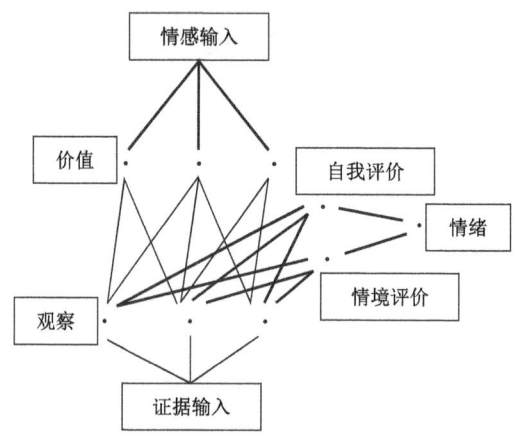

图 4.1　情绪变化受情感连贯的影响
粗线表示效价链接，细线表示认知链接。效价传播源于情感输入，而激活传播源自证据输入。评价和情绪既受效价影响，又受到激活的影响。经 Thagard 许可转载

　　从之前的讨论可以清楚地看出，HOTCO 模拟了某个动态系统。各个单元的激活与效价是变量，界定系统的状态空间的方程与上述修正激活和效价的方程一致。从数学意义上讲，这些方程是非线性的，变量以倍数增长，且系统在隐喻意义上也是非线性的，即存在许多交互反馈作用。基于某一积极或消极评价的表征信息的变化，HOTCO 网络得以适应非常不同的状态。同样，实验参与者根据指导者称赞或批评的态度形成了截然不同的情感格式塔（见第 8 章）。

　　虽然 HOTCO 可以模拟一些有趣的心理现象，但它无法充分说明评价理论所讨论的情感范围。尽管它根据估量约束满足计算了一种总体的幸福和悲伤，HOTCO 并未区分具体的积极或消极情感，如指向特定对象或情境的悲伤和愤怒（Thagard，2000）。HOTCO 主要模拟的是具体情感，单元的激活度发生实质变化时产生了这一情感。然而最近，另一个模型则考虑到了更多的情感差异。

环境风险评估中的直觉思维（ITERA）

　　纳伯和斯帕达（Nerb et al.，2001）提出了一种计算方法，用于说明环境问题的媒体资讯如何影响人们的认知及情感。当人们听闻一起环境事

故，他们可能会表现出不同的情绪，如悲伤和愤怒。根据情感评估理论，纳伯和斯帕达假设，如果负面事件是由超出任何人控制的情境压力所导致的，那么该事件会引发悲伤的情绪。但如果有人对负面事件负责，那么这起环境事故则会引发公众的愤怒情绪。如果人们意识到自己应该对负面事件负责，他们会感到羞耻；但是若人们认为自己对积极的事件负责，那么他们会有自豪感。纳伯和斯帕达（Nerb et al., 2001）说明了诸如媒介、原因的可控性、主体的动机，以及对可能的消极结果的认识如何使这些责任的决定性因素被纳入一个名为 ITERA（环境风险评估中的直觉思维）的连贯性网络。

ITERA 模型是昆达和萨伽德印象-形成模型的延伸（Kunda et al., 1996）。ITERA 模型的主要创新之处在于增加了与愤怒和悲伤等情绪相对应的单元，如图 4.2 所示。ITERA 说明了有关某一被目击的事故是否包含损害、人力、可控性以及其他因素。然后就所观察到的事故特征而言，根据特征整体的连贯性预测悲伤或愤怒的情绪反应。可以说这种反应是总结了所有可用信息的情感格式塔。

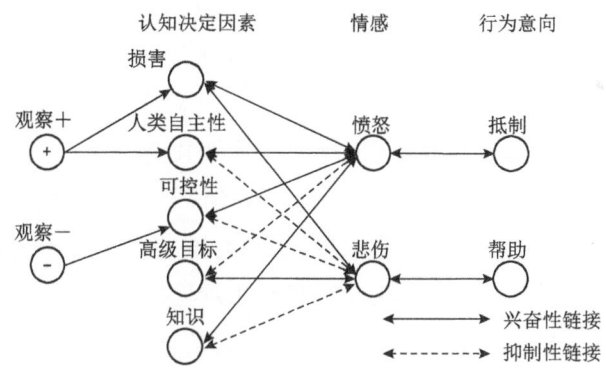

图 4.2　对于环境事故之情感反应的 ITERA 网络
实线是兴奋性链接，虚线是抑制性链接。这个例子代表的情况是：媒体报道称人类能动性所造成的危害是不可控的

在对三项环境事故的研究调查中，纳伯和斯帕达（Nerb et al., 2001）比较了 ITERA 的表现与人们的反应。在其实证试验和模拟试验中，作者通过操控损害、行动者、可控性、高阶目标、认识等决定因素，从而改变事故的责任等级（Weiner, 1995）。在环境的问题域内，如果为了获得某

种积极成果，如提升社会的整体效益而造成的事故可能会产生更高的目标。知识反映了主体是否预先知晓他们的行为和对环境的威胁之间存在某种潜在的偶然事件。在 ITERA 模型中，事故的已知信息具有某种特殊地位。表征这类信息的节点与两个特殊节点中的一个相链接，**观察+或观察−**；这些特殊节点具有固定的最大或最小激活。**观察+**的链接表明相关决定性因素已给定，**观察−**的链接表示相关决定性因素未给定。没有链接的特殊节点表示没有任何决定性因素的信息。通过操控这些节点的链接，我们获得了不同的实验背景；事故情境的具体事例见图 4.2。

由于 ITERA 中的决定因素——情感是双向链接，两者之间存在反馈联系。这些反馈关系考虑了认知决定因素的节点激活之间的相互作用。因此，经过模拟实验对其他节点输入的改变，某一节点的最终激活可以有不同的方式，因此，该模型预测，人们会根据情境的其他方面，以不同方式解释该情境的某一方面。纳伯和斯帕达将这些类型的模型预测称为连贯效应（coherence effects）。例如，ITERA 预测，操控可控性节点会生成关于行动者、高阶目标和知识的连贯模式。在 ITERA 中，一个可控因使行动者与知识产生了高激活值，但高阶目标的激活值却较低，反之一个不可控因使得行动者和知识的激活值较低，而高阶目标的激活值却较高。请注意，认知的决定因素之间不存在直接联系。在 ITERA 的平行约束满足网络内，激活的双向传播足以使认知决定因素产生协调共变。

总体而言，ITERA 非常适合于利用关于愤怒的数据资料和抵制违反者这一意向进行模型预测。具体来说，评价标准之间的预测一致模式由经验证据所证实。有关该模型的更多经验证据参见相关资料（Nerb et al., 2001）。评价标准之间的这种交互效应与现有的评价理论相符，且为最近的实证结果所支持（Lazarus, 1991; Lerner et al., 2000; Lerner et al., 2001）。评价标准之间的交互作用往往被其他类型的计算模型以及非计算评价模型所忽视。例如，基于规则的评价模型没有获取评估标准之间的交互作用，该模型将认知-情感关系理解为一组如果-那么联系（Scherer, 1993）。ITERA 通过利用认知-情感联系的双向链接来解释评价标准之间的情感连贯效应。

与 HOTCO 不同，ITERA 没有包含效价变量与激活变量，也缺少整体计算连贯性的算法。然而,对于悲伤或愤怒等特殊情绪的区别,它更具有心理上的实在性,纳伯正致力于综合 HOTCO 和 ITERA 两种模型,旨在将两者的主要特征相结合。米歇尔和翔田(Mischel et al.,1995)提出了另一种情感认知的联结主义模型,这是他们个人认知-情感系统的一部分。

情感和认知的动态计算模型在未来的发展有诸多可能性。威戈尔和萨伽德(Wagar et al.,2004)(详见第 6 章)描述了一个情感与认知的交互模型,该模型更具有神经学意义的实在性。与 HOTCO 相比,在独立神经元和大脑的构造组织方面,交互模型都更具实在性。新模型利用分布式表征,将信息覆盖于多个人工神经元,而不是 HOTCO 和 ITERA 中的局部主义的神经元,它们利用单个神经元表征某个概念或命题。另外,威戈尔和萨伽德的模型内的人工神经元按照真实神经元的动作电位进行运作,而不是简单地传播激活。此外,这些人工神经元被编组为与人类神经解剖学相一致的模块,包括海马、新皮质、杏仁核以及伏隔核(NAcc)。其结果旨在建立某种模型,要比先前情感认知的联结主义模型获取更多大脑的动态活动。威戈尔和萨伽德模拟了某些达马西奥(Damasio,1994)讨论的迷情现象(the fascinating phenomena),特别是在菲尼亚斯·盖奇(Phineas Gage)等患者身上发现的决策缺陷,脑部损伤破坏了他们的推理区域(新皮质)和情感(杏仁核)之间的信息流动。

理解持久的情绪变化,要做的还有很多。心理治疗可能需要数月甚至数年的时间,通过帮助人们修正其认知和情绪以改变个人的情感倾向。一段始于相爱的婚姻可能破裂为愤怒甚至仇恨。情感动态理论应该论述持久的情感变化以及本部分所讨论的情感突变。情感动态的另一个研究方向在于扩展模型以获取群组的交互作用(详见第 5 章)。

结　论

虽然本文描述的理论词汇和计算模型对于社会心理学家可能比较陌生,但其基本观点与该领域的一些经典理论具有相似之处。费斯汀格(Festinger,1957)的认知失调概念可依据平行约束满足来解释(Shultz et al.,1996);将 HOTCO 与情感维度相结合是可能的,之后的理论家认为情感维度是失调的关键（Cooper et al., 1984）。昆达和萨伽德描述了如何利用平行约束满足理解所罗门·阿什（Solomon Asch）源于格式塔心理学的关于印象形成的观点。

本部分讨论的情感连贯性和计算模型也可应用于麦圭尔（McGuire, 1999）思维系统的动态模型。麦圭尔的理论认为，思维系统由具有两种属性的命题构成：愿望（评估维度）与发生概率（预期维度）。这些维度表征某一命题内容的被喜欢与被相信程度。我们认为思维系统是动态的，因此系统中某一部分内直接引发的变化会导致系统间接部分的补偿性调整。这些假设同时意味着某人对一个话题的评估和期望判断倾向于相互一致。麦圭尔（McGuire, 1999）假设"因果性在两个方向都是流动的，既反映了一种'一厢情愿'的倾向，使人们的期望与其愿望相一致，同时也反映了一种'理性化'倾向，即使他们的愿望与期望相一致"。诸如 HOTCO 的情感连贯模型都为这两种倾向提供了机制，因为与可能性相对应的激活和与合意性对应的效价是相互作用的。

动态系统进路的一些支持者认为，心灵已将动态系统理论视为彻底代替符号和联结主义模型的新进路，后者在认知科学中占据统治地位（van Gelder, 1995）。我们的讨论表明这是错误的：联结主义系统是一种重要的动态系统，而且它可能是对包括情感在内的心理现象的最佳解释。

总之，基于平行约束满足的计算模型，具有情感性和认知性的约束及表征，对社会心理学的动力学观点有很大贡献。我们已经阐明，诸如 HOTCO 和 ITERA 的联结主义系统可以在某个具体而不仅仅是隐喻的层面对情感认知进行动态分析。特别是它们可以模拟情感格式塔的生成和转换。

5 群体决策中的情感一致

保罗·萨伽德 弗莱德·克罗恩

导 论

你和你的朋友们怎样决定一起去看电影？看哪部电影？你是否制作了一张可看电影的图表，每部电影都用数字评估，然后总结评分以做出群组决策？或者是你们讨论可看的电影，直到每个人对要看的最佳电影产生不错的感觉？同样地，如果你在北美洲或其他洲的大学学部招聘教师，你的学部是怎样做的呢？它是否利用了下列两种程序的一种？程序 A：根据候选者在研究、教学和管理方面的潜在贡献所得的分数（1～10 分），产生候选者的评分；在研究、教学和管理重要性的权重问题上保持一致；将各评分与权重相乘，得出每个候选者的分数并录取第一名。程序 B：热烈讨论不同候选者的优缺点以及各种研究和教学价值；逐渐达成共识，或至少就录取哪位候选者进行表决；努力安抚那些没有得到自己中意的候选者之人的情绪。程序 A 听起来很合理，但我们从未听说它付诸实践，而类似于程序 B 的事情却很普遍。

看电影和招聘大学教师只是群决策之普遍现象的两个实例，这种现象在各种组织诸如家庭、企业、陪审团以及政党之中随处可见。除非某个独裁者能够为控制群体做出决策，否则共同决策常常需要广泛的讨论与协商，才能达成共识或者统一大多数意见。在理想情况下，讨论使交流变得充分，群组的全部成员都可以共享有关做什么的相同观点，如所有人都赞成谁是最好的应聘者。

群体决策往往是高度情感化的。在学术招聘过程中，学部的不同成员通常对某些应聘者充满热情，对别人则嗤之以鼻。这些情感态度部分反映了应聘者的成绩，也反映了参与招聘的教授的重要性，他们对学术工作特定方面的价值常有举足轻重的意见，如教学与研究，或对某些课题的研究。教授常常最欣赏他们最为熟悉的工作，这不是巧合，所以每个部门都会有矛盾，因为每个人都想聘用自己的复制品。原则上，获取和交换足够的信息可以解决矛盾，即部门成员对不同的应聘者有着相似的情绪反应。

本章提出了一个群体决策的理论和计算模型，我们可理解为情感共识。该理论认为个人决策是内在情感化的，而群体决策需要情感与事实信息的交流。在理想情况下，事实和情感的充分联系会产生关于做什么的认知-情感共识，这一共识至少是信念与情感价值的部分聚合。回顾了个人决策的情感特征之后，我们描述了一套人们之间情感价值的传递机制。计算模型实现了其中一些机制，它模拟了情感交流如何能够产生群体决策的共识。

个体决策中的情感

在过去的十年里，心理学家和神经科学家愈发认识到决策内在的情感本质（Damasio，1994；Finucane et al.，2000；Lerner et al.，2004；Loewenstein et al.，2001）。对大多数人来说，决策不是诸如多重属性的效用理论之类的规范模型所描述的认知计算结果，而是对不同情境的情感反应的结果。支持与强烈的积极情感相关的选项，以及反对与强烈的消极情感相关的选项，会产生偏好。

我们现在评论萨伽德（2000）提出的情感连贯理论，因为这为下一部分阐述的群体决策提供了独特的基础。在该理论中，决策的要素包括对竞争行为及其可能实现目标的表征。一对要素可能相一致，如某一行为和目标的组合是由于行为促进了目标的实现。如果两个要素一致，那么它们之间则存在一个积极约束，对两个要素的接受或拒斥都可满足这一约束。另一方面，两个要素可能"不相干"，如两种行为的相互排斥是由于彼此的不兼容。非连贯的要素间存在某个消极约束，其满足条件为：接受一个要素而拒斥另一个要素。纯粹的认知连贯性问题将要素分为被接受和被拒斥两种类型，以满足最多的约束条件。然而，情感一致性问题内的要素也具有积极和消极效价，这反映了不同表征的情感态度。而且，要素可以与其他要素有积极的或消极的情感联系，因此一个元素的效价可以影响另一个元素的效价。某一要素的效价由与之相关的所有要素的效价和可接受性决定。

这样描述情感连贯性是相当抽象的，但是通过一个具体事例和计算模型可以做出更为清晰的描述。假设你正试图决定你的部门应该聘用谁，然后你关注了三位应聘者：克里斯、乔丹和帕特。你试图实现的主要目标包括得到一个同事，他教学能力强、做了许多有趣的研究，而且特别容易相处。然后你的决定要素可以表征为：聘用克里斯、聘用乔丹、聘用帕特、优质教学、富有成效的研究以及同事关系。这些要素的积极约束反映了三位应聘者对你的不同目标的实现程度。消极约束的产生是因为你仅有一个职位，因此雇佣一个应聘者意味着拒绝其他人。参见萨伽德和密尔格雷姆论述的决策连贯理论（Millgram et al.，1996）。

迄今，这听起来像利用不同术语做出的标准多属性决策，然而当决策的情感与计算方面进入人们的视野，差异会愈发明显。你想要聘用谁这一决策可能在认知上是客观的，但是若你与大多数人一样，则会对应聘者产生从热情到厌恶的明确情感反应。这些反应是如何产生的呢？

依据情感连贯性理论，影响决策活动的目标所附属的效价产生了情感反应。如果你认为研究极为重要，而且几乎不关心教学和社会交际，那么你最终会对具有最出色研究能力的应聘者产生某种积极的情感反应。目标的积极效价因此转化为行动，所以你对聘用在研究领域成绩斐然的应聘者充满期望。然而通常情况下，决策涉及不同目标间的权衡与折中，所以你可能不得不在出色的研究者与优秀的老师之间寻求某种平衡。图 5.1 表明了包括行为、目标及两者情感输入在内的约束网络结构。

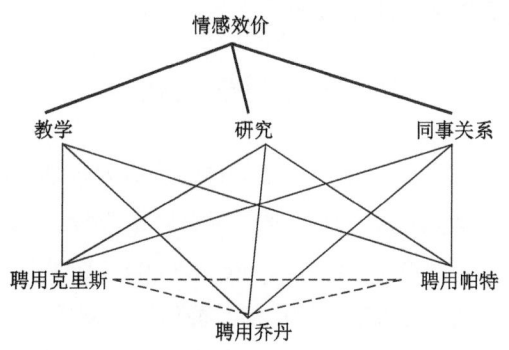

图 5.1　招聘决策的约束网络结构

粗线表示不同目标的情感强度，细线表示不同的招聘选项对这些目标的贡献程度。虚线表示每对选项之间的消极约束。图中未显示各种约束强度的权重

借助人工神经网络强大的计算能力以及与心理极为相似的方式，类似于图 5.1 的决策问题可以轻而易举地解决。HOTCO 是一种情感推理的计算模型，已应用于多种思维方式，包括信任、法律推理以及情感类比。

HOTCO 在神经学意义上并没有很强的实在性，因为它利用单一人工神经元表示诸如"聘用克里斯"这一复杂表征，且未能考虑到不同大脑区域如何进行认知与情感活动。然而，HOTCO 与更为复杂的神经计算模型 GAGE 相兼容，该模型利用遍及脉冲神经元的分布式表征模拟决策过程，这类神经元构成解剖群，包括前额皮质、海马、杏仁核以及 NAcc（Wagar et al., 2004）（详见第 6 章）。每个表示高阶表征的 HOTCO 单元可视为与之相对应的 GAGE 中的连接神经元组，包括前额叶皮质的连接神经元，其关节尖活动（joint spiking activity）与该单位的激活相对应，以及杏仁核与 NAcc 中关节尖活动与单元效价相对应的连接神经元。HOTCO 利用单元的激活和效价整合认知与情感，GAGE 使用不同脑区中脉冲神经元组的兴奋活动，以更为现实的神经学方式完成相同的任务。然而，GAGE 在编程和运行模拟方面要复杂得多，因此我们利用 HOTCO 模拟群体决策，将其视作比 GAGE 更接近大脑活动的有益的近似模型。

下面我们将描述 HOTCO 3，它将 HOTCO 2 扩展为具有情感交流的多主体系统。HOTCO 2 仅模拟单个主体（agent），依靠神经网络独立运行以生成情绪化决策。相比之下，HOTCO 3 可模拟任意数量的主体，其中每一主体都是进行 HOTCO 2 模拟的主体。在 HOTCO 3 中，多个主体通过传递情感信息来沟通和调整彼此的决定，下文将描绘这一社会过程。

情感传递的社会机制

不以独裁宣言或简单投票为基础的群体决策要求达成某种共识。在关于相信共识的单纯认知模型中，只要互相交换相关假设、证据以及解释相关的信息，群体就可达成共识（Thagard, 2000）（详见第 7 章）。但是，如果个人决策在本质上是情感化的，那么群体决策就需要在情感上达成某种共识，即群体成员对不同的行为和目标有着相似的积极和消极感受。口头交换命题信息可以产生认知上的共识，但是情感交流则要复杂得多。本节我们将描述似乎是产生共识最重要的情感传递机制，并且下文会描述如何以计算方式实现其中某些机制。

什么是社会机制？一般而言，一项机制由"组织起来的实体与活动构成，以产生有规律的变化"（Machamer et al.，2000）。机器（如自行车）是我们比较熟悉的例子，其部件以产生预期效果的方式相互作用。正如器官等生物系统具有细胞相互作用的组成部分，后者对相关的有机体起到了有益的作用。在社会机制中，人类主体是部件，活动是主体间的交流和其他互动，而规律性的变化涉及人的群体。

假设我们在某一所大学的学部，关于聘用谁需要成员们共同决定，每位成员的初步选择都基于情感连贯性。如果没有达成共识，那么人们便需要相互交流以说服同事聘用他们中意的应聘者。情感效价的传递可通过截然不同的社会机制实现，包括手段-目的和类比论证、情绪感染、利他主义及移情。上述机制都可表示为四部分：通过发送者影响接收者的情感决策而启动机制的触发器，发送者给接收者的输入，接收者心理状态的变化，以及对接收者决策的影响。这些机制是社会性的，因为它们涉及至少两个主体的交互，但不要求发送者进行有意交流。情感感染使得发送者甚至可能没有意识到他们正将自己的热情或其他反应传递给接收者，而利他主义最重要的是接收者对发送者足够关心，以理解他们的某些价值观念。情感交流的社会机制是指涉及主体之间交互作用的过程，有时只是发送者用于说服接收者的意向策略。

群体决策中最常见的交流方式是言语论证，某人（发送者）的要求所引发的言语论证会影响另一个人（接收者）的决定。手段-目的是最为直接的论证方式，发送者为了试图使接收者相信某一行为，便向接收者说明这一行为有助于其实现某个或多个目标。例如，在招聘时，假设接收者的目标是为使学部拥有优秀教师，发送者可能会争辩说，学部应该聘用克里斯，因为他具备良好的教学能力。在这里，接收者所输入的是口头声明，即克里斯是一位好老师，而我们期望的变化是，接收者应当在聘用克里斯这一行为和教学目标之间寻求某种更有力的联系。如果做出这一改变，那么会对接收者的决策产生预期的影响，接收者和发送者达成协议，并推动学部达成共识。

类比论证在比较预期行为和以往有效或无效的行为的过程中发挥着更为间接的作用。在招聘讨论中，有人可能认为帕特是"下一个赫伯特·西蒙"，将帕特的智力和成就与著名研究者进行类比。或者，如果部门成员还记得斯库莫德利（Schmerdly）（之前某次极为糟糕的聘用）的话，也许发送者会利用消极类比，然后主张他们不应聘用乔丹（又一个斯库莫德利式的人物）。在这两种情况下，发送者给予接收者的言语对比是输入，并期望重新整理接收者的认知-情感网络，以联系源类比（西蒙或斯库莫德利）与目标类比（帕特）。这种联系使来源的积极或消极效价向目标的扩展成为可能，而这可能会产生某种预期的效果，即目标行为或多或少会具有情感吸引力。参见第 3 章对情感类比的深入讨论，布兰切特和邓巴（Blanchette et al.，2001）提出的经验证据表明类比常用于说服。

手段-目的和类比论证是发送者尝试改变接收者情绪反应的言语方式，但非言语的方式也许更为有效。哈特菲尔德等（Hatfield et al.，1994）深入讨论了情感感染，即某一个人"引起"了另一个人的情感。他们的理论可概括为下列命题：

命题 1：人们在交往过程中容易持续、机械式地模仿和同步其他人的面部表情、声音、仪态、动作及工具行为。

命题 2：主观情感体验每时每刻都受到这种模仿的激活和（或）反馈的影响。

命题 3：根据命题 1 和命题 2，人们倾向于即时即刻"捕捉"到他人的情绪。

个人之间的面对面会晤是情感感染机制的触发因素。发送者向接收者输入非语言的信息，包括接收者下意识模仿的身体状态。随后，接收者的生理变化会改变与情境的不同方面相关联的心理效价，并且可能会使接收者颠覆决策。与手段-目标和类比论证不同，蔓延是一种社会过程，通常不是发送者用于说服接收者的意向策略。

在招聘活动的情境下，积极情感和消极情感都会蔓延。如果人们谈论某一位求职者，并且某人通过微笑和展示积极的肢体语言表现出极大的热情，那么其他人便会受到该热情的强烈感染。另一方面，如果人们对求职者表现出皱眉、冷笑或者不理睬的怀疑态度，那么其他人可能会对求职者抱有某种消极的态度。巴塞德（Barsade，2002）深刻讨论了情感感染对于群体过程的作用。

情感传播的其他社会机制——利他主义、同情以及移情——可能混合着言语和非言语信息。利他主义是对他人幸福的无私关切。如果你关心某人，那么对于那个人所珍视的东西，你的利他主义会让你产生某种情感态度。利他性的传输在该情境下会触发，即接收者关心发送者，并得到了有关发送者目标的言语或非言语式的输入。然后，至少获得了有关发送者目标的不充分描述，使得无私的接收者可能会发生变化，以可能会产生不同决定的方式改变了接收者的情感约束网络。例如，如果你关心的某位同事渴望聘请一位日后可成为有益拍档的求职者，那么你可能会采纳这一目标以帮助你的同事。然后在某种程度上，你会与同事做出同样的决定，这是因为你已将他/她的目标视为自己的目标。

当你注意到某人很痛苦时所触发的同情心，可能被视为一种特殊的利他主义。也许这不是教师招聘中的因素，但它很容易影响个人以及政治决策。尽管利他主义假设人们接受其目标，你通常给予了充分关注，但是同情心只要求你不愿看到他们忍受痛苦。输入同情机制的是言语或非言语信息，这些关于发送者痛苦的信息传递给了接收者。然后这一信息增强了接收者的情感约束网络，以包含缓解发送者的痛苦这一目标。结果可能是接收者会改变对某一行为的决策，至少要在某种程度上符合发送者的利益。

情感传递中最为复杂的机制是移情，我们视其为一种特殊类比（Barnes et al.，1997）（详见第 3 章）。移情是把自己放在别人的立场上，因而通过获得他们形象的经验可以理解其情感。发送者所处情境的信息触发了该机制，它使接收者联想到相似的情境，即接受者曾亲身经历过感情上的经历。然后，根据两个人及其所处情境之间的相似性，接收者可以推断出发送者正处于自己遭遇的经历。在移情中，该推断不是言语式的，而是涉及将接收者想象的经验重新投射给发送者。移情本身并不改变接收者的情感约束网络，但可能会激发利他的感情。例如，假设你和我在聘用谁这一问题上产生了分歧，并且你声称感觉身处部门的自己在理智上被孤立了。如果我记得在另一个部门，自己因为理智上的孤立而感到烦恼，那么我可能会察觉到你的失落，然后通过同情和利他主义采纳这一目标，即缓解你在理智上被孤立的局面。新的情感约束网络可能使我更倾向于喜欢你喜欢的类似的决策，而且该约束网络包含了缓解移情能使你感知你烦恼的目标。

在任何现实的社会情境中，手段-目标论证、类比论证、情感感染、利他主义、同情和移情的机制都可能相互影响。例如，手段-目标论证可能会激发某一个人的热情，其兴奋感会通过情感感染传递给别人。或者，正如我们刚才所表明的，移情可能会产生同情和利他主义。图 5.2 概括了情感传播机制中某些可能的交互方式。尽管它表明所有其他机制可能会影响情感感染，但这并不意味着感染在某种程度上是情感交流的基本过程。不管情感感染是否也在起作用，其他每项机制都可影响接收者的情感状态。群体决策中不同机制的使用频率以及它们相互作用的频率都是经验问题，目前还没有答案。为了更加精确地讨论这些机制，我们现在描述一个情感群决策的计算模型。

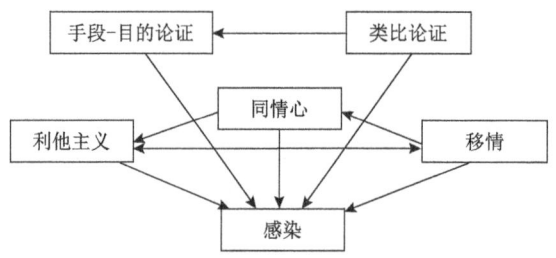

图 5.2　情感传递机制间的交互作用

情感一致的计算模型

为了更深入地了解产生情感一致的社会机制，我们构建了一个计算模型 HOTCO 3，该模型以情感一致和认知共识的早期模型为基础。本节介绍 HOTCO 3 的数据结构和算法，以及它们在模拟影视决策和招聘决策中的应用。HOTCO 3 是用通用的 LISP 语言编写的。

个人是 HOTCO 3 的基本结构，其属性包括他所属的群体，他所关心之人的列表，以及有关行为、目标、促进关系和情感效价的一组输入。电影观众的促进关系可能促进了"动作电影"兴奋。这表明动作电影有助于人的兴奋。如果这个人的情感效价包括兴奋，那么这一输入将会促进积极效价向动作电影传递。对于模拟每个人的决策活动而言，单元是基本的数据结构，是具有激活与效价的高度人工神经元，而激活和效价则是−1 和 1 之间的实数。因此存在某个单元以表示动作电影、兴奋以及其他行为和目标。这些单元通过链接连接，包括由诸如动作电影和兴奋之间的促进关系所创建的兴奋性链接，以及由诸如动作电影和浪漫喜剧之间的不相容关系所创建的抑制性链接。

用于个人决策的算法主要是针对 HOTCO 早期版本的算法。表示这个人基本目标的单元从某一外部来源获得激活与效价，并且这些激活与效价传播至其他相联系的单元。并行演化在经过合理数量的迭代（通常为 50~100）之后使激活和效价趋于稳定，而这些激活与效价代表了个人的总体决策。具有高度激活和效价的单元可理解为表示个人选择付诸实施的哪项或哪些行为，而具有低激活和效价的单元则代表被拒绝的选项。

HOTCO 3 的新颖之处在于模拟了一组相互影响的情感主体的决策活动。其主要程序运行如下：

1. 为群组的每一位成员做出个人决策。

2. 如果所有成员都同意做什么，那就停止：已经达成共识。

3. 模拟一次会议，在群组中随机选择的两位成员之间交换事实和情感信息。

4. 重新评估基于情感一致性的新成员的个人决定。

5. 从步骤 2 重新开始。

这一过程的关键步骤是第 3 步——信息交换，其中应该包括之前描述的所有机制，尽管目前在 HOTCO 3 中只实现了手段-目标、情感感染和利他主义。识别不同小组成员之间会面的行为所产生的情感感染具有强烈的积极或消极的情感效价。具有强效价的成员成为发送者，他的情绪反应被接收者以弱化的形式接受。显然，HOTCO 3 缺乏人与人之间情感感染的生理过程，但它模拟了发送者某些强烈的情感反应传递给接收者所导致的后果。在 HOTCO 3 内，通过给予表示接收者行为的单元以某种情感输入产生了情感感染，这种情感输入是发送者附加到行为的强效价的一种弱化描述。因此情感效价通过发送者和接收者之间的情感感染得以延展。例如，如果发送者为动作电影的单位附加了强烈的积极效价，那么一个新的链接将鼓励积极效价传播到接收者的动作电影单位。因此通过情感感染，接收者获得了发送者对各种行为态度的不充分描述。

HOTCO 3 中的利他机制影响的是目标，而非行为。在会面时关心另一位的这位参与者在利他过程中属于接收者。另一位则是发送者，其结果是，与发送者目标相关的部分情感效价转移到了接收者的目标。通过在代表接收者目标和情感输入的单元之间创建新的链接便可实现这一传递。例如，如果发送者具有效价化的目标兴奋，那么接收者会获得表示该目标之单元的某些情感输入。因此，由于接收者关心和在意发送者，关心他（发送者）所重视的部分，至少关心发送者的目标。利他过程还将发送者的信息传递给接收者，即哪些行为有助于接收者实现获得的新目标，这样使接收者与发送者更有可能达成一致的决策。同情这一过程尚未在 HOTCO 3 中付诸实施，但其作用方式与利他主义非常相似，只是对发送者痛苦的感知会触发同情过程。

HOTCO 3 以这样的方式模拟手段-目标论证，即令发送者注意到接收者具有某个目标，且这一目标依照发送者的首选行为便可实现。例如，如果接收者具有目标-兴奋，但没有注意到动作电影有助于目标的实现，那么发送者可以向接收者传递这一信息：动作电影更容易使人兴奋。然后，LISP 表达式（促进"动作电影"兴奋）成为确定接收者所做决策的部分输入信息。这并不是一个完整的论点，因为 HOTCO 3 没有进行自然语言加工，但它仍具有相同的效果，原因在于发送者向接收者指出，他所青睐的行为的确有助于实现接收者的目标，发送者试图说服接收者做发送者想做的事情。手段-目标论证是一种不同于利他主义的机制，在这项机制中，除了有关促进作用的输入外，接收者还采用了发送者的目标。

关于目前 HOTCO 3 中实现的三种机制，表 5.1 概括了触发条件、发送者传递给接收者的输入，以及接收者经历的变化和影响。只有在手段-目标论证的情况下，发送者说服接收者的自觉意向才会触发情感的传递。

表 5.1 情感传递机制一览

	触发因素	发送者对接收者的输入信息	接收者的变化与所受影响
感染	接收者对发送者的认知	发送者传递至接收者的行为效价	接收者获得某些发送者的行为态度
利他主义	接收者对发送者的关注	发送者传递至接收者的目标效价	接收者获得某些发送者的目标态度
手段-目标	发送者试图说服接收者	行为促成目标实现的相关信息	接收者认为目标更为诱人

我们还没有实现类比论证和移情的原因在于，为了利用 HOTCO 3 的可用信息而修改类比映射程序 ACME（Holyoak et al., 1989），这在技术方面比较复杂。但很容易理解其运作原理。在类比论证中，通过向接收者描述类似于所讨论的情况，发送者试图说服接收者改变决策。然后，接收者会建立新的、类似的联系，以一种可能产生不同决策的方式转换情感输入。在移情中，由于注意到发送者所处情境与其之前的某些情感体验之间存在某种相似关系，接收者最终会修改决策。无论是类比论证还是移情，接收者最终都会得到一个经过修改的情感约束网络，这可能会提升达成共识的可能性。

毫无疑问，我们尚未考虑过情感传播的其他社会机制。例如，那些希望接收者更加了解自己情感态度的发送者可以采用社交策略，诸如给予言辞问候、礼物，或者性方面的帮助。尽管这类行为在人类活动中很普遍，但其超越了 HOTCO 3 的界限。在结语中，我们简要讨论了也会影响群体共识的强制性社会过程。

模　　拟

为了检验情感感染、利他主义和手段-目标推理在 HOTCO 3 的实现情况，我们利用它模拟群体决策的简单案例。第一个例子是：一对夫妇共同决定去看哪部电影。根据他们的常规偏好，我们称之为马尔斯（Mars）和维纳斯（Venus）；他们需要在动作类、喜剧类或悬疑类电影间进行选择。两人之间产生了矛盾，因为马尔斯通常想要兴奋感，所以更喜欢动作片，而维纳斯通常想要欢笑，所以更喜欢喜剧片。相关信息输入 HOTCO 3，产生了马尔斯有关不同目标的情感效价：兴奋感为 1，兴趣为 0.8，欢笑为 0.5。如何实现这些目标，其信念表现为以下简化关系：

（促进"看动作电影"M-兴奋 1）

（促进"看悬疑电影"M-兴奋 0.6）

（促进"看喜剧电影"M-欢笑 0.5）

第一组关系表明，马尔斯认为看动作片会最大限度地实现自己的目标——获得兴奋感。马尔斯情感一致网络的结构如图 5.3 所示。

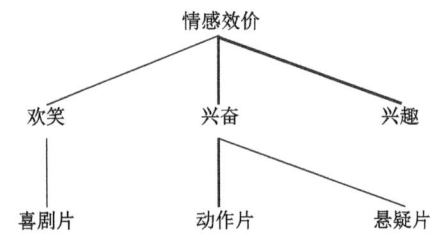

图 5.3 马尔斯的情感约束网络
线条的粗细相当于联系强度。三种行为间的抑制性联系图中没有显示

维纳斯的情感一致网络结构与马尔斯的相似，但她的目标效价不同：欢笑为 1，兴趣为 0.8，兴奋感为 0.3。在这里，不同选择如何促成目标，这些信念可利用下列简化关系表示：

（促进"看动作电影"V-兴奋 0.2）

（促进"看悬疑电影"V-兴奋 0.5）

（促进"看喜剧电影"V-欢笑 1）

关于马尔斯和维纳斯决策的信息，将马尔斯的兴奋感 M-兴奋与维纳斯的兴奋感 V-兴奋区分开来；它假设马尔斯和维纳斯最初关注自身而非对方的目标满意度。从以上信息可明显看出，马尔斯最初想看动作片，而维纳斯想看喜剧片。如何解决这一矛盾呢？

我们利用情感感染和利他主义程序解释这一实例，结果却令我们感到惊讶。马尔斯和维纳斯曾多次交流情感信息。马尔斯和维纳斯单靠情感感染机制就获得了某些积极和消极效价，另一些效价则附属于各种选择。例如，马尔斯看喜剧片有了一种新的积极效价。但情感感染机制并未改变他们的决策：马尔斯仍然更喜欢动作片，维纳斯更喜欢喜剧片。同样地，利他主义也没有达成共识,尽管马尔斯采用了维纳斯的某些目标,如 V-兴奋,即维纳斯和他自己的兴奋感,而维纳斯也采用了马尔斯的某些目标。然而奇怪的是,当情感传播包括感染和利他主义时,马尔斯改变了决定,同意去看喜剧。他既受到维纳斯渴望看喜剧的影响,也受到他无私地接受维纳斯目标的影响。图5.4表示当情感感染和利他主义同时影响马尔斯时,两人的谈话如何达成共识。

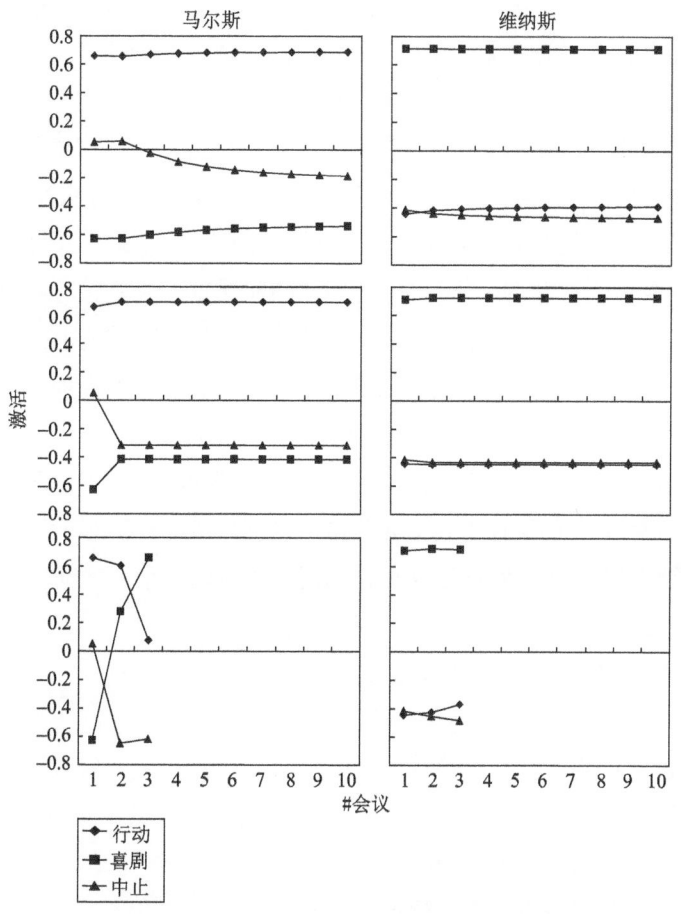

图 5.4 马尔斯与维纳斯的三项可能决策中每一项的激活图表
第一行只利用情感感染进行情感交流,中间行只利用利他主义,末行利用情感感染和利他主义。请注意,在第三种情况下两人几乎立即达成一致,因而三次会议之后模拟停止

马尔斯与维纳斯这一实例的扩展说明,这种现象以三个主体测量一个

决定。在初始模拟加入了第三个主体"尼普顿"(性别不确定)。尼普顿的效价分布是:兴趣为 1,兴奋为 0.6,欢笑为 0.4。简化关系如下:

(促进"看动作电影"N-兴奋 0.6)

(促进"看悬疑电影"N-兴趣 1)

(促进"看喜剧电影"N-欢笑 0.5)

因此,尼普顿的首选是看悬疑电影。与两个主体马尔斯—维纳斯的例子相同,当情感感染成为情感交流的唯一方式,该群体未能达成共识。将情感交流限制于利他主义也会产生类似的结果。但是当两者结合时,群组仅通过几次商谈就达成了共识。确切的数字有所不同,因为与仅有两名成员的群组相异,不同的模拟过程中商谈的顺序可能不同。这种可能性给更大的群体增加了额外的复杂性,我们在另一个招聘实例中对此进行了探讨。

第二个例子是对大学某部门决定招聘教师的高度简化的近似。该部门只有三名成员,教授 A、B、C,他们试图在两位应聘者帕特和克里斯之间做出选择。对于不同的招聘标准,教授们的情感方面也存在差异:A 最关注研究,B 关注教学,C 关注的则是管理。应聘者如何促成实现这些目标,对此他们各自有不同的信念。例如,针对教学,教授 A 认为研究具有完整的情感效价 1,相比之下,教学的情感效价为 0.8,管理的情感效价为 0.5。教授 B 的可比效价分别为 0.5、1 和 0.5,教授 C 的可比效价分别为 0.5、0.5 和 0.8。以下是表示教授们有关应聘者信念的简化关系:

教授 A:

(促进"聘用—克里斯"研究 0.8)

(促进"聘用—帕特"研究 0.6)

(促进"聘用—帕特"教学 0.3)

教授 B:

(促进"聘用—帕特"研究 0.7)

(促进"聘用—克里斯"研究 0.8)

(促进"聘用—克里斯"教学 0.7)

教授 C:

(促进"聘用—帕特"研究 0.6)

(促进"聘用—克里斯"教学 0.7)

(促进"聘用-帕特"管理 1)

虽然这可能不会直接显现，但教授 A 和教授 C 最初更喜欢帕特，而教授 B 更中意克里斯。请注意，模拟假设三位教授都具有三个目标，但是对于不同的应聘者如何促成目标实现，他们的信念是不完整的。这为利用手段-目标论证开辟了空间，使决策者相信有必要通过附加的简化联系扩展其情感约束网络。例如，教授 C 可以向教授 B 指出，帕特可以在管理上做出很大贡献。因而情感约束网络并不像图 5.1 描述的那么完整。

当教授们开会讨论应聘者并交流各自的情感反应时会发生什么呢？有趣的答案是（因为我们没有预料到），这在很大程度上取决于会谈的顺序。HOTCO 3 随机选择两名成员，通过不同的社会机制交流信息。利他主义与此没有关联，因为三位教授都有相同的目标。我们原以为教授 A 和 C 最终会说服 B，这是通常会发生的事。

但令人惊讶的是，如果 B 首先与 A 交谈并且说服了他，通过增添有关克里斯优势的新型简化关系，那么有时候无法达成共识。然后 A 变为倾向于克里斯，但这并没有产生共识，因为 C 仍然中意帕特，如果 B 和 C 会面，那么感染和手段-目标传递机制会使 B 逐渐也喜欢帕特。然而，意外的结果是他们没有达成共识，因为教授 A 和 B 改变了自己的想法，而且恰好相反！下一个实验是如果 A、B、C 举行一系列联席会议，彼此之间信息可以互通有无，在这种情况下会发生什么呢？

为什么利他主义在实例马尔斯-维纳斯-尼普顿中会产生如此大的影响，尽管利他主义在这一模拟中并不活跃，那还能够达成共识吗？这是客观事实的一种意外情况，即该模拟过程中的所有主体最初都具有同一目标。因此，利他主义从未被利用，因为没有主体会无私地采用全新的目标。这一事实使得我们可直接利用手段-目标这种交流方式填补空白。为了进一步了解利他主义对该实例的影响，我们提出了一个利他主义的定量说明，在这一说明中，主体采用的目标是自己与他人目标的加权总和。正如所料，这样减少了达成共识所需的时间，但在其他方面没有什么区别。

对规模较大的群组附加的计算实验表明，达成共识所需的会谈次数随着群组规模的增大而增加。此外，可能选项的增多也会增加达成共识所需会议的平均次数。这些实验证实了这一知识经验，即会谈顺序对达成共识所需的时间，以及是否达成一致具有强烈的影响。会谈的某些顺序会导致群组的两极分化。如果第一次会谈在具有相同初始选择的主体间进行，这样就会强化主体的感受。一小部分志同道合的主体的反复会谈可能会生成感染反馈回路，每个主体都会强化他人的感受。如果形成两个或更多这样的集群，主体便不再有能力改变对方根深蒂固的立场，从而阻止形成任何共识。

显然，电影和招聘模拟在简化和选择输入方面都是非常人工的。但是它们仍表明即使小型模拟群体也可以呈现出引人关注的决策行为，这是情感传播的结果。未来我们可能会实现移情等其他机制，并将这些机制应用于更为复杂的个体所构成的群组。

相 关 研 究

近年来，计算机在模拟诸如多主体系统的组织方面有了长足进步（Wooldrige，2002）。但是在此类系统中，对共识发展给予的研究却少之又少，而且我们尚未发现以往有关情感一致的任何研究。

约翰逊和费因伯格（Johnson et al.，1989）描述了共识的计算机模拟，因为它发生在人群中。他们的模型在三个重要方面与我们不同。第一，为使群众达成共识，并非每一位成员都必须同意。相反，据说当变量低于某一数量时便可达成共识。第二，每一主体都高度简化，只是在某一行动计划的初始意向上存在差异。而且，主体没有任何推理能力。相反，所有主体都有可能改变其决定。第三，该模型包括有关主体的空间分布信息。个体间的交流依赖于这一分布状况。第四，模型模拟了两种交流形式。首先是小组内的交流，其次是小组间的交流。哈钦斯（Hutchins，1995）（详见第5章）探讨了船舶的导航团队成员之间的交流问题。他利用计算机模拟了成员系统，其中每个成员都与HOTCO 3中的约束满足系统极为相似，尽管导航小组的目的是解释事件而非做出决策。哈钦斯考察了交流的四个表征参数：共同体成员之间的交互连接模式；约束网络中单元的互联模式；通信网络之间的连接强度，即说服的力度；通信的时间进程。哈钦斯富有启发性地讨论了不同决策模式（包括共识和投票）的利弊，但没有讨论情感在决策中的作用。

易弗雷迪和索南夏因（Ephrati and Rosenschein，1996）建立了经济决策过程的计算模型，该模型可用来获得多主体的共识。通过财务投标的表决程序可以达成共识：每个主体表达其偏好，并利用群体选择机制选择结果。他们主张的机制涉及收费，根据竞标者的投标对最终结果的影响程度来收取相应的费用。这一程序有其独创性，但却很复杂，似乎更适合于模拟自动化系统而非人类的群体决策。

另一种模型（Moss，2002）试图模拟多边谈判。莫斯与我们的模拟模型一样对于多主体达成共识很有兴趣。然而，他的模型内的主体具有有限的推理能力。主体的目标由两个符号串表征，一个表示期望的结果，一个为主体确定每一目标的重要性。另外，每一主体都有关于其他主体的表征，包括不同等级的价值观念，以及每一等级的重要级别。每一次磋商都会改变主体的价值观念及次序。两个主体间的磋商包括做出权衡，以达成共识。该模型适用于双边谈判，但在多边谈判中从未达成共识，因为与某一主体达成协议可能会导致与另一方产生新的分歧。与莫斯相比，我们的模型通常会达成共识。与本章所述的其他研究一样，莫斯忽略了共识形成所具有的情感方面的问题。

结　　论

本章提出了情感对于群体决策贡献的新理论。我们在此评述了社会和心理机制，这些机制可以促进决策者们在情感方面达成共识，每一位决策者都基于认知和情感因素的综合做出决策。诸如情感感染、利他主义、手段-目标论证、类比和移情等机制可以在个体之间传递情感态度，从而化解矛盾冲突。其中一些机制由 HOTCO 3 进行计算建模，该程序显示了情感驱动型决策者的群组交互如何产生（包括共识）令人瞩目的发展成果。

毫无疑问，我们还未提出其他情感的社会传递机制。群体决策的阴暗面存在着强制性的社会过程，比感染、争论和移情更为粗暴。例如，恐吓可以使群组成员达成一致，因为强大的成员使其他人相信，附和自己便不用害怕受到伤害。宣传机构利用非辩论性的修辞手法，如诉诸排外心理操纵人们的情感态度。我们主要讨论情感对群体决策更为积极的作用，但我们必须承认，情感有时也会有令人满意的贡献。情感传递的其他机制可能也包括感染的对立面，在假设他人总是错误的情况下，过去的冲突可能会使某一成员对另一成员采取相反的情感态度。其他的情感影响可能源于对权威的服从以及顺应群组意见与行为的愿望。

现实生活中的决策活动比我们此处的描述要复杂得多。许多不同的情感涉及的感觉范围比我们讨论的积极和消极效价更为宽泛。在消极效价方面，愤怒与恐惧不同；在积极效价方面，热情与极度的渴望相异。我们也没有讨论复杂的社会情绪，如人们为了避免尴尬以及维护群体的团结，从而努力向群组的其他成员表现自己时所产生的社会情感。对于个人而言，行为与目标之间的关系通常不是我们的简化联系所显示的狭窄的口头联系，而是可以反映视觉或其他无法用言语表达的体验，正如决策的情感输入和输出更多的是一种体验，而不是言语表征。

尽管存在着这些局限性，通过强调情感在个人和群体层面的作用，本章仍然为群体决策理论做出了贡献。本章还阐明了如何利用计算模型详细说明心理机制和社会机制的本质，这些机制既可以引发群体矛盾，又可使群体达成一致。即使在简单的例子中，利用 HOTCO 3 进行模拟也揭示了这些机制的一些出人意料的结果。

本章的重点是描述性的，旨在论述情感在群体决策中的运作方式。但是未来应该解决规范性问题，通过考量情感在重要选择中不可消除的作用，以评估提升群体决策的方式。我们不仅可以提一个经验性问题，即哪种情感传递机制最能够说服接收者同意发送者的观点，而且可以提一个规范性问题，即哪种机制促成的共识能够最大限度地反映整个群体的利益。例如，威胁和宣传等强制性机制在这一点要逊于逻辑和伦理机制，如手段-目标论证及利他主义。也许在未来，计算机模拟可以用于评估情感信息传递的不同方式的可取性，而这些信息的传递可使群体的成员达成一致。

6 刺穿菲尼亚斯·盖奇：决策中认知-情感综合的神经计算理论

布兰登·瓦格尔　保罗·萨伽德

导　论

有些人喜欢借助抛硬币的方式做出决策，指定硬币的正面代表某一选项，背面则代表另一选项。问题的关键不在于按照硬币的正反面来做决定，而是要观察对于硬币告知的选项，他们的感受如何。掷硬币是一种有效的方式，可以发现他们对于不同选择的情绪反应，表明了选项对于这些人的情感权重。从决策的数学理论的角度来看，如那些说人们确实或应该最大化预期效用的理论的人认为，掷硬币的练习令人匪夷所思。但是认知科学逐渐认识到情感是决策的组成部分（Churchland，1996；Damasio，1994；Finucane，Alhakami et al.，2000；Lerner et al.，2000，2001；Loewenstein et al.，2001；Rottenstreich et al.，2001）。在本章中，我们提出了一个神经计算理论，以解释大脑如何产生这些隐蔽的情感反应。

目前的人工神经网络模型是：认知-情感加工利用简化神经元，忽略了相关的神经解剖信息，即大脑不同区域如何促成决策（Mischel et al.，1995；Nerb et al.，2001；Thagard，2000；上文2~5章）。此处我们提出一个新的计算模型，GAGE，它比之前的模型更具有神经学意义的实在性。它将神经元组织为与大脑关键区域相对应的、在结构上可被识别的群组，包括腹内侧前额叶皮质（VMPFC）、海马和杏仁核。我们的模型说明了另一个区域——NAcc 如何整合 VMPFC、海马的认知信息以及杏仁核的情感信息。与达马西奥（Damasio，1994）的躯体标记假说相一致，我们的模型表明，VMPFC 与海马的交互产生了表示预期结果的情感信号（即体细胞标记），并且这些预期结果与杏仁核输出的直接结果相竞争。然而，我们的模型比达马西奥的观点更为激进，凸显了 NAcc 网关的重要性。为了使 VMPFC 和杏仁核的躯体标记访问大脑的高阶推理区域,海马的背景信息必须开启 NAcc 门,使得这一信息可以传递。此外,我们模型中的独立神经元比认知科学中大多数人工神经网络模型所使用的神经元更真实,因为它们显示了真实神经元的脉冲行为(spiking behavior)。这种表征层面突出了大脑中认知-情感整合的又一重要方面:时间。GAGE 表明,针对刺激所引发的隐性情绪反应,VMPFC 与杏仁核之间的时间协同发挥了关键性作用。

我们利用计算机程序完成了建模,它成功模拟了两种认知-情感整合:人们在爱荷华博弈游戏中的表现(Bechera et al.,1994),以及整合生理唤醒与影响情绪状态的认知(Schachter et al.,962)。在爱荷华博弈游戏中,大脑健全的人能够利用隐性情绪反应指导选牌,而 VMPFC 受损的人则无法利用这种反应顺利地玩牌。根据贝沙拉等的观点(Bechara,1994),由于他们无法整合认知和情感信息以洞察其行为的未来结果,因而产生了这一缺陷。对于普通人而言,好牌与烂牌所引发的情绪反应表明了预期结果,并引导人们的行为(参见掷硬币练习)。我们的计算模型表明,普通人如何整合认知-情感从而在爱荷华博弈游戏中获胜,以及为什么这一整合在 VMPFC 受损的人中会土崩瓦解。

除了模拟爱荷华博弈游戏中人们的表现之外,GAGE 还模拟整合生理唤醒和影响情感状态的认知(Schachter et al.,1962)。沙克特和辛格的研究表明,如果某一情绪唤醒状态在当下没有一个合理解释(即模糊的情绪唤醒),通过影响语境或者环境,可以操控参与者欢快或愤怒的精神状态。所以参与者都注射了肾上腺素,因而产生了相同的生理唤醒状态,然而这一唤醒导致了对情绪反应的不同评价,这是由当前的环境决定的。高阶机制会对人的情绪状态进行认知评价,虽然我们对此并不关心,但我们饶有兴趣的是环境对不同刺激的情绪反应进行调节的机制。我们的计算模型说明了环境如何产生这一影响。

有关腹内侧前额叶损伤,最著名的是 19 世纪的菲尼亚斯·盖奇(Phineas Gage)。为了对他表示敬意,我们将模型命名为 GAGE,解释了为什么他受到脑损伤以后决策能力急剧下降,据推测是因为他的 VMPFC 受损(Damasio et al.,1994)。因此,我们首先回顾菲尼亚斯·盖奇发生的情况,以及达马西奥为解释这一事件而形成的躯体标记假说。我们的模型与达马西奥对 VMPFC 损伤所造成的决策缺陷的解释相一致,但比它更优越,因为我们的模型更加精细地计算并补充说明了 NAcc 在有效和有缺陷的决策中的作用。

菲尼亚斯·盖奇是一个铁路建设小组的领班,负责为承包商修建佛蒙特州(Vermont)卡文迪什(Cavendish)附近的拉特兰(Rutland)和伯灵顿(Burlington)的路基。1848 年 9 月 13 日,他设置的炸药意外爆炸,导致铁棍穿透了他的头部。大脑左前侧大部分都被损伤了。

事故发生几个月后,菲尼亚斯·盖奇感觉自己很健壮,可以重新开始工作了。但由于他的性格发生了很大变化,之前的承包商不愿意让他复工。在事故发生前,菲尼亚斯·盖奇一直是施工队最能干、最有效率的领班,一个通情达理的人,被视为精明、机敏的商人。然而现在,他却变得优柔寡断、反复无常、无礼、特别爱骂人,几乎不尊重他的同事。对于未来行动所制定的任何计划,他也无法做出决定。正如他的朋友们所说,"他不再是盖奇了"(Macmillan,2000)。

应该注意的是,菲尼亚斯·盖奇的脑损伤包括 VMPFC 这一说法最近遭到了质疑(Macmillan, 2000)。由于无法确定铁棍插入和脱离颅骨的位置,颅内结构的位置也存在个体差异,而且历史纪录也比较可疑,所以我们可能永远不会知晓菲尼亚斯·盖奇所患机能障碍的真实情况。然而,不考虑这些顾虑,事实依旧是:围绕菲尼亚斯·盖奇的故事的民间传说使他成了最为著名的 VMPFC 损伤的患者。

达马西奥的躯体标记假说

菲尼亚斯·盖奇是报告的首例 VMPFC 受损病例。这一大脑区域损伤造成的机能障碍的真实状态令人们尤为感兴趣。虽然基本的认知、智力和语言能力依旧完好,但其推理能力——特别是在社会背景下的推理能力严重受损。具体来说,菲尼亚斯·盖奇能够思考和交谈,但他失去了所有的朋友,而且没有能力保住工作。重要的是,对于这一有着神秘缺陷、极为吸引人的群体而言,菲尼亚斯·盖奇并不是唯一的案例;还有其他几个记录在案的 VMPFC 受损病例(Damasio, 1994)。一般而言,对未来的结果感觉迟钝是 VMPFC 受损的主要特征。虽然人们通常在现实生活决策的语境中讨论损伤（即在复杂的社会环境中，预测某人行为后果的能力有所减弱），但这种缺陷扩展到其他决策任务，涉及在包含惩罚和奖励的环境中区分长期和短期后果。显然，VMPFC 的受损会损害个人对于其行为产生的后果的预测力以及相应的行动力。

根据安东尼奥·达马西奥（Antonio Damasio）的观点（1994），VMPFC 与躯体标记的产生密切相关。躯体标记是感觉或情绪反应，通过经验与针对特定情况的某一回应预测的长远结果相联系。根据躯体标记假说，对当前情境的特定反应的知觉表征激活了与先前的情绪反应相关的知识。由此产生的隐性情绪信号（即躯体标记）充当了偏差的角色，影响着高阶认知加工机制和（或）运动感受器的位置。躯体标记帮助我们在决策过程中迅速凸显那些具有积极预测结果的选项，并通过进一步考虑排除那些具有消极预测结果的选项。通过缩小可行性行为选择的数量，躯体标记使得决策过程更加高效，同时允许有机体对其行为的长远预测结果进行推理。

NAcc 中的认知-情感整合

现在我们提出一个神经学理论，以说明在有效的决策过程中，认知信息和情感信息如何在 NAcc 内进行整合。达马西奥提出的躯体标记机制表明，VMPFC 与杏仁核之间的交互连接产生了记忆痕迹，这使得有机体能够预测特定反应的未来结果。我们扩展了这一机制（图 6.1），讨论了躯体标记如何传递至 NAcc，作为网关，NAcc 只允许环境一致行为（由海马对 NAcc 的输入所决定）通过。此外，GAGE 表明，VMPFC 与杏仁核之

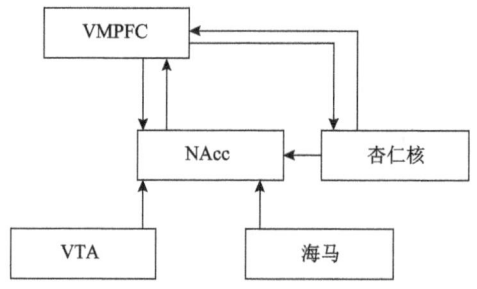

图 6.1　GAGE 中实现的神经元机制原理图
VMPFC（腹内侧前额叶皮质）；NAcc（伏隔核）；VTA（腹侧被盖区）

间的时间协调是引发对刺激的情绪反应的关键成分。通过 NAcc 的信息被重新导向，返回到 VMPFC 以及其他前额和新皮质的位置，这些信息使得隐性情绪反应能够进入高阶认知过程和（或）运动感受器位点。

在下面的章节，我们将更详细地描述建立预测结果和 NAcc 生产量的过程。然后我们以测试 VMPFC 的损伤为例，论述该机制大规模的预测动力学。

建立预测结果

决策中的情感信号使得有机体避免做出未来会产生消极后果的决策，并促使有机体做出在未来具有积极后果的决策。生成情绪信号的神经基础以这种方式推动着有机体的行为在特定环境中提升并长期生存下去。为此，该机制必须补充涉及身体状态的过程及存储的脑区（以避免不合意的状态，并促进自我状态平衡）。该机制还必须补充负责认知加工的脑区（以处理知觉表征），以便后者与前者相联系。

达马西奥（1994）强调了主要产生躯体标记的两个关键构造：VMPFC 与杏仁核。VMPFC 接收表征行为选项的输入，这一输入来自感觉皮质以及边缘结构，最明显的是处理躯体状态的杏仁核。由于认知和情感过程之间的相互联系，通过对某一刺激的表征和躯体状态的行为意义进行编码，VMPFC 记录的信号明确了特定回应，而且躯体状态在之前便已与之相关。因而 VMPFC 设定了一个记忆痕迹（躯体标记），表征某一特定行为及其预期结果。一旦对记忆痕迹进行编码，VMPFC 会隐匿体细胞标记关键性的输出信息，从而影响决策活动。当 VMPFC 的一组输入信息引起反应时，它通过与杏仁核相互联系，重现与特定行为的未来预期结果相一致的身体状态。然后，这种隐性的情感反应会传递至外显的决策过程和（或）运动感受器位点。如果预测结果是积极的，那么这个反应仍积极做进一步考虑或者选择采取行动。如果预测结果是消极的，则从可能的备选方案中删除该选项。

对 NAcc 通过量的控制

在决策过程中负责产生情感信号的机制会预先调节有机体的行为，以促进有机体在给定环境中的成长和长期生存。为此，达马西奥的躯体标记机制会引发情感反应，表示对特定事件的预测结果。现在我们以这一机制为基础，说明了海马对 NAcc 神经元中前额叶皮质的信息通过量的控制（图 6.2）。经过我们扩展后的机制，描述了 NAcc 如何减少可选择项，与当前环境相符的行为方能纳入高阶认知过程和（或）产生运动的运动感受器位点。

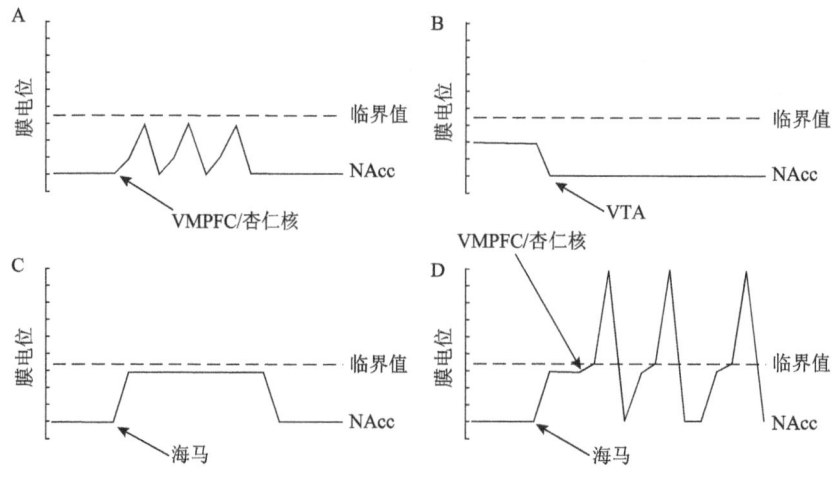

图 6.2　NAcc 关口

A. VMPFC 与杏仁核在 NAcc 中产生短暂的小振幅膜去极化，其本身不能引起 NAcc 神经元放电。B. 这是因为 NAcc 神经元通常处于超极化状态，原因是从 VTA 输入了大量抑制性多巴胺。C. 相反，海马的输入产生了大幅度、长时间、平台状的去极化。D. 对于接受海马输入的 NAcc 神经元，其通常的超极化状态被暂时的去极化平台所干扰，使 NAcc 神经元的活动水平接近放电阈值，从而允许任何巧合的 VMPFC 与杏仁核活动诱发 NAcc 神经元的脉冲活动并通过 NAcc 关口

海马的输入将 NAcc 网关的通过量限制在与当前环境一致的行为上（图 6.3）（O'Donnell et al.，1995）。NAcc 负责调节由机体的情感状态驱动的基本运动和欲求行为（Mogenson et al.，1980），从而为隐性的决策任务中的认知-情感整合提供了理想场所。为此，最近的研究表明，NAcc 与奖励学习（Breiter et al.，2001；Berns et al.，2001；Knutson et al.，2001）、吸毒成瘾（Hitchcott et al.，1997；Calabresi et al.，1997；Mogenson et al.，1980）和情感过程（Calabresi et al.，1997；Mogenson et al.，1980）相关。

NAcc 接收 VMPFC、杏仁核与海马的输入联系，并且 VTA 向 NAcc 输入了大量多巴胺（图 6.1）（O'Donnell and Grace，1995）。VMPFC 和杏仁核在 NAcc 中产生了短暂的小振幅膜去极化，它们本身不会刺激 NAcc 神经元（Grace et al.，1998；O'Donnell，1999；O'Donnell et al.，1995）。

这是因为 NAcc 神经元通常处于超极化状态，原因在于 VTA 输入了大量抑制性多巴胺（Grace et al.，1998；O'Donnell，1999；O'Donnell et al.，1995）。因此，NAcc 神经元不断受到 VMPFC 和杏仁核驱动的兴奋性突触后电位的轰击，然而没有任何信息通过 NAcc。另一方面，海马输入会产生幅度大、持续时间长、平稳的去极化（Grace et al.，1998；O'Donnell，1999；O'Donnell et al.，1995）。对于接收海马输入的部分 NAcc 神经元，临时去极化平台破坏了它们通常的超极化状态，使得 NAcc 神经元的活动水平接近发放阈，从而允许任何偶然的 VMPFC 和杏仁核活动引起 NAcc 神经元的脉冲活动，并通过 NAcc 关口（图 6.3）。

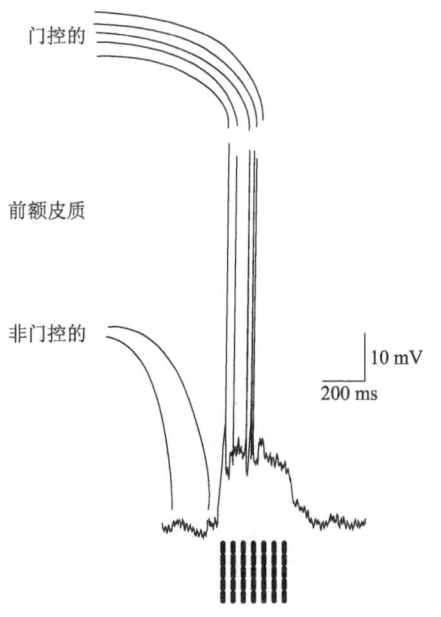

图 6.3　NAcc 神经元前额皮质（PFC）通过量的海马门控
在下行状态下，PFC 传入激活的兴奋性突触后电位（EPSPS）（由标记为非门控的线条表示）不会导致 NAcc 放电。上行状态依赖于海马的输入（由追踪下方的上行虚线表示）。由于海马输入引起的上行状态使 NAcc 膜电位接近放电阈值，因此来自 PFC 传入激活的 EPSPS（由标记为门控的线条表示）很容易引起 NAcc 放电（改编自 P. O'Donnell 的 "NAcc 的集合编码"，1999，Psychobiology，27.1999 年版权归美国心理协会所有。经作者许可改编）

因此，海马控制了 NAcc 中 VMPFC 和杏仁核的信息通过量，只允许 NAcc 神经元中和当前环境相符的图式激活 NAcc 神经元的脉冲活动。VMPFC 和杏仁核共同向 NAcc 输入信息，表明针对特定情况存在众多潜在的有效回应（及其相关的情感反应）。通过在 NAcc 内促进与当前环境相符的反应，海马影响了对特定反应的选择。

杏仁核对 NAcc 内 VMPFC 的活性有促进作用，但前提是杏仁核的活动在 40ms 的短时间内先于 VMPFC 刺激（Grace et al., 1998; O'Donnell et al., 1995）。这种事件-相关的促进作用提供了一种方法，可将某一情感效价通过 NAcc 传递至更高层次的认知过程，该效价表征对某一特定情况的预测结果，因而产生隐性情感反应，预示了特定情况的未来结果。严格的时间限制也突出了 VMPFC 和杏仁核在认知-情感整合过程中同时提升激发率的重要性。由于 VMPFC 不断以多种模式轰击 NAcc，所以杏仁核的活跃必须与 VMPFC 适当的反应时间相近。如果杏仁核输入长期对 NAcc 神经元施加影响，那么情感效价与其他反应可能会存在不适当的联系。

由于 VMPFC 与杏仁核相互联系产生了预测结果，因此它们共同产生了表征特定反应的 VMPFC 信号和杏仁核信号（表示对该反应充满情绪的预测结果），并且同时到达 NAcc 神经元。这使它们能够满足之前提及的与事件相关的促进作用所设置的严格时间约束。此外，由于杏仁核产生了快速、小幅度的兴奋性突触后电位，特定反应的表征和与之相关的情感效价会迅速减弱，以防止反应和预测结果之间出现任何可能的混乱状态。

总之，NAcc 和杏仁核是隐性情感反应产生的关键因素，这些情感反应能够引导决策过程。NAcc 形成体细胞标记的关口，海马通过限制这些与当前环境相符的反映的信息通过量，从而决定哪些信息可以穿过该关口。

网络动力学

概括地说，海马、杏仁核以及 VMPFC 分别表示当下环境的表征信息，与当前情境相关的身体状态，以及对当前情境的潜在回应或评估（图 6.4）。VMPFC 借助与杏仁核相互联系而存储的记忆产生了一个情感信号，表示预测了某一特定反应的未来结果，并将这一信息输入 NAcc。由于受到 VTA 多巴胺的抑制，NAcc 通常处于超极化状态，VMPFC 和杏仁核单独的信息输入不足以产生 NAcc 神经元的脉冲活动。然而，表征当前环境的海马输入会使一部分 NAcc 神经元去极化。VMPFC 中这些与当前环境相符的反应，即在经受海马去极化的 NAcc 神经元上形成突触，将会引起 NAcc

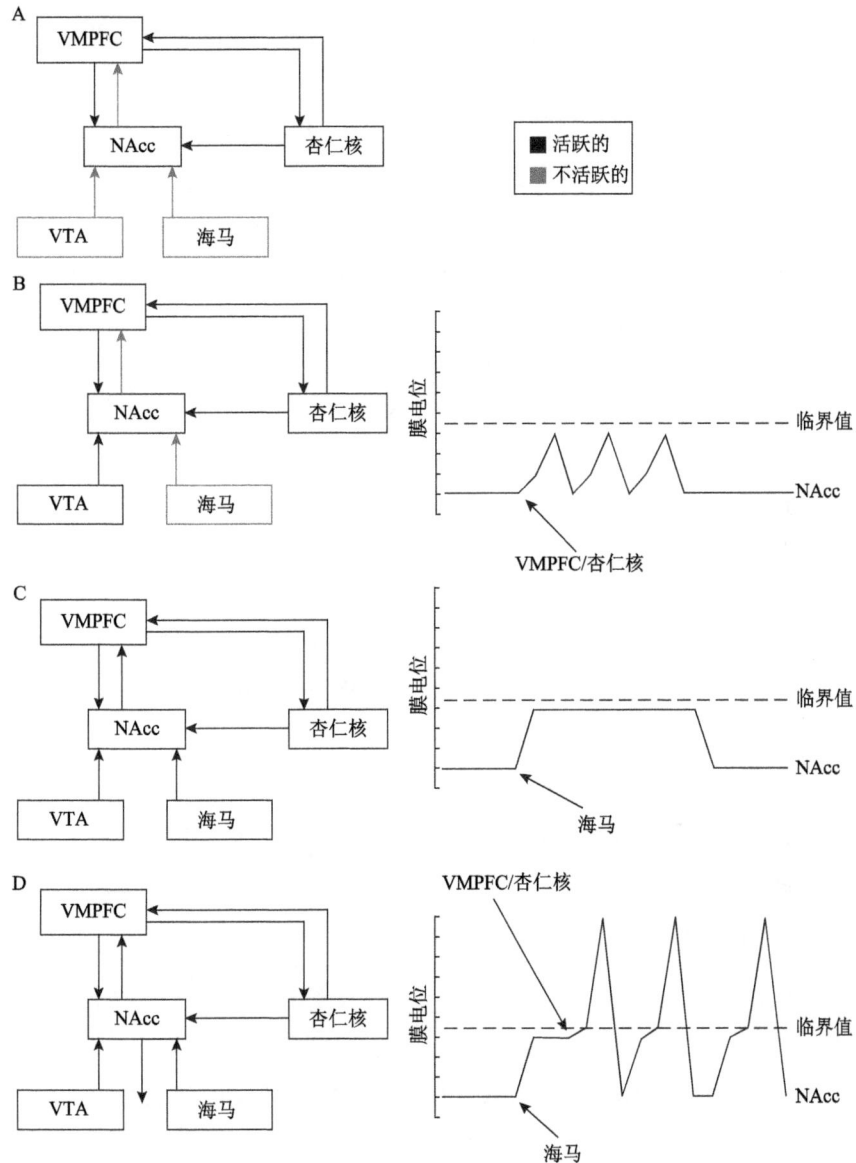

图 6.4 网络动力学

A. VMPFC 通过与杏仁核的相互连接之中所存储的记忆而引起一种情感信号，表示对某一特定反应所预测的结果，并将这一信息输入 NAcc。B. 由于 NAcc 神经元因为腹内侧前额叶皮质（VTA）多巴胺的抑制而处于典型的超极化状态，仅靠 VMPFC 和杏仁核的输入不足以引起 NAcc 神经元的脉冲活动。C. 然而，表征当前环境的海马输入将使一部分 NAcc 神经元去极化。D. VMPFC 中那些与当前环境相一致的反应（即正在经历海马去极化的 NAcc 神经元上的突触）将激发 NAcc 神经元的脉冲活动，从而将给定的反应及其情感负荷的预测结果传递到更高水平的认知过程和（或）运动效应部位

神经元的脉冲活动，从而将特定回应及其充满情感的预测结果传递至更高层次的认知过程和（或）运动感受器位点。

我们已经利用计算机模拟测试了所提及的机制，并在脉冲人工神经元网络实现了这一机制。该模型的一个关键部分在于海马的输入必须刺激到NAcc。为了确保满足这一约束条件，我们比较了老鼠（Grace et al., 1998）与菲尼亚斯·盖奇（图6.5）体内的电生理纪录。在未受损伤的系统中，海马输入产生的上升状态（upstate）使NAcc膜电位去极化，从而使其能够刺激NAcc。当海马的输入受到抑制（局部麻醉或损伤GAGE），NAcc膜电位依旧处于超极化状态，从而阻碍了对NAcc的刺激。

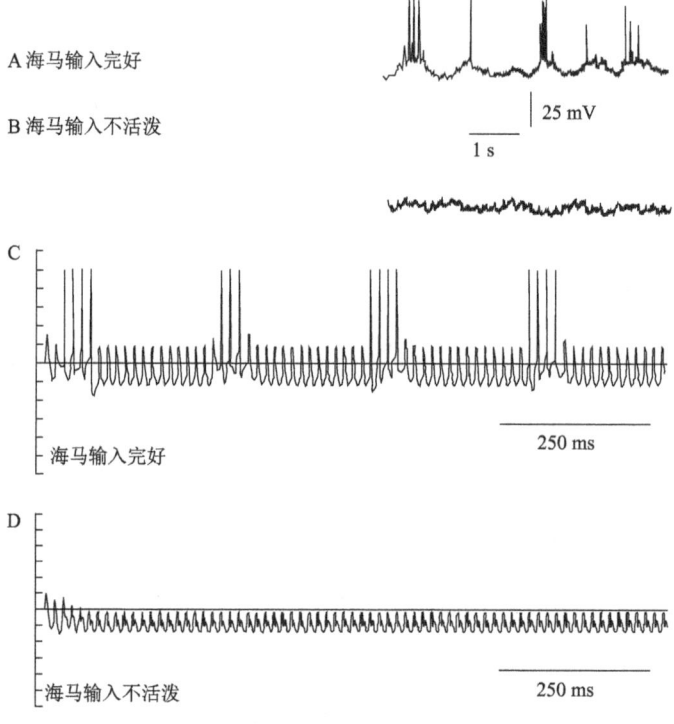

图6.5　海马的输入需要引发NAcc放电

比较老鼠（A和B）与菲尼亚斯·盖奇（C和D）体内的电生理纪录。A. 在完好无损的系统中，海马输入引起的上行状态使NAcc细胞膜电位去极化，使之能够引起NAcc放电。B. 当利用局部麻醉剂使海马输入失活时，NAcc膜电位保持超极化，从而阻止NAcc放电。C. 在完整的网络中，海马输入引起的上行状态使NAcc膜电位去极化，使其能够引发NAcc放电。D. 当移除海马输入时，NAcc膜电位保持超极化，从而阻止NAcc放电。（A和B改编自A. Grace和H. Moore的《NAcc中信息流的调节：精神分裂症的病理生理学模型》，选自《精神分裂症的起源和发展：实验性精神病理学的进展》，1998。1998年版权归美国心理协会所有。经作者许可改编）

我们已利用 GAGE 模拟了两种认知-情感整合：人们在爱荷华博弈游戏中的表现，以及整合生理唤醒与影响情绪状态的认知。在实验1，我们假设网络会基于特定反应的预测结果产生情感反应（表示从一副牌中选择哪张牌），即使当前的结果与未来结果相矛盾。我们明确发现——与人类患者的表现一致——当呈现给定的响应时，完整的网络将以这种方式工作，而在受损的 VMPFC 中，网络基于当前而不是未来的结果进行决策。

在实验2中，我们假设如果存在模糊的情感输入，网络会根据当前环境产生不同的情绪反应。我们明确发现——与人类患者的表现一致——如果呈现的情绪输入没有立即得到适当的解释，海马中有关环境的信息会决定 NAcc 的信息通过量。也就是说，基于当前环境，对于特定的生理状态，海马的信息输入会引发不同的情绪反应。

GAGE

在这一节，我们来描述脉冲神经元网络——GAGE，其基础是此前我们所述的 NAcc 中认知-情感整合的神经机制（Wagar et al., 2003）。图6.1 说明了该模型的整体架构。该模型具有700个脉冲神经元以及670个连接。模型区域包括 VMPFC、杏仁核、NAcc、海马及 VTA。每一区域含有100个神经元，以接收来自其他区域的输入和（或）外部的输入，并将信息传递至其他区域以及40个抑制性中间神经元。

输入、输出模式以及内部连接模式都遵循我们提出的神经机制。该模型包括区域内连接和区域间连接。我们以单室整合-激活单元（single-compartment integrate-and-fire units）模拟独立神经元，突触的交互作用遵循赫布（Hebbian）学习定律。在下一节，我们将论述各种连接路径的布局。威戈尔和萨伽德在附录中总结了神经元和突触学习属性的方程（Wagar, 2004；Wagar, 2003）。

连 通 性

在建构模型的过程中，我们着重考虑纳入现实的网络属性，即构成区域间和区域内电路系统的各种连接集的相对比例。根据结构性数据，我们可将具体的连接模式分为稀疏型和密集型。稀疏型连接模式导致每个突触前神经元和 30%的突触后神经元形成突触。密集型连接模式导致每个突触前神经元和 60%的突触后神经元形成突触。突触连接均匀地分布于全部突触后，连接方式是随机确定的。所有连接强度都初始化为一个随机值。

区域间的连通性　　如图 6.1 所示，NAcc 接收其余四个区域的输入连接，每个区域都与 NAcc 的传输神经元形成了密集型连接模式（Calabresi et al.，1997；Mogenson et al.，1980）。VMPFC 接收 NAcc 和杏仁核的输入连接，前者构建了一个紧密的连接模式（Calabresi et al.，1997；Mogenson et al.，1980），而后者构建了一个稀疏的连接模式（Aggleton，2000）。杏仁核接收 VMPFC 的输入连接，其连接模式也是稀疏型的（Aggleton，2000）。

区域内连接　　网络中每个模拟脑区都含有抑制性中间神经元，这些神经元模拟了真实神经元中篮状细胞的存在状态。篮状细胞主要投射到其胞体所在的同一层，并执行快速抑制性突触后电位。模型中的篮状细胞抑制性中间神经元在每一区域接收和投射密集型连接。我们在网络中还模拟了 NAcc 的缝隙连接，负责在 NAcc 传输神经元之间横向传递信息（O'Donnell，1999）。我们将这些缝隙连接模拟为：所有 NAcc 的每一传输神经元之间具有极为稀疏（5%）的连通性。

模　　拟

我们使用 Java 编写的程序进行所有模拟活动，对膜电位和突触权重的微分方程进行数值积分，时间步长约为 0.5ms。噪声的产生以及模型参数的统计分布都基于 Java 随机编号的生成程序。我们在配置 640 兆字节内存和 750 赫兹处理器的 PC 上进行模拟。

实验 1

实验 1 的目的在于测试 GAGE 模拟爱荷华博弈游戏实验结果的能力（Bechera et al.，1994）。在这项任务中，每个人有 2000 美元虚拟货币的贷款、4 副牌，并被告知从 4 副牌的任意一副牌中挑选出一些牌，直到被叫停为止。实验设计者告知参与者选牌，这样他们能使贷款的利润最大化。翻转每一张牌都有即时奖励（A、B 两副牌的奖励较多，C、D 两副牌的奖励较少）。此外，在翻过一些纸牌之后，参与者会同时受到奖励和惩罚（A、B 两副牌的惩罚力度较大，C、D 两副牌的惩罚力度较小）。多半选择惩罚较多的牌（A 和 B），损失了全部收益。选择惩罚较少的牌（C 和 D）则获得了丰厚的利润。A 副牌和 B 副牌的总体净损失相等，A 副牌的惩罚更频繁，但是惩罚力度小于 B 副牌。C 副牌和 D 副牌的总体净收益相等，C 副牌的惩罚更频繁，但是惩罚力度小于 D 副牌。参与者被告知，只要他们愿意，可以随时随意改变挑选的纸牌。然而，参与者不知道自己必须挑选多少张牌，并且不知道惩罚明细。

通常情况下，正常人在受到一些损失后，会采取新的策略：主要选择有利纸牌同时避开不利纸牌。对此现象的解释是：正常的参与者以隐性情绪反应的形式产生预测结果（Bechera et al.，1994；Bechera et al.，1997）。然而，VMPFC 受损的患者对他们的行为产生的未来结果置若罔闻，一味地选择不利的纸牌。这是因为此类患者似乎是由即时奖励（不利纸牌的高额初始奖励），而不是未来结果（有利纸牌的总体利润）支配和引导其行为。实验 1 的目的在于利用 GAGE 模拟上述关于爱荷华州赌博任务的实验结果。

刺激　为了简化实验，我们将刺激物由四副牌削减为两副牌。由于惩罚明细（例如，A 副牌和 B 副牌的差异）在原始实验中不是预测因素（Bechera et al.，1994），我们将 A、B 两副牌合并为一副不利牌，将 C、D 两副牌合并为一副有利牌。在实验的每一次试验中，GAGE 都呈现出一组刺激模式，由输入 VMPFC、VTA、海马和杏仁核的激活向量构成。每种模式由 50 个激活单元组成（从而激发接收区域 50%的神经元）。VMPFC 接收代表有利纸牌的激活模式，或者代表不利纸牌的激活模式。杏仁核接收代表良好身体状态的激活模式。或代表不良身体状态的激活模式。为了简化任务，每组模式（有利纸牌/不利纸牌）形成一对互补。

刺激是通过对每个神经元独立施加持续的突触兴奋来实现的，这些神经元对应于刺激模式中活跃的节点。

实验过程　最初，GAGE 进行了两种刺激组合的训练：有利纸牌和良好身体状态的组合，以及不利纸牌和不良身体状态的组合。这在 VMPFC 和杏仁核之间产生了必要的躯体标记。训练以交叉方式经历了 4000 多个时间步长，每隔 400 个时间步长更迭刺激组合（良好身体状态/有利纸牌和不良身体状态/不利纸牌）。

然后我们终止赫布（Hebbian）型学习，模型为每一良好身体状态/有利纸牌和不良身体状态/不利纸牌的刺激留置 2000 时间步长的时段，以便在 NAcc 为预期表征构建基本的集合活动。

最后，模型为每个刺激组合的测试提供 2000 个时间步长的时段。试验刺激包括某一特定选择（例如，有利纸牌）以及当下的身体状态（例如，不良身体状态）。这使我们可以测试网络是否能够引发基于预测的未来结果（例如，选择有利纸牌，纵使即时结果是消极的）或者即时奖励（例如，选择不利纸牌，纵使产生消极的总体后果）。

海马和 VTA 的输入在整个训练、基线和测试过程中保持不变。上述实验利用完整网络（模拟正常参与者），以及训练后移除 VMPFC 的网络（模拟 VMPFC 损伤的患者）。删除所有 VMPFC 连接会导致 GAGE 受损。

数据收集及分析　我们在整个实验过程记录了网络中每个神经元的脉冲序列（逐步记录神经元是否放电）。为了描绘全部 NAcc 的集合激活模式（即对每一个刺激做出反应的部分 NAcc 神经元），我们将脉冲序列转换为速率图。设置 20 时间步长的窗口以覆盖每一时间步长的脉冲序列，并取窗口内脉冲的平均数（即放电率）。

一旦获得速率图，我们便可以利用聚类分析将全部 NAcc 区分为：对刺激反应活跃的神经元以及没有反应的神经元。在聚类分析中，聚类被定义为具有内聚性但和其余元素相对孤立的元素子集。聚类分析将实例（如神经元）分为群组或群集，因此同一集群成员（如活跃的神经元）间的关联度较强，而不同集群成员（如不活跃的神经元）间的关联度较弱。这是针对基线表征和试验表征做的。

然后对比试验表征和基线表征，从而确定对于每一副牌，GAGE 经由 NAcc 传递的情绪反应。为了确定 GAGE 对测试刺激引发适当情绪反应的能力，我们采用了信号检测理论。这一分析计算了 A'（Snodgrass et al., 1985）。A'是对 d'的非参数模拟，是刺激反应力的信号检测度。为了分析数据，我们对命中率进行了计算，即活跃神经元在基线表征和试验表征中所占的比例，还有虚报率，即不活跃的神经元在基线表征和试验表征中所占的比例。该信息用于确定每一试验表征的 A'。A'的值从 0 到 1 不等，0.5 表示偶然行为。A'越大，试验表征越接近基线表征。试验表征越接近基线表征，GAGE 对测试刺激引发适当情绪反应的能力就越强。

结果和讨论 为了衡量 GAGE 的总体性能，所有结果平均进行 50 次以上的重复实验（每次实验随机生成激活模式和权重）。结果如图 6.6 所示。

网络的任务是在给出选择（如有利纸牌）和不一致的身体状态（如不良的身体状态）的情况下，引发积极或消极的情绪反应。也就是说，在接受对每一副牌的情感结果预测训练后，利用激活模式呈现 VMPFC 和杏仁核，从而对网络进行测试，这些激活模式模拟了未来结果和即时结果相反的情况。测试的目的在于确定完整的 GAGE 是否会基于对未来结果的预测，引发代表情绪反应的 NAcc 激活，而 VMPFC 受损的 GAGE 会根据当下的结果引发表示情绪反应的 NAcc 激活。

正如所料，在 VMPFC 完好无损的情况下，特定反应的预期情感结果驱动着 GAGE 的运行。VMPFC 和杏仁核之间的存储关联能够产生对特定反应的预期未来结果的表征。然后这一信息被传递至 NAcc，如果它与当前的环境相符，便会以情感反应的形式传递至更高层次的认知过程和（或）运动感受器位点。

图 6.6A 显示了 NAcc 神经元的活跃模式，GAGE 引发适当情感反应以回应测试刺激的能力。可以看出，即使存在不一致的情绪信号（表示反应的即时情感结果），GAGE 也会根据对反应之未来结果的预测引发情感反应。假设这些情感反应的效价预示 GAGE 会挑选哪副牌，结果表明，当 VMPFC 完好无损时，GAGE 主要选择有利纸牌而非不利纸牌。但应该注意的是，GAGE 的性能并非完全有效或失效；GAGE 有较小的概率产生活跃的互补模式（拿到有利纸牌时有 8% 的概率引发消极的情绪反应；拿到不利纸牌时有 6% 的概率引发积极的情绪反应）。这与之前所述的爱荷华州赌博任务中正常参与者的表现一致。选择有利纸牌是最有效的决策，因为它保证有机会以提高长期生存的方式行动。然而，即使是正常的参与者有时也会冒险选择不利纸牌（Bechara et al., 1994）。

另外，VMPFC 受损患者的实验结果表明该机制已经失效。驱动这些患者行动的是当下的情感结果而非长远利益。VMPFC 受损阻碍了 VMPFC

与杏仁核之间的存储关联对特定反应的预期未来结果进行表征。因此，仅有杏仁核对当前身体状态的反应引发的信息输入 NAcc。由于该信息促成的反应与当前情境一致（例如，选择不利纸牌），所以为杏仁核驱动的决策被传递至更高层次的认知过程和（或）运动感受器位点。

图 6.6B 显示 NAcc 神经元的活跃模式，表示在 VMPFC 受损的情况下，GAGE 引发适当情绪反应以回应测试刺激的能力。如图所示，特定反应的即时测试刺激引发的情感反应驱动着行为。现在 GAGE 基于反应的即时结果引发情感反应，我们再次假设这些情感反应的效价预示 GAGE 挑选哪副牌，结果表明，当 VMPFC 受损时，GAGE 会选择不利纸牌而非有利纸牌。这与之前所述的爱荷华州赌博任务中 VMPFC 受损患者的表现一致。诸如菲尼亚斯·盖奇这样的有机体不以有效的方式行事，不根据长远的生存利益对决策进行优化，表现为冲动、任性甚至非理性的行为方式。

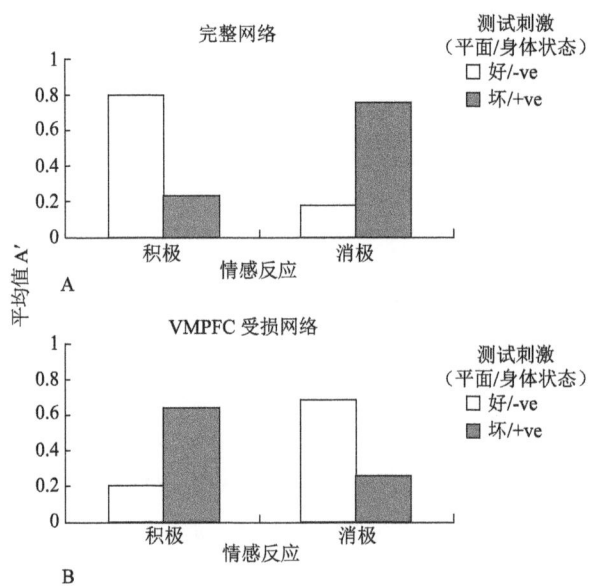

图 6.6　测试刺激在 GAGE 完好无损（A）与 GAGE 的 VMPFC 受损时（B）情感反应函数的均值 A（表示与基线的相似度）

实验 2

实验 2 的目的在于测试 GAGE 对实验结果的模拟能力，这些实验结果涉及对生理唤醒和确定情感状态的认知进行整合（Schachter et al.,

1962）。斯坎特和辛格给实验参与者注射了肾上腺素，然后让其在同伴面前填写问卷。这群人在情绪高涨的状态下和蔼可亲，而在愤怒的状态下则不可理喻。结果表明，相同剂量的肾上腺素在不同的情境下会产生不同的情感体验：实验对象在情绪高涨的状态下表现出愉悦的情感体验，在愤怒状态下表现出不愉快的情感体验。鉴于交感神经持续活跃，对此并没有合适的、直接相关的解释（即杏仁核输入是模糊的），可以基于当前环境控制实验参与者处于欣快或愤怒状态。值得注意的是，斯坎特情感理论中的主张遭到了质疑（Reisenzein，1983）。然而，实验2的目的是利用GAGE模拟环境在认知-情感整合过程中的作用。对于某人情绪状态的认知评估而言，我们并不关心其背后隐藏的高层机制。相反，我们只对环境对不同刺激的情绪反应产生调节作用的机制感兴趣。

刺激 在每一次试验中，GAGE都表现为一组刺激模式，包括输入VMPFC、VTA、海马和杏仁核的激活向量。每种激活模式由35个激活单元组成（从而激发接收区域内35%的神经元）。为了进行测试，VMPFC和海马各需两种不同的激活模式。注意，在实验1中，在环境（海马输入）保持不变的情况下操作身体信号（即杏仁核输入）；而在实验2中，在身体输入保持不变的情况下影响环境。VMPFC接收表征愉快评估的激活模式，或者表征愤怒评估的激活模式。海马接收表征舒适环境的激活模式，或者另一种激活模式表征不合人意的环境。为了简化任务，每组模式（愉快/愤怒评估、舒适/不舒适的环境）都构成互补对。

实验过程 最初，GAGE接受了两种刺激组合的训练：舒适环境下的欣快评估以及不合意环境下的愤怒评估。这使得NAcc树突内的VMPFC突触和海马突触之间产生了必要联系。训练以交叉方式经历了4000多个时间步长，每隔400个时间步长更迭刺激组合。

然后我们终止赫布型学习，模型为每一愉快/舒适和愤怒/不合意的刺激组合留置了2000时间步长的时段，从而为NAcc内的预期表征构建基本的组合活动。

最后，模型的每一测试-刺激组合都表现出2000时步的相位延迟（epoch）。试验刺激包括与特定环境（合意或不合意）并存的两类评估（愉快或愤怒）。这使我们可以测试网络能否基于当前环境引发情绪反应。杏仁核与 VTA 的输入在整个训练、基线和试验过程中保持不变。

数据收集和分析　　数据的收集和分析如实验 1 所述。

结果和讨论　　为了衡量 GAGE 的总体性能，所有结果平均进行 50 次以上的重复实验（每次实验随机生成激活模式和权重）。结果如图 6.7 所示。

该网络的任务是在特定环境（如合意的环境）下引发愉快或愤怒的评价。通过利用激活模式描述 VMPFC 和海马来对网络进行测试，这些激活模式模拟了 VMPFC 中欣快评价和愤怒评价都很活跃的情况。目的是确定 GAGE 是否会基于当前环境引发情绪反应。

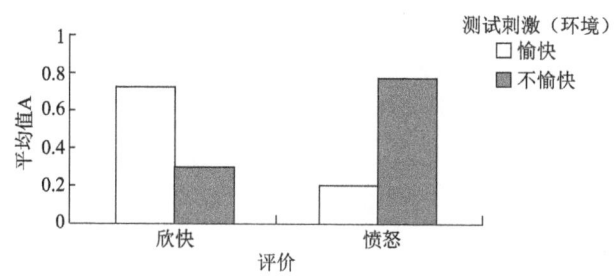

图 6.7　具有恒定杏仁核输入的评价函数的测试刺激的平均值 A

正如所料，当 NAcc 呈现出两种不同的 VMPFC 表征时，受海马影响的环境决定了 GAGE 的性能。NAcc 树突中 VMPFC 和海马的存储关联能够产生与当前环境一致的表征。

一　般　讨　论

实验 1 说明，为了成功完成爱荷华州赌博任务，正常人如何进行认知-情感整合，以及为什么这一整体在 VMPFC 受损的人中分崩离析。与达马西奥（Damasio，1994）的躯体标记假说一致，我们发现 VMPFC 和杏仁核相互作用产生了表示预期结果的情绪信号，并且这些预期结果与杏仁核输出的即时结果相竞争。此外，GAGE 表明 VMPFC 与杏仁核的时间协同对引发刺激的情绪反应具有关键性作用。

实验 2 表明环境如何影响认知-情感整合。通过强调海马输入对 NAcc 途径的重要性来对认知-情感整合施加影响。为使来自 VMPFC 与杏仁核的信号进入负责高阶推理的脑区，海马的环境信息必须开启并让这一信息通过 NAcc 门关。

在这篇论文中，我们提出了一个新的决策计算模型，它比之前的模型更具有神经学意义上的现实性。GAGE 将神经元组织为与脑区相关的群，包括 VMPFC、海马及杏仁核。GAGE 说明了 NAcc 如何将 VMPFC 和海马的认知信息与杏仁核的情绪信息进行整合。与达马西奥的体细胞标记假说一致，我们发现，VMPFC 与杏仁核相互作用产生了表征预期结果的情感信号，并且这些预期结果与杏仁核输出的即时结果相竞争。GAGE 超越了这一主张，强调了 NAcc 途径的重要性。为了使来自 VMPFC 与杏仁核的信号通过 NAcc 进入负责高阶推理的脑区，海马必须开启 NAcc 门关。此外，我们模型中的单个神经元比大多数人工神经网络模型的神经元更真实，因为它们能够表现出真实神经元的脉冲活动。这一层级的表征突出了大脑中认知-情感整合的另一个重要方面：时间。GAGE 表明：VMPFC 与杏仁核的时间协同对引发刺激的情绪反应具有关键性作用。

GAGE 能够产生有效的决策策略，与我们在正常人中观察到的策略相似，同时也产生了现代的菲尼亚斯·盖奇所表现的缺陷决策。通过在隐蔽的决策中表现类似于认知-情感整合的现象，从而产生各种有效或有缺陷的决策策略。其核心观点是，VMPFC 借助与杏仁核的联系构建了对反应的预期结果，这些信息通过 NAcc 的环境-调节网关进行传递，以改善有机体的行为，使其在即时环境中能够长期生存。

爱荷华州赌博任务是 VMPFC 损伤的一项临床试验，GAGE 能够模拟正常整合认知-情感之人在任务中的成功的行为，以及 VMPFC 受损患者在任务中不成功的行为。此外，我们提出了如何在有效决策中整合认知信息和情感信息的神经学理论，贯彻这一理论使 GAGE 有能力超越这种特殊情况。在爱荷华州赌博任务中，糟糕的选择（挑选不利纸牌）与当前的环境一致。然而对于决策过程中产生的情绪信号的神经基础，GAGE 的模拟能力更强，从而在特定环境中获得更多成就并且长时间生存。如上所述，VMPFC 受损导致推理能力——特别是在社会环境中的推理能力——严重受损。尽管爱荷华州赌博任务对 VMPFC 受损进行了有效测试，但它没有考虑环境的作用。因此，NAcc、VTA 和海马之间的相互联系使 GAGE 可以融合环境的作用。

实验 2 测试了 GAGE 的这一能力。如果 NAcc 同时呈现两种不同的 VMPFC 表征，那么受海马影响的环境会决定 GAGE 的性能。NAcc 树突中 VMPFC 和海马之间的存储关联能够产生符合当前环境的表征。

复制爱荷华州赌博任务中人类行为的能力，以及融合环境作用的能力，证明 GAGE 和基本的神经学理论有助于当前我们对决策过程的认识。根据情感即信息假说（affect-as-information hypothesis），当人们对紧急决定做出反应时，情绪会影响决策过程，但如果这一紧急决定与我们无关，则情绪不会对决策产生影响（Clore et al., 1994）。我们的神经学理论施加的约束条件要求，当杏仁核的情感信息通过 NAcc 网关时，为使其与 VMPFC 活动相联系，二者的发生时间必须极为接近。即为连接 NAcc 中的认知与情感，VMPFC 与杏仁核的活跃必须同时提高放电频率。研究人员发现，当人们对紧急决定做出反应时，情绪会影响决策过程，但如果这一紧急决定与我们无关，则情绪不会对决策产生影响（Clore et al., 1994），考虑到这一限制，我们不必感到惊讶。如果某一特定事件（选择纸牌）与特定的情绪相关联，那么二者就会在大脑中共现——即表现为放电率的同时提升。如果是这种情况，那么它们会在极为接近的时间点影响 NAcc，并且相互关联。然而，如果它们彼此独立，那么两者的放电频率便不会同步。因此，它们不会受 NAcc 约束，情感也不会被归因于事件。

根据风险即感受假说（the risk-as-feelings hypothesis），面临决策时的恐惧感具有一种"全或无"的特性：完全恐惧或完全不恐惧（Loewenstein et al., 2001）。具体而言，参与者对事情发生的可能性敏感，而不是对消极结果的可能性敏感。认知-情感整合的神经基础是如何产生这一现象的，GAGE 在此处也进行了说明。其基本观点是，对于可能性的变化，决策过程中的恐惧感或其他情绪反应比较迟钝。回想一下，NAcc 神经元正在不断受到 VMPFC 与杏仁核驱动的兴奋性突触后电位的轰击。换言之，VMPFC 引发了对当前环境的几种可能反应/评估，而海马会对这些选项进行分类整理，从而找出与环境一致的选项。这一主张所蕴含的观点是，相对于彼此，VMPFC 信号并不具有更多或更少的权重（即这些信号不承载概率信息）。NAcc 引发的情绪反应是直接的情感回应，快速但只是初步评估了当前情境（Damasio，1994；LeDoux，1996）。因此，这里描述的情绪反应仅仅表征特定反应/评价的情感意义。一旦此处引发的情绪反应传递至负责高阶决策过程的脑区，以后的决策过程可能会考虑概率的作用。但那时情绪已经被引发，因此决策中的情绪反应具有极端的特点：全或无。

GAGE 的缺陷

尽管 GAGE 和基本的神经学理论加深了我们的理解，即在有效的决策过程中，认知信息和情感信息如何在 NAcc 内进行整合，但是切记 GAGE 并不能回答所有问题。GAGE 在某些层级上过于简单或不够具体，无法解决重要的问题。

鉴于迄今为止的讨论，人们必须得出结论：如果 NAcc 受损，整个网络便会土崩瓦解。然而，考虑到大脑的可塑性，存在交替脑区（例如，扣带皮质或辅助运动区），它在横纹肌损伤的情况下可发挥补充作用。鉴于目前模拟的脑区数量有限，GAGE 还没有能力解决这一问题。此外，目前 GAGE 侧重模拟 VMPFC 损伤以及海马在不确定状态下的作用。我们需要进一步模拟才能阐明杏仁核或海马受损时的情况。最后，值得注意的是，GAGE 只模拟大脑如何产生隐性的情绪反应，不涉及公开决策背后隐藏的高阶机制，也不涉及对情绪状态的认知评价。

结　　论

在认知科学领域，越来越多的人认识到情感是决策过程中不可或缺的组成要素。GAGE 和基本的神经学理论使我们更为深刻地理解隐性情绪反应的神经根源，这些情绪反应是有效决策的重要组成部分。另外，GAGE 具有在确定情绪信号时结合环境作用的能力，它保证 GAGE 可以模拟其他评价过程，以及其他类型的认知-情感整合。

虽然 GAGE 模型存在一定的局限性，但随着时间的推移以及神经解剖学机制的进一步完善，它可以更好地模拟人类的决策过程。因此，利用计算神经科学帮助我们理解人类的决策过程，以及这些能力受损时大脑出现的问题，GAGE 迈出了第一步，它甚至可能有助于我们提出更为完善的假说，以探讨如何补偿或修正这些问题。

7 分子如何影响心理计算

导 论

人类和其他动物的大脑功能涉及神经递质、激素以及其他分子等数十种化学信使①。然而几乎所有心灵和大脑的计算模型都没有对分子进行详细说明。诸如基于产生式规则的符号模型完全是神经学细节的抽象化。神经网络计算模型通常将神经元处理视为一种电学现象，借助兴奋性和抑制性链接，某一神经元的放电可以影响其他所有神经元的放电（例如，Churchland et al., 1992; Eliasmith et al., 2003; Levine, 2000; Parks et al., 1998; Rumelhart et al., 1986; 另见《认知科学》《神经计算》《神经网络》《神经计算技术》等期刊）。人们很少讨论神经递质和其他分子如何确定脑电活动。

如果大脑的计算属性与对心理功能的解释相关，且这种属性实际上是电学属性而非化学属性，那么我们就可以忽视认知科学中的神经化学。但是相当多的证据表明，化学复杂性确实与大脑计算紧密相关。通过讨论蛋白质在细胞内计算中的作用，突触和神经递质的活动，以及诸如激素等神经调质的作用，我们对以上证据进行了考察。我们注意到，大脑在某种程度上既是化学物质又是电子计算机表现出了一种心理计算观点，它与传统的符号和联结主义模型中的心理计算有着本质区别。最后，我讨论了神经化学计算与情感、认知和人工智能等问题之间的关系。首先需要对心灵计算模型的解释功能进行概括评论。

为心智建模

20世纪30年代，阿兰·图灵（Alan Turing）等对操作计算机进行了严密的计算，并在20世纪40年代建造了第一台通用数字计算机。计算机

---

① 传递遗传信息。——译者注

应用理论和实践的发展对心理学和心灵哲学产生了巨大影响，因为它展示了思维是如何被合理地理解为机械过程的。心理学家乔治·米勒（George Miller）和哲学家希拉里·普特南（Hilary Putnam）等认识到，心智的计算解释是行为主义观念的强力变种，试图取消心灵概念。艾伦·纽厄尔（Allan Newell）和希伯特·西蒙（Herbert Simon）等研究人员开始编写模拟智能行为的计算机程序。

计算的抽象模型包括图灵机，图灵机是一个虚拟装置，由带有方格的纸带组成，方格包含 0 或 1 以及读写头，该读写头可以在纸带上左右移动。一张非常简单的指令表完全决定了读写头的运动和读写行为。图灵机和等价的数学抽象如递归函数理论，非常有利于阐明计算的本质。但它们不能直接解释特定的心理功能。为了解释特定种类的心理能力，诸如问题解决能力和语言使用能力，研究人员研发了特定类型的计算模型，这些模型假设心理表征（如规则）和计算程序（如正向推理链）基于这些规则。基于规则的系统是比图灵机更为出色的认知模型，因为前者具体描述了可以复制心理行为的机制。就抽象的计算能力而言，基于规则的系统并不比图灵机更强，但是它们更易于获得认知功能的深层机制。

除了规则，许多认知科学家支持模拟心智的替代或补充路径，包括诸如观念、心理模型、类比、视觉图像等表征，以及人工神经网络（Thagard, 2005）。特别是人工神经网络，具有与图灵机和基于规则系统相同的抽象计算能力，但它们为许多研究者推崇的原因在于，两者的操作结构和程序貌似与大脑活动更为接近。例如，大脑使用分布式表征，其中符号信息由许多简单的神经要素共同表征，并且利用大规模的并行计算进行推论。神经网络可用于补充基于规则的系统，但其也可以支撑计算模型，这些模型与基于规则系统的计算模型存在质的不同。

大多数使用人工神经网络的认知模型通过所谓激活这一参数来描述神经元的行为，该参数表征神经元的放电速率，即某一神经元向其他神经元发送电子信号的速率。最近的模型利用更为复杂的动态分析描述了放电的速率和模式。例如，细想某一个放电 5 次的神经元，1 表示放电状态，0 表示静息状态。放电模式 10101 和 11100 都表征相同的激活速率（5 次中激活 3 次），但两种模式也可以表征迥然不同的神经行为。我们将重视放电速率的神经网络称为脉冲或脉冲网络，与只使用速率编码的网络相比，它们具有计算方面的优势。例如，某些函数可用单个的脉冲神经元进行计算，这些计算需要许多传统的速率编码神经元（Maass et al.，1999）。此外，脉冲神经元还具有重要的心理定性特征（如相互同步），而且神经同步被认为是推论、类比和意识的关键成分（Engel et al.，1999；Hummel et al.，1997；Shastri et al.，1993）。因此，脉冲神经网络为大脑的计算建模提供了一种有前途的新型进路。

笔者对认知模型作了简要回顾，从而表明笔者想阐述的论证方式。正如基于规则的模型能够解决图灵机无法处理的认知方面的问题，脉冲神经网络能够处理速率编码型神经网络无法解决的认知方面的问题；因此，化学神经网络有可能阐明纯粹的电学神经网络无法充分处理的认知方面的问题。为了对现存的心灵计算模型提供有益的补充，相比于旧的模型，新模型必须表现出数量和质量的优越性，表明心理计算机制比之前的模型更有影响，在生理和心理方面更为自然合理。笔者的任务是说明化学神经网络具备这样的优越性，它可以明确地识别分子机制。

并不是说分子模型应该取代现有的模型。模型就像地图，旨在与现实相对接，但在细节层次上存在很大差异，而这对于不同的目的而言是十分有益的。一张大比例的世界地图足以确定意大利的位置（位于瑞士南部），然而要在阿尔卑斯山徒步旅行，需要一张更为精细的地图。同样，基于规则的系统和传统的电子神经网络可以方便、准确地描述心理计算的某些方面，也有一些方面利用分子层级（的机制）解释更为有效。

蛋白质与细胞

神经元和神经网络如何进行计算众所周知。每一个神经元接收并整合其他神经元的电子信号，然后将自身的信号传递至其他神经元，从而激发或抑制其他神经元的信号传递。神经网络是完备的图灵机，因为它们可以计算图灵机能够处理的任何问题。更重要的是，其运行方式可以解释人类的认知功能。然而直到最近，非神经元细胞的计算能力才为人所重视。

人体包含数万亿个细胞，一个标准细胞包含大约 10 亿个蛋白质分子，每个细胞大约有 10 000 种不同的蛋白质（Lodish et al., 2000）。细胞外膜具有感受体，是结合了在细胞外环流的信号分子的蛋白质。感受体接收信号分子会激活细胞内的信号转导蛋白，从而引发受酶影响的化学反应，酶是加速小分子反应的一种蛋白质。细胞内的化学途径会产生各种结果，包括细胞分裂产生新细胞、细胞死亡以及产生新的信号分子，这些分子从细胞内排出，然后环绕细胞并与其他细胞的感受体结合。例如，当人受到惊吓或剧烈运动时，肾上腺会分泌肾上腺素，通过血流在全身循环并和具有适当感受体的细胞结合。这些细胞包括受到刺激后向血液释放葡萄糖的肝细胞，以及增加心脏收缩率以增大向组织供血量的心肌细胞。其结果是增加了主要运动肌肉的可用能量。

我们可以将单个细胞（无论是否为神经元细胞）视为计算机，它以分子结合感受体蛋白质的形式输入，以细胞释放分子的形式输出，以及含有蛋白质的化学反应所进行的内在过程（Gross, 1998）。蛋白质可以发挥离合开关的作用，如在磷酸化过程中，通过增加包括磷在内的原子组修正蛋白质，酶可以迅速增强细胞内的信号，在下一阶段，每一个酶都能激活数百个分子。细胞内的分子运算大部分是平行的，因为许多感受体可以同时产生许多化学反应，这些化学反应在细胞内大约 10 亿个蛋白质中同时进行。

多细胞计算也表现出了巨大的并行性，因为细胞能够彼此之间独立地接收和发送信号。分泌性分子具有三种信号转导类型（Lodish et al., 2000, 第 20 章）。在自分泌信号转导中，细胞通过分泌与自身的感受体相结合的分子发出信号。例如，细胞通常会分泌刺激自身增殖的生长因子。在旁分泌信号转导中，分泌细胞向含有分泌分子感受体的邻近细胞发出信号。神经元信号转导是旁分泌的，并以神经递质作为分子信号，但细胞间的联系也存在其他类型的旁分泌信号转导。相邻细胞之间也可以通过其他方式联系，借助吸附蛋白可以使细胞相互附着并形成组织，这比借助分泌物的联系更为直接。分泌性分子的第三种信号转导类型是内分泌，在内分泌过程中，细胞分泌了一种分子，称为激素，通过血管被数米之外的靶细胞接收。下面讨论激素的运算功能。

将蛋白质和细胞描述为执行计算过程是一种延伸隐喻，这违反了图灵和其他人提出的精确的数学计算概念吗？笔者认为完全没有，因为近期的一些数学和实验结果表明，在最严格的意义上讲，分子处理（processing）是计算式的。马格纳斯科（Magnasco）证明化学动力学是一种通用图灵机，因为可以利用化学反应进行图灵机运算。布雷（Bray，1995）说明了蛋白质分子如何在活细胞中发挥计算元素的作用，甚至可以像神经网络一样得到训练。埃德尔曼（Adleman，1994）证明通过包含DNA分子链的分子计算可以解决计算机科学中的组合难题。DNA可以永久保存细胞信息，而蛋白质活动则是对信息进行处理加工。因此，进行计算的细胞和蛋白质不仅仅是隐喻性的描述，而且可能与理解心理计算相关。是否真的相关还需要更仔细地观察神经元的行为。

神 经 递 质

神经递质的属性

上一节讨论了通常情况下细胞的信号转导能力，但并不意味着像肝脏这样的器官具有心理属性。人类的心灵依赖一种特殊的器官——大脑，它含有数十亿个能够以特殊方式相互作用的细胞。一个标准神经元接收1000多个神经元的输入信息，通过名为突触的特殊连接向其他成千上万个神经元输出信息。有一些是电突触，将离子直接从一个细胞传递至另一个细胞，但大多数突触是化学突触，使神经元能够利用从突触前细胞传递至突触后细胞的神经递质来相互激发或抑制；下一节将讨论调节神经递质作用的激素和其他分子。人类大脑的化学反应与其他脊椎动物基本相同。

最重要的神经递质包括：天冬氨酸和谷氨酸（兴奋剂）、γ-氨基丁酸和甘氨酸（抑制剂）、肾上腺素（也是一种激素）、乙酰胆碱、多巴胺、去甲肾上腺素、血清素、组胺、神经降压素和内啡肽。大脑使用的不同神经递质的丰度（abundance）是否与心理计算相关？有人可能会认为，唯一的计算意义在于突触连接的兴奋和抑制行为，而且兴奋和抑制活动中特殊的化学物质与大脑的计算方式基本无关。然而笔者认为，一系列神经递质对心理加工产生了质量和数量上的影响，包括加工方式和速度。

神经网络的计算操作依赖网络的三种属性。首先是网络中神经元的内部处理能力，这可能取决于神经元对不同输入的处理能力及其输出的复杂程度。认知科学使用的大部分人工神经网络模型具有非常简单的处理能力，使网络能够将输入激活转换为输出激活。脉冲神经网络具有更为强大的内部处理能力，因为它可以对进入网络的不同脉冲模式做出不同的回应，不只产生激活率，还产生了脉冲行为的不同输出模式。先前对蛋白质计算能力的探讨表明，化学神经元的内部处理能力仍然比人工脉冲网络中的神经元更为出色，因为细胞内的化学反应在质量和数量上都不同于脉冲神经元的电整合（electrical integration）与放电活动。

第二个重要属性是网络拓扑（topography of the network），一种使某一神经元影响另一神经元放电的连接模式。在标准的人工神经网络中，拓扑由连接神经元的兴奋性和抑制性链接决定，但是我们会发现化学性大脑的拓扑大为增强。第三个重要属性是时态。神经网络是一个动态系统，随着时间的推移不断演化，其演化方式在很大程度上受网络中不同事件的发生顺序和比例的影响。例如，人工神经网络有时是同步的，所有神经元同时更新激活，但是当神经元异步时，人工神经网络更接近于生物学意义的神经网络。真实神经元是不同步的，并以输入自身的脉冲模式的形式依赖于时间的函数关系。因此，脉冲神经网络具有不同于速率-激活（rate-activation）网络的时间属性，尽管其在拓扑方面与速率-激活网络没有差别。化学网络在所有这些属性——内部处理、拓扑和时态——异于纯电学网络。下文将讨论神经递质和神经调节剂的拓扑和时间效应。

神经递质通路的拓扑效应

神经递质存在于大脑特定的神经通路（Brown，1994）。通路由相互连接的神经元组成，这些神经元的突触都传递同一种化学物质。例如，乙酰胆碱、多巴胺、去甲肾上腺素和血清素都有特定的通路。通路不同，功能也不同，如多巴胺对运动进行整合而血清素对情绪具有调节作用。神经通路的中断可能引发各种精神疾病，如缺乏多巴胺会导致帕金森病，缺乏血清素会导致抑郁症。药物通过增加或减少神经递质的量来治疗疾病，如利用单胺氧化酶抑制剂（MAO inhibitors）提升多巴胺和血清素的可用性能够治疗抑郁症。

神经递质通路的计算意义在于它们为大脑提供的组织有助于实现各种功能。如果某一个神经元可以与任意神经元相连接，那将难以编排特定的神经元行为模式。大脑要求一连串的活动，例如，对危险对象（如蛇）的感知会激活杏仁核内的恐惧中枢并释放应激激素。神经递质初步提供了一种路线图，连接了需要共同作用的各个脑区，从而使人随机应变。当然，大脑可能已进化形成了纯粹的电子通路，但实际情况是，各种类型的神经递质已用于构建连接模式，而这对于大脑活动非常重要。神经递质的作用在于限制脑内联结性，下文将讨论增强联结性的各种化学传递。

神经递质的时间效应

突触有两种类型，相对罕见的电突触和更为普遍的化学突触，神经递质从突触前细胞的囊泡排出，并与突触后细胞的感受器结合。化学突触是电传导的，容许离子穿过突触后细胞膜。但这些效应比电突触慢得多，电突触中的离子直接从某一神经元移动至另一神经元（Lodish et al., 2000）。例如，电耦合的心肌细胞容许肌肉细胞群同步收缩。电突触传递信号只需要几微秒，不会出现化学突触中延迟 0.5 微秒的情况。

考虑到电突触极高的速度和可靠性，为什么大多数突触是化学性的，似乎令人费解。根据洛迪什等的观点（Lodish et al., 2000），与电突触相比，化学突触具有两个重要的传输优势。第一个优势是信号放大，如单个突触前细胞会引起多个肌肉细胞的收缩。第二个优势是信号运算，多个兴奋性和抑制性突触接收的信号会影响单个神经元。"每个神经元都是一台微型计算机，均分所有感受体的激活以及细胞膜的电子干扰，并决定是否触发动作电位"（Lodish et al., 2000）。因此，即使化学突触传递信号的速度比较慢，也能进行更为灵活的计算。

化学突触中存在两种神经递质，两者的传递速度截然不同（Lodish et al., 2000）。快速型突触利用结合了神经递质的感受体直接打开离子通道，使离子在 2ms 内穿过突触后细胞膜。相反，迟缓型突触（打开离子通道的方式）更为间接，需要结合神经递质和感受体，引发最终影响离子传导的化学反应。这些突触后的反应速度比快速突触反应速度慢，持续时间更长，反应时间以秒而不是微秒为单位。

特定神经递质具有特殊的时间属性。NMDA 型谷氨酸受体的作用相当于重合检测器（Lodish et al., 2000）。受体开放通道必须满足两个条件：谷氨酸必须结合在一起，膜必须被先前的传输部分极化。因此，NMDA 受体使简单的学习成为可能。加拉莱塔和赫斯特里（Galarreta et al., 2001）提出，释放 γ-氨基丁酸（GABA）的神经元网络能够以足够快的速度检测输入神经元的同步性。过去人们认为每一个神经元只能释放一种神经递质，但有证据表明：神经元可以在不同时间释放不同的神经递质以及不同数量的递质组合（Black, 1991）。这种复杂性使电化学编码在一定程度上成为可能，与纯粹电网络中的激活和脉冲电位序列相比，它含有更多的变量。

总之，神经递质的不同时间属性使其能够以不同的时间尺度进行传递，从微秒（电突触）到毫秒（快速化学突触）再到秒（迟缓型化学突触）。下一节介绍的激素的作用时间更长。

神 经 调 质

布朗（Brown, 1994）对神经调质（即影响神经活动的化学物质）进行了有效分类，将其分为神经递质和神经调质。如前所述，神经元释放神经递质，并通过突触作用于其他神经元。与此相反，神经调质由非神经元细胞和神经元细胞释放，并且不借助突触影响突触前细胞和突触后细胞，以改变神经调质的合成、储存、释放和神经递质的摄取。神经调质包括经血液循环的激素，以及直接在细胞间传递的非激素分子。本节的重点是说明大脑利用的各种神经调质有助于解释人类思维的各个方面，从而增强大脑的计算能力。与大部分神经网络的计算模型相反，神经元的触发不只是其突触输入的函数。神经调质的作用影响了神经网络的拓扑和时间属性。

神经调质的拓扑效应

神经调质极大地改变了神经网络的因果结构。神经元的放电仅由提供突触输入的神经元决定，而不是由局部的因果关系决定，因此甚至数米之外的神经元和细胞都有可能对某一神经元的放电造成影响。大脑某一部位（如下丘脑）的神经元可能会激发并释放激素，该激素会传递至身体的某一部位，如肾上腺，刺激其释放其他激素，然后传递回大脑并影响不同神经元的放电活动。复杂的反馈回路会使神经递质和激素相互作用，神经递质控制激素的释放，激素则对神经递质的释放进行调节。这些反馈回路也可能包括免疫系统，因为脑细胞也含有细胞因子受体，细胞因子是免疫系统细胞如巨噬细胞（macrophages）所产生的蛋白信使（protein messengers）。

激素是如何影响神经元放电的呢？神经元的内部处理依赖大量输入信息，包括神经递质、激素和生长因子（Brown，1994）。所有这些都是第一信使（first messengers），通过第二信使（如 cAMP 分子）激活蛋白质，从而产生细胞内信号，然后激活特定的蛋白质激酶（酶）来发挥第三信使的作用。激酶磷酸化蛋白质是第四信使，促使细胞内的细胞膜通透性和蛋白质合成发生变化。这些变化影响了神经元的放电能力，并因此影响神经元放电的速率和模式。此处的关键是，神经元是否放电以及由此促成的神经网络计算不仅仅是提供突触输入的神经元的作用，而且还受大量产生激素的其他细胞的影响。因此，大脑的拓扑要比纯粹的电学模型复杂得多，电学模型中人工神经元的输入只有激活和脉冲电位序列。

激素的化学作用可以产生远距离影响，但是相邻的神经元之间也存在非突触连接。细胞黏附分子不仅将分子结合在一起形成组织，而且在细胞间传递信号，从而影响细胞的发育（Crossin et al.，2000）。宋（Song，1999）等发现了神经连接蛋白，这是一种突触细胞黏附分子，不仅使神经元彼此建立突触联系，而且使信号直接从突触后神经元传递回突触前神经元。人们认为这种逆向信号传导对学习很重要。逆向信号传导的其他分子机制已得到确定。突触后神经元还可以通过诸如一氧化氮和一氧化碳等气体或肽激素将化学信号传递回突触前神经元（Lodish et al.，2000）。一氧化氮是一种小分子，易于扩散并影响许多神经元，极大地扩展了神经网络的计算拓扑结构，超越了突触连接。科赫（Koch，1999）推测，由于一氧化氮的扩散："突触可塑性单元可能不是单个突触，而是神经网络学习算法所假设的相邻突触构成的突触组，这使得学习规则更为强劲，尽管不那么具体。"

神经元放电也受到神经胶质细胞的影响，在形式上，神经胶质细胞的作用是聚合神经元。大脑中神经胶质细胞的数量比神经元多10~50倍，它影响着神经细胞的连接形成和放电活动。胶质细胞释放的一种因子使传递神经元对电信号的反应更容易释放其化学信使（Pfrieger et al.，1997）。受到刺激的神经胶质细胞释放钙，引起周围的神经胶质细胞也释放钙，从而产生扩散信号（Newman et al.，1998）。钙波（calcium wave）在神经胶质细胞中释放谷氨酸，这直接影响到邻近神经元的放电活动。

总之，激素、一氧化氮和神经胶质细胞的行为表明，大脑网络的拓扑远比仅仅基于突触连接的电学模型所表现的拓扑复杂。非突触化学信使的作用也会影响神经元的时间模式，这不足为奇。

神经调质的时间效应

激素会影响神经元的放电速率（Brown，1994）。性激素会增强某些神经元的电活动并抑制其他神经元的电活动。例如，雌激素可以调节多巴胺和血清素的释放。因此激素可以减缓或加快神经元放电。许多神经元分泌内啡肽和催产素等神经肽。与标准的神经递质不同，这些分子释放于突触区之外，产生的作用会持续数小时或数天（Lodish et al.，2000）。因此，神经肽的时间效应在范围上与上述神经递质短暂的效应有很大不同。

因此，相比于仅含有神经递质的计算系统，我们推测包含神经调质的计算系统具有丰富的时间行为，而且我们已发现不同神经递质会导致不同的时间属性。因此分子与神经网络的时间行为相关。

情 感 认 知

关于这一点笔者的一般论点是，我们有理由认为神经化学对于心理计算具有重要作用，但笔者尚未说明任何受神经化学影响的特殊心理计算类型。几乎没有直接证据表明，问题求解所包含的顶级心理计算与特定的神经递质和神经调质相关。然而，有大量证据表明这些神经调质对情感很重要，而且也有证据表明情感对问题求解和学习有很大影响。我对这两部分证据进行了考察并得出结论，即使是最具认知能力的心理功能也要受制于我们对神经化学的理解。化学过程对情感和问题求解具有积极和消极的影响。

情感与神经化学

潘克塞普（Panksepp，1993）简要回顾了情感以及神经化学对情绪的控制，包括神经递质如何与特定情绪相联系的实例。谷氨酸盐是大脑中最常见的兴奋性神经递质，会引起攻击性的暴怒和恐惧反应。阻断杏仁核中的 NMDA 受体可以消除恐惧反应。抑制性神经递质 GABA 可以控制焦虑感。去甲肾上腺素影响知觉唤醒，其作用在剧烈的情绪反应（如恐吓）的情况下尤为突出。多巴胺与积极情绪相关，腺苷是一种天然的安眠药，其作用容易被弱的情感强化剂（如咖啡因）限制。

神经调质在特定情感中也扮演着重要角色。促肾上腺皮质激素释放因子（corticotropin-releasing factor）所产生的应激反应对恐惧或焦虑等情感有重要影响。催产素有利于孕妇分娩并增强了其接受感和社会归属感，而且有助于性满足。精氨酸加压素（arginine vasopressin）受睾酮（testosterone）控制会激起男性的挑衅行为。大脑中的雌激素受体与女性的性行为、敌对行为（态度）以及情感态度有关（Brown，1994）。许多其他肽类也影响情绪行为。

有关神经化学影响情绪和情感的其他证据来自药物的医疗效果研究，这些药物针对特定的神经递质（Panksepp，1998）。盐酸氟西汀（百忧解）类的药物可以治疗抑郁症，延长血清素和多巴胺等神经递质的突触可用性，抑制单胺氧化酶（MAO）的药物可以治疗抑郁症，在神经递质释放后对其进行降解。治疗精神分裂症的抗精神病药物通常会抑制多巴胺的活性。大多数抗焦虑药与提升 GABA 活性的特定受体相互作用，而新型药物通过与血清素受体的相互作用来减轻焦虑。新一代治疗精神病的药物正在研发，以解决诸如贪食症等问题，这些问题可能是由神经肽的不平衡引起的。

因此，我们有充分的理由相信，理解人类的情感需要考虑神经调质对思维的作用。所有神经化学与理解情感意识的本质相关。幸福、悲伤、恐惧、愤怒、厌恶等情感皆从大脑活动中涌现，尽管我们尚未理解这一机制，但是神经化学物质影响情感的各种方式表明，情感意识不可能只产生于大脑的电活动。下文讨论人工智能时将回归这一主题。

认　　知

有人可能认为，即使化学解释与情感相关，但它们并不影响诸如问题求解、学习和决策等核心认知过程。然而，越来越多心理学和神经科学的证据表明，认知和情感不是各自独立的系统，情感是人类认知的内在组成部分（Dalgleish，1999）。我们需要用一本书的容量来考察这些证据，但此处笔者仅叙述几个情感影响认知的典型实例。

艾森（Isen，1993）广泛考察了有关积极情感影响决策的文献。积极情绪的存在可以在记忆中暗示积极的物质，使人们更容易接触到这些想法。只有积极的情感可以为当前问题的相关情境提取线索（retrieval cues）。积极的情感也可以提升人们在解决问题和谈判过程中的创造力，以及决策的效率和彻底性。情感积极的人在对材料进行分类时更为游刃有余，并能发现不同项目之间更多的相似之处。昆达（Kunda，1999）报告称，小礼物或沁人心脾的音乐对情绪的影响已被证明能够影响人的许多判断，包括对个人能力的评估，对生活总体的满意度，以及对政治领导人素质的评估。情感也可能影响我们的认知策略：心情糟糕的人更有可能利用复杂、系统的处理策略。人们发现，幸福增加了我们对社会陈规定型观念的依赖，而悲伤的人们会减轻对消极陈规的依赖。因此，分类、问题求解以及决策等认知功能都受情感的影响。

阿什比、艾森和图尔肯（Ashby et al.，1999）提出了有关积极情感如何影响认知的神经心理学理论。他们提出积极情感与大脑中多巴胺水平的增强相关，它能提升认知的灵活性。本章的许多读者都熟悉咖啡因的作用，它可以增强人们解决问题的能力，这是由于咖啡因阻断了抑制性神经递质腺苷的传递（Brown，1996）。相反，乙醇可以通过对兴奋性神经递质谷氨酸的受体，包括对学习很重要的 NMDA 受体进行抑制来扰乱心理功能。（更可喜的是，乙醇通过结合 GABA 受体并增强其抑制作用可以减轻焦虑，同时通过提升大脑奖赏中枢的多巴胺水平和释放内啡肽来产生兴奋感。）

人们可能认为，将情感从决策中移除就会改善决策过程，但是达马西奥（Damasio，1994）与其同事的神经心理学研究表明情况并非如此。脑部损伤切断了大脑新皮质中最重要的认知区域和杏仁核中最重要的情感区域之间的联系，这些患者基本无法做出有效决策，尽管他们的语言和数学能力不受影响。问题在于，他们已经失去了基于对他们真正重要的事情做出决定的情感驱动能力。贝沙拉（Bechara，1997）等发现，这一缺陷也使患者很难学会纸牌游戏任务，正常人在任务中无意识习得的策略能使其避免不良后果。

神经学对决策中情感作用的研究比较契合最近的心理学理论，后者发现单纯从认知角度解释决策存在某些缺陷。路文斯汀、韦伯、海斯及韦尔奇（Loewenstein et al.，2001）指出，许多心理现象包括判断和决策可以在不确定的情况下得到解释，即将人们的风险评估理解为内在情感。同样，菲纽肯等（Finucane et al.，2000）提出人类决策主要受他们所谓"情绪启发式"的影响。法律和科学思维本身也是情感化的（参见第 8 章，第 10 章）。

笔者提及的小部分证据反对传统心理学将认知和情感划分开来，驳斥了古代哲学对理性和激情的区分。但这足以说明，一般情况下认知中的情感与神经化学存在明确的相关性。如果人类的认知是心理计算，那么它是一种由大脑的化学和电学物质决定的计算方式。该结论对于非人计算机智能的发展前景具有重要意义。

人 工 智 能

克兹维尔（Kurzweil，1999）和莫拉韦茨（Moravec，1998）预测人工智能在未来几十年内与人类智能相匹敌。他们的预测基于计算机芯片的集成度、处理速度呈指数式增长，每 12~18 个月，计算机数据处理速度就可以翻一倍，这一情况已持续数十年之久。克兹维尔估计人脑的运算速度约为2000万亿次/秒，运算基于1000亿个神经元，每个神经元具有1000个连接和每秒200次计算的慢放电速率。假设芯片的集成度、运算速度继续呈指数式增长，那么数字计算机的运算速度将在2020年左右达到2000万亿次/秒（数量为10^{15}）。

然而，大脑的分子化学机制表明，这样估算大脑的计算能力在质量和数量上都非常具有误导性。如果我们认为大脑中处理器的数量不仅是神经元的数量，还包括脑中蛋白质的数量，那么我们得到的数字是10亿乘以1000亿，或10^{17}。即使将每一个蛋白质视为单独处理器的做法是不合理的，我们依然可以从上文的讨论明显地看出，大脑中计算元素的数量不只是10^{11}或10^{12}个神经元。此外，对激素和其他神经调质的讨论表明，与计算相关的因果联系的数量远多于每一神经元上千个的突触联系。笔者不知道如何估算含有激素受体的神经元数量，这些激素受体可能受分泌激素的单个神经元或激活激素分泌腺的神经元影响，但是数量肯定十分巨大。如果大脑内蛋白质的数量是一百万，而且如果将每一脑蛋白都视为一个微型处理器，那么大脑的运算速度大约为10^{23}次/秒，远远超过克兹维尔所预测的2020年可达到的10^{15}次/秒的运算速度，尽管低于他预测的2060年的计算机的运算速度。因而从数量上看，数字计算机似乎和克兹维尔和莫拉韦茨估算的人类大脑的原始计算能力相差甚远。

此外，智能不仅仅是原始计算能力的问题，而且要求计算机具有强有力的程序以产生预期的操作任务。Macintosh G4 笔记本电脑可以在几秒钟内进行 $2^{100\,000}$ 次计算，同等时间内人类只能计算 2^5 次，但是计算机缺乏能够理解语言和解决复杂问题的程序。克兹维尔和莫拉韦茨意识到编写数十亿或数万亿行的代码的软件是一项艰巨的任务，这些软件能够使未来的超高速计算机接近人类的认知能力，但是他们轻率地认为进化算法（evolutionary algorithms）可以使计算机开发自己的智能软件。进化计算使用的算法部分基于人类遗传学，这的确是软件开发的一种有效方式（Koza，1992），但目前有所限制，因为人们需要为演化程序（evolving programs）提供适应性标准，即最大限度地利用遗传算法。在人类中，不同的状态的评价是由情感提供的，情感指导我们学习和解决问题。计算机目前缺乏这种内在的、生物学动机，因此可以预见计算机难以利用非常规方式解决它所遇到的问题。也许可以开发出这样的软件，它具有类似于情感的功能，但是和人类情感系统的复杂性相比（基于大量神经递质和神经调质），目前对于情感的计算研究还非常有限。目前人工智能研究领域再次对情感产生了兴趣，然而研究人员将其视为符号或电子现象而非化学现象。人类情感的复杂性基于神经系统、激素系统以及免疫系统之间的循环交互作用，也许人们很难理解编程，而且使人类研发的软件进行演化也十分复杂。

这并不意味着人们无法开发出特殊领域的高智能计算机。人工智能可能在数量和质量上难以复制人脑，但是智能计算机有可能借助其他方式开发出来，正如 IBM 将灵敏的软件和运算速度极快的计算机芯片组合，设法打造出世界上最好的国际象棋选手。但是，我们不应该期望以这种方式开发的计算机会具备人类所有的心理能力，我们当然也不能期望它具有任何类似于人类意识的东西，笔者认为人类意识与人类情感具有内在联系，因此也与我们大脑中特殊的化学物质相关。

结　　论

笔者认为神经化学对于心理计算的重要性并不意味着心智的计算模型必须处于分子层级。正如笔者之前所述，模型类似于地图，不同的目的利用不同层次的细节。高阶推理的符号模型，以及具有和没有脉冲神经元的神经网络模型已证明有能力解释认知的许多方面，笔者毫不怀疑地认为它们将持续有效。认知科学从不同领域和方法的组合中受益良多，不同研究人员在不同层级探讨这一问题，即如何理解心灵和智能。

笔者不建议放弃认知科学利用的计算建模技术，不过显然更多分子层次的研究有可能增进我们对心灵的理解。例如，细想巴拉和延加（Bhalla et al., 1999）对化学路径的涌现特性所做的计算研究，包括横跨多个时间尺度的信号集成以及自我维持的反馈回路。在分子层次对大脑活动进行计算建模可能发现额外的涌现特性，对于理解目前认知科学中最为棘手的问题（如情感意识的起源）具有重要意义。因此在不放弃传统的关注点和方法的情况下，就像当前的生物学和医学一样，也许是时候让心理学和心灵哲学的研究进入分子层次了。

第 2 部分
情感认知的应用

8 为什么O.J.没有被定罪？法律推理中的情感连贯性

导 论

1995年，O.J.辛普森（O.J.Simpson）因谋杀前妻尼科尔·布朗·辛普森（Nicole Brown Simpson）及其朋友罗恩·戈德曼（Ron Goldman）而受审，两人身上有多处刀伤。结果令许多人大跌眼镜，陪审团认定辛普森无罪并对判决做了诸多解释，从陪审团的情感偏见到控方的无能，不一而足。当然，也有可能陪审团根据提供的证据理性地判决辛普森无罪，毋庸置疑。

本章评估了四种相互竞争的心理学解释，即为何陪审团要做出这样的判决：

1. 解释的连贯性 陪审团认定辛普森无罪，因为他们认为其犯罪并无合理之处，而合理性是由解释的连贯性决定的。

2. 概率论 陪审团认定辛普森无罪，因为他们认为其犯罪的可能性不大，而概率由贝叶斯定理计算得出。

3. 愿望思维 陪审团认定辛普森无罪，因为他们在情感上对他有偏见，想判他无罪。

4. 情感的连贯性 陪审团认定辛普森无罪，因为情感偏见和解释连贯性之间存在交互作用。

笔者描述的计算模型详细模拟了陪审员基于解释和情感连贯性的推理过程，并证明后一种解释最为可信。将模型运用于辛普森案例需要扩展笔者先前的情感连贯性理论，引入解释连贯性判断的情绪偏差。社会心理学家区分了"热"和"冷"认知，不同之处在于前者涉及动机和情感（Abelson, 1963; Kunda, 1999）。上述前两种解释涉及"冷"认知，第三个基于愿望思维的解释仅仅包含"热"认知，但我更青睐情感连贯性解释，它说明了"热"认知和"冷"认知如何紧密结合。

解释的连贯性

乍一看，辛普森谋害其前妻的证据是压倒性的。凶案发生后不久，他搭乘飞机前往芝加哥，并携带着一个现场消失的西装袋，里面可能装有凶器和沾满血迹的衣物。去辛普森家里的警察在他车内发现了血迹，与辛普森本人和罗恩·戈德曼的血迹相吻合。警察在辛普森家的后院发现了一只沾满血迹的手套，与在现场发现的手套是同一副，并且在其卧室发现一只沾有血迹的袜子。辛普森手上有割伤，可能是与试图自卫的受害者搏斗中造成的。在犯罪现场的大门附近也发现了辛普森的血迹。此外，这起谋杀案有一个貌似合理的动机，因为辛普森在婚后曾对妻子实施了家暴，有报道称，在他们离婚之后，辛普森嫉妒所有与尼科尔约会的男子。

许多人依据所有这些证据断定辛普森有罪。解释连贯性理论是理解判断的一种方式，笔者提出这一理论目的在于解释科学家如何评价相互矛盾的理论，但也将其应用于法律或其他类型的推理（Thagard, 1989；Thagard, 1992；Thagard, 1999；Thagard, 2000）。根据该理论，如果假定是辛普森杀害了尼科尔，那么这就会将支离破碎的证据和竞相解释证据的冲突假设之间的整体连贯性予以最大化。解释连贯性理论可归纳为以下原则，笔者会另作详细讨论（Thagard, 1992；Thagard, 2000）。

原则 E1：对称性　连贯性是一种与条件概率不同的对称关系。也就是说，两个命题 P、Q 彼此对等。

原则 E2：解释　（a）假设与其解释内容相一致，既可以是证据，也可以是另一种假设；（b）共同解释一些其他命题的假设彼此相关；（c）解释某物所利用的假设越多，其相关度就越低。

原则 E3：类比　类似的假设可以解释类似的相干证据。

原则 E4：数据优先　描述观察结果的命题本身就具有一定程度的可接受性。

原则 E5：矛盾　矛盾的命题彼此不一致。

原则 E6：竞争　如果 P 和 Q 都解释某一命题，而且若 P、Q 的解释无关，那么 P 和 Q 彼此不一致。（如果一个命题可以解释另一个命题，抑或两个命题共同解释某事，则 P、Q 的解释相关）

原则 E7：接受　命题系统中某一命题的可接受性依赖于该命题与其他命题之间的连贯性。

我们在计算模型 ECHO 中实现了解释连贯性理论，该模型精确地说明了如何计算连贯性。假设和证据由单元表征，即高度简化的人工神经元，相互之间具有兴奋性和抑制性链接。当两个命题连贯时，就像一个假设解释了一个证据一样，那么这两个表征的单元之间就会有一种兴奋的联系。如果两个命题彼此不一致，或者是因为两者互相矛盾，或者是因为两者竞相解释某些证据，那么两个命题间存在抑制性链接。我们可以利用标准算法在单元之间传播激活，直至它们状态稳定，其中一些单元具有正激活，表示接受单元表征的命题，而其他单元则具有负激活，表示拒绝单元表征的命题。因此，人工神经网络的算法可将解释连贯性予以最大化，其他类型的算法亦如是（Thagard et al.，1998；Thagard，2000）。

图 8.1 显示了解释连贯性的结构，说明为什么辛普森可能被判有罪。他是凶手这一假设解释了为什么尼科尔·辛普森和罗恩·戈德曼会死亡，为什么在犯罪现场的大门发现了辛普森的血迹，为什么他的车内有血迹，为什么在他家的后院发现了一只沾满血迹的手套，以及为什么他的袜子上沾有血迹。此外，有关辛普森为什么杀害尼科尔还有一种解释，就是他过去对尼科尔的虐待和嫉妒。在计算模型 ECHO 中，数据优先原则 E4 是通过直接将激活扩散到表征证据的单位来实现的，在这一过程中，激活扩展到表征辛普森是凶手的假设的单位。鉴于图 8.1 所示的输入信息，ECHO 激活了该单元并判定被告有罪。

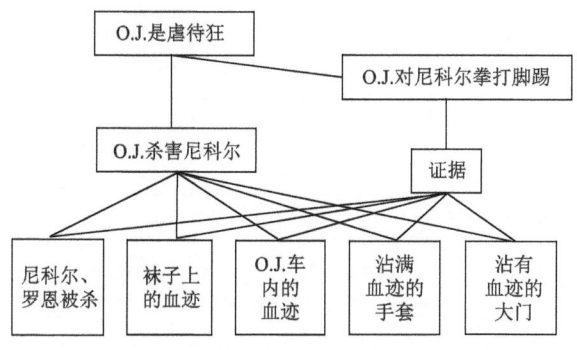

图 8.1　部分证据支持 O.J.辛普森杀害前妻这一假设
实线表示相干关系

在刑事审判中，14 位律师组成的一流律师团队代表辛普森出庭，他们需要使陪审团相信，在辛普森是否有罪这一问题上存在合理的疑点。他们意识到，需要对辛普森涉嫌谋杀的确凿、毁灭性的证据进行另类解释。根据席勒和威尔沃森（Schiller et al., 1997）的说明，辩护律师熟知陪审员判决的描述模型（Pennington et al., 1992; Pennington et al., 1993）。在这种模式下，陪审员的判决基于控方或辩方对案件情况的描述是否令人信服。辛普森的主要辩护律师之一，约翰尼·科克伦写道（Cochran et al., 1997）：

> 无论评论员怎么说，审判不是对立律师之间的斗争，而是对立的案件描述（stories）之间的斗争……陪审团需要某个案件描述，可以将他们连续质问的证词和证据嵌入该描述的大纲。

伯恩（Byrne, 1995）认为，陪审员推理的描述模型可看作解释连贯性理论的一个实例，更为完整和严谨地说明了某一描述比另一描述更合理之处。根据解释连贯性理论，辩护律师开始提出并支持解释谋杀案和其他证据的假设，并利用它与辛普森有罪的假设相抗衡。

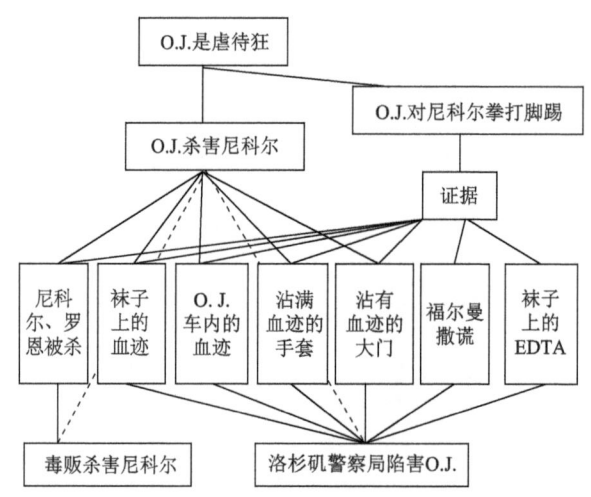

图 8.2　关于辛普森案件庭审中对立描述的扩展型解释连贯性分析
实线表示相关联系，虚线表示相互竞争的假设之间的不相关联系

辩护律师的第一项任务是重新解释杀害尼科尔·辛普森和罗恩·戈德

曼的凶手。根据尼科尔的吸毒史，律师们推测她是被毒贩所杀，并认为相关证据会支持这一解释，因为警方在凶案发生后立即进行了彻底的调查。为了解释辛普森与凶案现场相关的间接证据，包括沾有血迹的汽车、手套和袜子，辩方声称这些物品是洛杉矶警察局警官事先准备的，目的是陷害辛普森。在一个强有力的法医专家小组的帮助下，律师们查明洛杉矶警察局的刑警和法医专家在调查过程中存在违规行为。例如，其中一位刑警——菲利普·瓦纳特携带着辛普森的血液样品溜达了数个小时；而从辛普森身上提取的一些血液却不翼而飞。经过深入调查，辩护团队发现相关证据证明马克·福尔曼是一名狂热的种族主义者，据称是他在辛普森家的后院发现了沾有血迹的手套，与他在证人席上的声明相反，福尔曼经常使用"黑鬼"（Nigger）一词，并在过去吹嘘自己陷害黑种人，特别是与白种人女性交往的黑种人。

图 8.2 表示辩方对案件的部分解释连贯性分析。尼科尔和戈德曼被毒贩杀害的假设与辛普森是凶手的假设相冲突。很遗憾，辩方未能发现任何支持这一假设的实质性证据。但是他们利用洛杉矶警察局嫁祸辛普森这一假设，非常有效地对血液证据做了另类解释。辛普森试图在法庭戴上那只沾有血迹的手套，但手套似乎并不合他的手。警察在持有袜子几个星期之后才发现上面的血迹。辩方专家在袜子的血迹上发现了浓度很高的螯合剂（EDTA），即用于 O.J.辛普森和罗恩·戈德曼血液样品中的抗凝剂（一种化学物质）。福尔曼和其他刑警有充足的机会栽赃辛普森，而且福尔曼具有这样做的种族主义动机。

图 8.2 所示的假设和证据的复杂性利用"冷"认知合理地解释了陪审员判定辛普森无罪的原因。也许，鉴于证据以及所有相竞争的假设，陪审员发现辛普森不是凶手的情节描述更为连贯。然而，如果将图 8.2 中与证据、假设和解释对应的信息输入程序 ECHO，它接受辛普森是凶手这一命题而拒斥另一种假设，即毒贩是凶手。有趣的是，ECHO 也接受了辩方极力主张的假设，即洛杉矶警察局试图陷害辛普森。坦率地讲，笔者认为辛普森有罪而且被诬陷这一结论是很合理的。

陪审团没有发现更多的证据论证辛普森是凶手这一假设。由于程序方面的原因，ECHO 没有接受有关证据，即在犯罪现场辛普森的汽车内发现了异常纤维。审判结束几个月后，人们在照片中发现辛普森有一双 12 码的类似于布鲁诺·马格利的鞋的休闲鞋，它在犯罪现场留下了血迹斑斑的脚印。但是即使没有这些额外的证据，ECHO 对解释连贯性的评估也接受了辛普森是凶手这一假设。与陪审团不同，ECHO 判定辛普森有罪。因此鉴于图 8.2 所示的证据和解释，解释连贯性未能说明陪审团没有将他定罪的原因。

当然，陪审团在不同的解释网络（不是图 8.2 表示的解释网络）中也可能具有不同的心理状态，图 8.2 表明，辛普森无罪这一假设与最连贯的情节相符。此外，陪审团也有可能认为证据证实了他的罪行，但是没有超越合理的怀疑范围。法律学者艾伦·德肖维茨（Alan et al.，1997）也是辛普森辩护团队的一员，他认为警方和检方的无能为陪审团的结论留下了余地，即辛普森的罪行存在合理的怀疑。另外两名辛普森的律师——科克伦（Cochran，1997）和夏皮罗（Shapiro，1996）也表示，陪审团怀疑控方的诉讼是合理的。三名陪审员基于合理怀疑表述了他们的结论（Cooley et al.，1995）。

从解释连贯性理论的角度来看，合理怀疑可能被视为将连贯性予以最大化的一个附加约束条件，它要求关于犯罪的假设必须比无罪假设更为合理。在 ECHO 中，无罪推定可以通过将关于有罪的假设作为数据的对立面来建模，从而抑制了它们的激活，以便要求它们所表征的假设只有在连贯性的压倒性要求时才能实现。事实上，图 8.2 中对网络的模拟，以及对代表辛普森是杀手的单元的抑制，如果抑制超过 0.065，则可以拒绝该假设，这要比数据的默认 0.05 激发值更强。因此笔者倾向于认为，陪审员的判决有利于辛普森不是仅仅基于解释连贯性以及合理怀疑，随后笔者将提出证据证明他们的决定还基于情感。然而，首先有必要考虑另一种对陪审团裁决的"冷"认知解释，这种解释基于概率论而不是解释连贯性。在本章的末尾，笔者考察了有关合理怀疑的情感连贯性解释；另见下文第 9 章。

概 率 论

也许，在辛普森案件的审判中，陪审团推断、认定他犯下这一罪行的现有证据的概率不足以给他定罪。鉴于已有证据，辛普森有罪的条件概率（conditional probability）P（有罪/证据）原则上可由贝叶斯定理计算，该定理表明给定证据之假设的后验概率（posterior probability）P（H/E），是假设的先验概率 P（H）、给定假设之证据的可能性 P（E/H）以及证据概率 P（E）（此处可能是作者遗漏——译者注）的函数：P（H/E）=P（H）×P（E/H）/P（E）。为了计算 P（有罪/证据），我们需要知道辛普森有罪的先验概率、以辛普森犯有谋杀罪的假设为前提下的庭审中的证据概率，以及证据的概率。某些法律学者（Lempert，1986）认为，陪审员确实而且应该利用这种概率推理。

很明显，我们难以得到这些概率。如果将概率客观地解释为涉及群体的频率，那么相关概率是不确定的，因为我们不知道将概率与命题（如辛普森犯有谋杀罪）相联系所需要的相对频率。因此，主张将概率论应用于复杂推理的人们（通常称为贝叶斯信徒），必须依赖概率的主观概念（即可信度）。但是将这种对概率的解释应用于法律也是漏洞百出，因为没有人支持这一观点，即陪审员的可信度（degrees of belief）符合概率的演算法则。事实上，有相当多的心理证据证明人的可信度违反了概率论定律（Kahneman et al.，1982；Tversky et al.，1994）。

即使我们假设利用概率衡量可信度是合理的，但将有意义的概率和判断的各种命题相联系存在着很大的现实问题。除了解释连贯性，我们还可依据基于因果关系的条件概率解释图 8.2。人工智能领域的许多复杂工作与概率因果网络（通常称为贝叶斯网络）中的概率计算相关（Pearl，1988；Neapolitan，1990）。为了计算概率如 P（O.J.杀害尼科尔），贝叶斯网络需要大量条件概率，如 P（O.J.车内的血迹/O.J.杀害尼科尔）以及 P（O.J.车内的血迹/O.J 没有杀害尼科尔）。辛普森案件的陪审员们不知道这些概率可能附有的价值观念，而且没有一位专家考虑到这一点。概率论是处理群体中频率问题的一种非常有价值的工具，但是应用其处理因果推理的心理状态却是异想天开。

而且，罗纳德·艾伦（Ronald et al.，1991； 1994）指出，概率论和贝叶斯推理在许多方面并不适合法律实践。例如，如果存在两个独立的假设 H1 和 H2，那么 P（H1&H2）总是小于等于 P（H1）和 P（H2）。在审理案件的过程中，控方的许多主张必须被共同评估。这些假设结合的概率通常会降至 0.5 以下，因此一个精于概率的陪审团，似乎永远不会有充足的理由将任何人定罪。此外，没有人在概率框架内对合理怀疑做出貌似合理的解释，它是美国和其他国家刑法的基础。"超越合理怀疑"是指某人犯罪的概率必须大于 0.6 而非 0.5 时方能定罪，或者是指有罪概率与无罪概率的比值必须远远超过1，抑或是别的什么。笔者在前文对合理怀疑作了解释连贯性的说明，但是下面将更全面地分析情感连贯性在法律推理中的应用。

对图8.2所示的12节点网络作全面的概率分析需要计算$2^{12}=4096$次概率，但是通过假设表示命题的真值或假值的每一变量独立于其他大部分变量，贝叶斯网络简化了概率计算。图8.3表示由JavaBayes建构的贝叶斯网络，JavaBayes是科兹曼（Cozman et al.，2001）发明的一种复杂、方便的贝叶斯模拟器。图8.3的网络与图8.2中的连贯性网络结构相同，只是前者的链接（links）是单向的，表示条件概率而非连贯性。每个节点表示一个变量，它具有真或假两个可能值。箭头号通常表示因果关系：例如，辛普森的虐待本性可能是他杀害尼科尔的原因，反之则不然。这一解释的例外情况是，将O.J.－杀害－尼科尔与毒品－杀害尼科尔的替代解释联系起来。该链接不是因果联系，但是某些或概率联系必须予以表征，从而显示这些假设之间推测的不兼容性。从O.J.－杀害－尼科尔那里得到了链接，而不是因为这样做减少了所需的条件概率，下文解释原因。

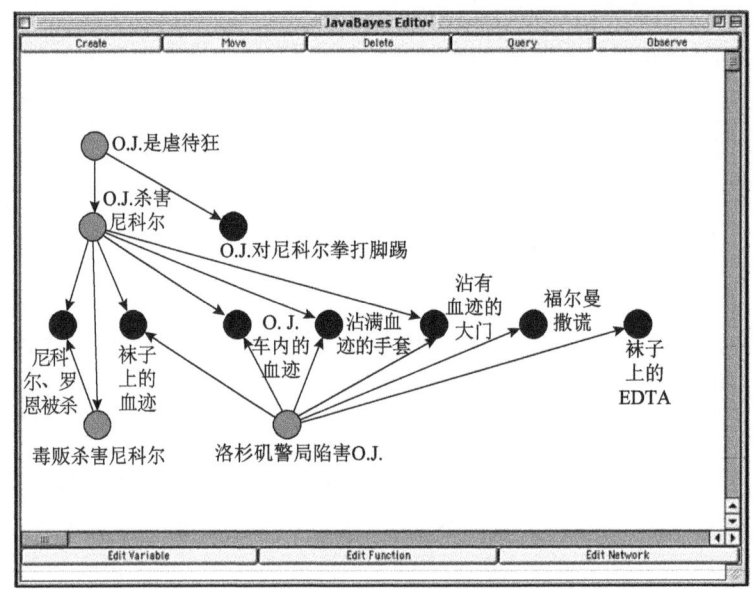

图8.3 利用JavaBayes程序生成的贝叶斯网络（Cozman，2001）
黑色节点表示观察到的变量，灰色节点表示解释变量，链接表示条件概率

然而笔者并未在 O.J.－杀害－尼科尔和 LAPD－陷害之间标明链接，在笔者看来，这两者在概率上是独立的。ECHO 认为陷害假设与 O.J.－杀害－尼科尔无关，不是因为两者在逻辑上不相容，而是因为它们对证据（如沾有血迹的袜子）的解释相互矛盾。如果要两个假设之间建立联系，JavaBayes 需要有关 P（O.J.－被陷害/O.J.－杀害－尼科尔）、P（没有－O.J.－被陷害/O.J.－杀害－尼科尔）、P（O.J.－被陷害/没有－O.J.－杀害－尼科尔）以及 P（没有－O.J.－被陷害/没有－O.J.－杀害－尼科尔）的数值。笔者不知道这些概率应该是什么，逻辑概率抑或是心理概率？

在利用 JavaBayes 创建网络后，需要嵌入概率值，以计算解释变量的概率，在这一案例中需计算 O.J.－杀害－尼科尔、毒品－谋杀以及 LAPD－陷害的概率。我们标记了某些具有观察值的变量：图 8.3 中所有的黑色节点表示观察值为真的变量，所以 P（谋杀）＝1。对于有 n 条箭头指向的节点，我们必须详细列举 2×2^n 个条件概率。列举图 8.3 中网络的 60 个概率比列举完整的联合分布要容易得多，但这仍然是一项艰巨的任务。

我们首先考虑 O.J.－杀害－尼科尔的条件概率。JavaBayes 需要 P（O.J.－杀害－尼科尔/O.J.－虐待成性）、P（O.J.－杀害－尼科尔/非－O.J.－虐待成性）、P（没有－O.J.－杀害－尼科尔/O.J.－虐待成性）以及 P（没有－O.J.－杀害－尼科尔/非－O.J.－虐待成性）。在对婚内虐待和谋杀的频率进行反思之后，我插入了以下数字：0.2、0.01、0.8、0.99。无论从逻辑还是心理方面，很难为这些数字辩护，尽管它们捕捉到了这一直觉，即如果辛普森具有虐待本性，那么他更有可能杀害尼科尔。即便需要 8 个条件概率，详细说明谋杀节点仍是比较容易的，因为谋杀给予 O.J.－杀害－尼科尔或毒品－谋杀的概率都为 1。但是我们难以列举有关沾有血迹－袜子节点的条件概率：你也许会认为 P（沾有血迹－袜子/O.J.－杀害－尼科尔和 LAPD－陷害）的数值较高，但是对于 P（未－沾有血迹－袜子/没有－O.J.－杀害－尼科尔和 LAPD－陷害），你估计的数值是多少呢？经过反复思考，笔者在这一变量和其他变量之间插入了一些充其量只是猜测的数字。

在插入所有条件概率后，笔者利用 JavaBayes 查询不同变量，从而以证据为前提计算后验概率。其结果并不高：P（O.J.－杀害－尼科尔/证据）＝0.72，P（毒品－谋杀/证据）＝0.29，而 P（LAPD－陷害/证据）＝0.99。JavaBayes 与 ECHO 一样认为辛普森存在过失，而且他是被陷害的。笔者认为最后一个概率过高，但如何变更网络和概率值才能改变这一情况，笔者还不清楚。

由于 JavaBayes 在图 8.3 的输入下得出的结论与陪审团不同，我们判定该网络不是模拟陪审员思维的正确模型。当然，他们可能有一组不同于笔者提出的变量和条件概率。构建因果网络比构建 ECHO 的解释网络容易，然而即使对于比大多数陪审员更为了解概率的人而言，提出 60 个条件概率值仍然非常困难。因此，解释连贯性提供了一个更为简便且合乎心理状态的"冷"认知说明，阐明了陪审员如何做出决策。然而，这两种说明似乎都不足以解释陪审员的想法。

总之，即使这是一个理性决策，它仅基于给定证据的各种假设的合理性。人们仍会怀疑贝叶斯分析辛普森案件中陪审团决定的适用性，这样的怀疑存在心理学和法律依据。更为明显的是，概率论无法解释涉及情感和动机的"热"认知在辛普森案中的可能作用。

愿望思维

大量证据表明，陪审员的情绪偏见可能促使他们决定无罪释放 O.J. 辛普森。辛普森的律师聘请一位陪审团顾问进行了一项民意调查，她发现 20% 的人认为辛普森是无辜的，而 50% 的人不愿意相信辛普森有罪（Schiller et al.，1997）。随后该顾问对 75 人进行了深入细致的调查，发现中年黑种人女性是辛普森最为坚定的支持者。这与辩护律师的预期背道而驰，他们曾认为黑种人女性会对 O.J. 辛普森与白种人女子结婚产生不满，但是结果发现，在重点关注的群体中，几乎每位中年非裔女性都支持辛普森并且厌恶被害人！因此，辩护团队开始让中年黑种人女性尽可能多地影响陪审团。进一步的民意调查发现，200 名非裔美国人中只有 3% 的人认为辛普森有罪，44% 的人表示曾经不止一次地遭到洛杉矶警方的不公正对待。最引人注目的是，有 49% 的离婚黑种人女性希望辛普森被无罪释放。

当审查委员组成包括 8 名黑种人（绝大部分是中年妇女）在内的陪审团时，辩护方欣喜若狂。与他们打动非裔美国女性的策略一致，辩方从辛普森的女儿和母亲的辩词开始辩护。新闻节目的民意调查也发现，非裔美国人，尤其是女性倾向于相信辛普森是无辜的。巴格鲁斯（Bugliois，1997）报道称，《洛杉矶时报》对洛杉矶地区黑种人的一项民意调查显示，75%的人相信辛普森是被陷害的。心理学实验也发现，相比白种人，黑种人认为辛普森无罪的可能性更高（Newman et al.，1997）。

黑种人与白种人态度的差异可能在一定程度上基于不同的个人经历：相比于白种人，洛杉矶的黑种人居民可能目睹或听闻过更多人们遭到警察陷害的情况。但也有理由相信，审理辛普森案件的某些陪审团成员在情感上偏向于判定其无罪。最极端的情况是，人们可能会认为，面对所有指明辛普森犯罪的证据，他们的判决只是一厢情愿的想法：陪审团认定辛普森无罪的原因在于他们想这么做。解释连贯性、概率论和其他"冷"认知因素对陪审员的决策毫无作用，他们的判决是基于对辛普森的情感依附（emotional attachment）和将其无罪开释的动机。

然而，假设陪审员的决策只是一厢情愿的问题实在是难以置信。许多陪审员倾向于辛普森，辩护方当然不能只依靠这一事实；相反，辛普森的律师们集中展示了洛杉矶警察局在收集和保护证据方面的无能，而且福尔曼这样的警官有动机和条件诬陷辛普森。某些陪审员可能在情感上倾向于对辛普森无罪开释，但如果铁证如山，他们就不会这么做。其中一位陪审员在审判结束后说道，如果她知道没有在案件审理时呈现的证据，她会投票判决辛普森有罪（Bugliosi，1997； Cooley et al.，1995）。如果存在更有力的证据指控辛普森，而且如果指控洛杉矶警察局的案件不是那么有力，那么陪审团很可能会判定辛普森有罪，尽管对其存在情感依附。其中一位陪审员凯莉·贝丝在电视上说道（Bugliosi，1997）："对不起，如果控方以不同的方式陈述案件，辛普森毫无疑问是要认罪的。作为一个黑种人女性，这会伤害到我。但作为一个人，我必须去做我责无旁贷的事情。"

这种评估与心理学对动机推理的研究相一致。昆达（Kunda，1999）对心理学实验结果的概括如下：

动机会影响我们的判断，但我们无法单凭自己的想法随意得出结论。即使我们想各自得出结论，我们的动机也是理性的，并为我们所期望的结论进行辩护以说服没有偏见的旁观者。只有获得足够的证据支持才能得出我们所期望的结论。尽管我们尽全力做到客观和理性，然而动机可能会歪曲我们的判断，因为我们的目标可能会使辩护建构过程本身出现偏差。

这一结论得到了大量实验结果的支持，即人们受到现实的制约，使他们无法相信任何他们想要相信的事情（Kunda, 1990; Sanitioso et al., 1990）。因此，辛普森案的陪审员可能开始便具有情感的偏见，想将其无罪开释，但这种动机可能本身并不充分。相反，陪审员的情感态度与控辩双方提出的证据和解释之间必须存在相互作用。我们可利用情感连贯性理论对之进行解释。

情感连贯性

人们在做出判断时，不仅会决定相信什么，还会在情感方面进行评估。例如，相信人的决定部分是基于对他们的计划和个性的纯粹认知推断，但也包括对他们的情感态度（Thagard, 2000）（见第 6 章）。情感连贯性理论能够解释：人们关于相信什么的推断如何与有关人、事物、情境的感觉生成相结合。根据该理论，除了被接受或拒斥的认知状态，诸如命题和观念的心理表征，都具有所谓效价的情绪状态，基于某人对表征的情感态度可分为积极效价和消极效价。例如，就像人们可以接受或拒斥辛普森是凶手这一假设，人们也可以依据自己对假设的评价来付之以积极或消极的效价。

扩展 ECHO 使表示命题的单元具有了效价和激活，计算模型 HOTCO 由此实现了情感连贯性理论。在 HOTCO（Thagard, 2000）的初始版本中，计算某一单元的效价基于所有与之相联系单元的激活和效价。因此，效价会受到激活与情绪的影响，但反之则不然：HOTCO 能够使认知推理（如基于解释连贯性的推理）影响情感判断，但不会让情感判断扰乱认知推理。HOTCO 及其具体表现——过度理性的情感连贯性理论，可以解释相当广泛的认知-情感判断（包括信任及其他心理现象），但却不足以解释似乎已在辛普森案中出现的推理方面的情绪偏差。

因此，笔者对 HOTCO 作了调整，允许效价使激活产生某种偏差。例如，请考虑"O.J.是好人"这一命题。我们可以认为该命题具有某一激活，表示命题的接受度或拒斥度，但也可以认为该命题具有与某人对辛普森的情感态度相对应的效价。谓词"好"既包括事实陈述，也包括（对辛普森的）评价。因此，命题"O.J.是好人"的效价自然会影响自身的激活。有关解释和情感连贯性的技术细节笔者会在第 3 章的附录予以说明。

现在我们以一种自然的方式模拟陪审员在辛普森案件中的情感偏见。图 8.4 在图 8.2 的基础上增加了与命题"O.J.是好人"以及"LAPD 是公正的"相对应的单元。基于个人的情感偏见，这些单元可能具有与之相关的积极或消极效价。例如，似乎许多黑种人陪审员对辛普森的情绪态度比较积极，而对洛杉矶警察局的情绪态度则很消极。因此在图 8.4 中，"O.J.是好人"与扩展效价的效价单元之间是积极链接，而"LAPD 是公正的"则是消极链接。这些单元的激活不仅是它们的激活输入的函数，而且也是它们从效价单元接收到的效价输入的函数。因此，"O.J.是好人"趋于活跃，而"LAPD 是公正的"则趋于钝化。然后这些单元会影响网络中关键假设的激活，即"O.J.是凶手"以及"LAPD 陷害辛普森"。"O.J.是好人"与"O.J.杀害尼科尔"之间的链接必然是消极的，因此对辛普森的积极评价会阻碍人们接受辛普森杀害前妻这一假设。同样，对 LAPD 的消极评价也会支持辛普森是被陷害的这一假设。图 8.4 所示的网络中"O.J.是好人"和"LAPD 是公正的"的效价链接，系统设定值为 0.05，在该网络上运行的 HOTCO 2 与陪审团一样拒斥这一结论，即 O.J.杀害了尼科尔。

但是情感连贯性不仅仅是一厢情愿的主张，因为其假设推理在某种程度上基于认知方面的考量，而不只是情绪的偏见。如果我们利用 LAPD 陷害辛普森这一假设消除辩方对证据的解释，从而改变刚才描述的模拟过程，那么 HOTCO 2 会认定辛普森有罪。如果解释连贯性强烈支持某一结论，那就能够克服对结论的情绪偏见。这与辛普森案件中陪审团的论点非常吻合，即如果证据更有力，他们就会裁定辛普森有罪。效价影响激活，但不起决定性作用。情绪偏见要求情绪态度和证据协调一致，而不仅仅是想当然。

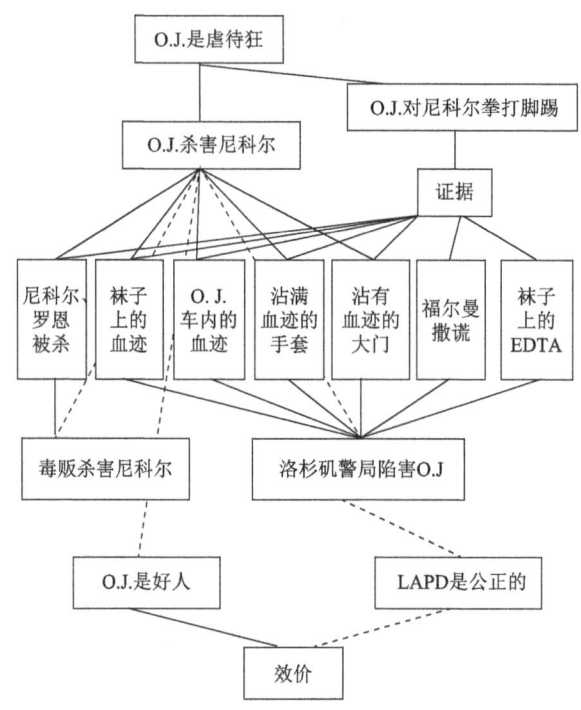

图 8.4　辛普森案件的情感连贯性分析
粗线表示效价链接。与其他链接一样，实线是兴奋性链接，虚线是抑制性链接

　　因此对于为什么 O.J. 没有被定罪这个问题，最合理的答案似乎是，陪审员的决定基于情感连贯性，这种情感连贯性结合了情绪偏见与对证据的不同解释的评估。鉴于控方描绘的案件漏洞百出，而且辩护律师巧妙地提出了替代解释，陪审员必然会顺着情绪偏见而判定辛普森无罪。更为强力的证据可能会克服陪审员无罪开释辛普森的这一意向。

　　情感问题似乎完全不适用于有罪或无罪的判罚，笔者将在结论中证明，笔者刚才所描述的那种情绪偏见通常不应成为法律判决的一部分。但在刑事诉讼中，只有在排除合理怀疑之后，仍显示被告有罪的情况下才能定罪，在笔者看来，合理怀疑更多的是一个价值问题，而非事实问题。法律实践认为，将罪犯无罪开释与冤枉无辜者的严重性是不同的。这牵涉到公平，而不是事实或概率的问题。法律的目的不仅是查明真相，还包括实现公平公正。HOTCO 2 借助表示赦免无辜者的单元来实现合理怀疑，该单元具有积极的效价和激活。然后，对于任何有关被告有罪的假设（如辛普森杀害尼科尔），HOTCO 2 都加以抑制。当 HOTCO 2 运行无罪的单元来抑制表征罪恶感的单元时，它发现支持辛普森无罪的偏见较少，而不是要求做出无罪的判决。如果这种合理怀疑的解释是正确的，那么对有罪和无罪的判断就合乎逻辑地涉及情感和解释连贯性。

陪审团决策中的情感连贯性同样解释了法律实践的另一方面，如果陪审团仅利用"冷"认知会很令人费解。根据加斯特（Just，1998）的观点，英美法律体系试图保护被告人反对陪审团不合理审议的一种方法是：排除不利影响超出自身证明价值的证据。如果陪审团过分重视这一证据，或者证据可能在陪审团内部引起对被告的某种情感反应，从而歪曲了冷静、理性的陪审团裁决，那么该证据可能具有偏见。依据 HOTCO 2 模型，如果证据以某种方式将消极效价附于被告，即怂恿其接受自己是有罪的这一假设，那么这项证据就具有偏见。

笔者认为，陪审团的心理过程涉及情感和解释连贯性，这是对辛普森被无罪释放的最合理解释。在尼科尔·辛普森与罗恩·戈德曼的父母发起的民事诉讼中，陪审团的决定是什么呢？陪审团在这次审判中认定辛普森存在过失并赔偿受害者数百万美元（Petrocelli，1998）。民事审判与刑事审判之间存在若干差异，这有助于我们解释不同的结果。首先，在民事审判中，除了合理怀疑之外不存在任何举证责任，所以陪审员只需确定支持辛普森无罪这一假设的证据优势（preponderance of evidence）。其次，辛普森的辩护律师避免了检方在刑事审判中所犯下的诸多错误，如传唤具有明显种族主义倾向的刑警福尔曼作证。再次，民事审判过程更多的证据为人所知，特别是那张显示辛普森穿着布鲁诺·马格利鞋的照片。最后，与洛杉矶市中心进行的刑事审判相比，在圣莫妮卡进行的民事审判选择了不同的陪审人员。尼科尔·辛普森和罗恩·戈德曼家属的辩护律师敏锐地意识到了黑种人女性对辛普森的偏见，并且设法组成了一支由大多数白种人男性所组成的陪审团，其中仅包括一名黑种人女性（Petrocelli，1998）。因此笔者推测，民事审判的陪审员之所以得出结论，是因为他们与刑事审判中的陪审员有着不同的情感偏见，同时也因为辛普森一案具有更大的解释连贯性，而且不用克服合理怀疑。

情感连贯性的心理学根据

笔者认为，对陪审员决策的情感连贯性解释要比单纯的"冷"或"热"认知解释更为合理，但是没有直接的证据表明陪审员的心理过程涉及情感连贯性。但是，最近两项心理学研究的结果表明：人们的推理涉及认知与情感的约束满足，这已在 HOTCO 2 模型中实现。

韦斯滕等在 1998 年时任美国总统克林顿的丑闻期间进行了三项调查。所有这三项研究都发现，人们关于克林顿有罪或无罪的信念与他们对相关情况的了解没有太大关系，但他们对民主党人、共和党人、克林顿、地位显赫的风流男性、女权主义和不忠行为的感觉强烈地预示了这一信念。韦斯滕等认为，人们对丑闻的推理涉及认知约束（资料）和情感约束（感觉、充满情绪的态度以及动机）的组合。显然，他们的观点与上述的情感连贯性理论相一致，而且 HOTCO 2 可用于模拟人们在韦斯滕等的研究中的推理活动。

图 8.5 表示高度简化的 HOTCO 2 模拟结构，模拟了韦斯滕等首次研究的核心部分，即凯瑟琳·威利指控克林顿曾对自己进行过性骚扰。需要评估有关克林顿犯有性骚扰罪这一假设，这说明了威利指控克林顿的原因。与之相矛盾的假设，即克林顿没有对威利性骚扰可以解释他为什么声

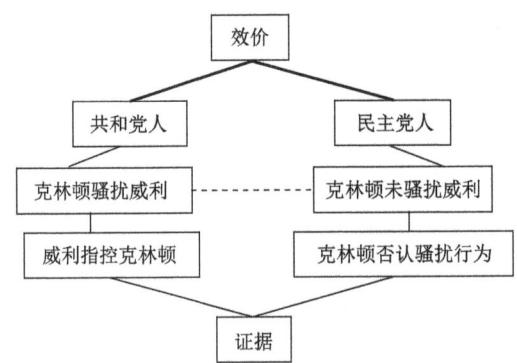

图 8.5 克林顿是否骚扰凯瑟琳·威利之评估中的情感连贯性
粗线是效价链接，共和党人与民主党人的态度决定链接的积极或消极属性

称自己是无辜的。在图 8.5 中笔者没有列入其他可能的解释，如威利出于政治原因提出指控，而克林顿否认指控的原因只是出于维护自己的声誉。图 8.5 中的证据完全平衡，因此解释连贯性程序 ECHO 发现：克林顿性骚扰威利以及克林顿没有这样做这两个相互矛盾的假设都可被接受——都得到了低程度的激活。

然而，HOTCO 2 的结论却截然不同，这依赖于民主党人或共和党人的支持与否，即通过接收效价单元传递的积极效价。如果民主党人通过兴奋性的效价链接而得到支持，那么民主党评价单元就会接收到积极的效价与激活，这就抑制了克林顿有罪这一假设的激活，因此程序的结论是克林顿没有性骚扰威利；如果共和党人通过兴奋性的效价链接而得到支持，那么共和党评价单元便会接收到积极的效价与激活，从而支持激活克林顿有罪这一假设。因此，HOTCO 2 的行为模拟符合韦斯滕等的发现，即情感态度预示着人们对有罪与无罪的判断。韦斯滕等的研究对象显然比单纯的 HOTCO 2 模拟要具有更多的价值观和信念，但它足以说明认知和情感约束的组合如何产生了人们有关克林顿的诸多推理。和对辛普森案的模拟一样，HOTCO 2 不是单纯的一厢情愿，因为如果它获得了大量不利于克林顿的证据，那么即使 HOTCO 2 具有支持民主党的情感偏见，它也会判定克林顿有罪。

辛克莱和昆达（Sinclair et al., 1999）所描述的刻板印象激活（stereotype activation）研究给予了情感连贯性更多的经验支撑。他们发现，被黑种人称赞的参与者会倾向于抑制消极的黑种人刻板印象，而被某个黑种人批评过的参与者则会将消极的刻板印象施于对方，并认为其无能。根据辛克莱与昆达的观点，参与者的目的在于保护自己的正面形象，这使得他们抑制或激活了消极的黑种人刻板印象。另一项研究发现，被女性教授给予低分的学生也具有类似的反应：学生利用女性的消极刻板印象来评价给予他们低分的女性教授，认为她们不如同样给出低分的男性教授（Sinclair et al., 2000）。

图 8.6 表示 HOTCO 2 有关实验的简化模拟结构，与在实验中进行表扬和批评的个人获得的评价结果大相径庭。在没有任何证据表明评估是优或劣的情况下，程序认为评价者胜任或无能这两种主张都是可以接受的。然而，积极评价与自我提升的动机相结合会使人们从正面评判评价者和黑

种人，而消极评价与自我提升的结合则会使人们从负面评判评价者和黑种人。在图 8.6 所示的模拟中，"我很好"的单元积极效价支持激活单元：准确评价，即激活合格的负责人这一单元并抑制了黑种人的刻板印象。HOTCO 2 因此说明了目标（如自我提升）的情感依附如何使思维产生偏差。因此，情感连贯理论所假设的认知和情感约束满足相整合的心理机制似乎具有心理的现实性。

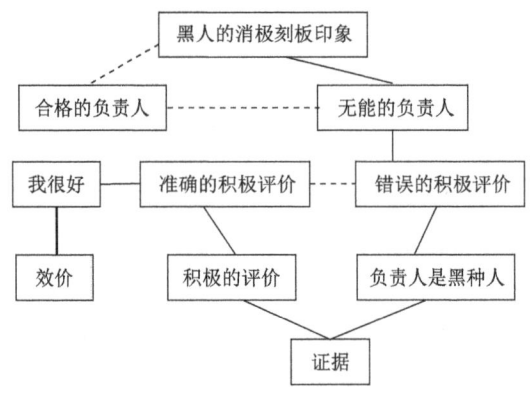

图 8.6　证据联系与效价联系积极地抑制了黑种人的消极刻板印象
实线是兴奋性链接，虚线是抑制性链接

HOTCO 模型的局限

尽管 HOTCO 模型能够模拟心理学的实验结果以及现实生活中的法律判决，但很明显，它只模拟了认知和情感交互的一小部分。情感连贯性理论完全异于一般的情感理论。该理论和计算模型都主要处理积极和消极效价，因而忽略了多种不同类型的积极和消极情绪。例如，不同的人对辛普森案具有不同的情绪反应：为辛普森的无罪开释而高兴，或为马克·福尔曼的撒谎感到愤怒，或为尼科尔的死而感到悲伤。HOTCO 利用整体连贯性或非连贯性模拟幸福和悲伤的一般反应，但它没有具体说明指向特定对象的具体情感是如何产生的。相比之下，纳伯和斯帕达（2001）的 ITERA 模型能够将悲伤与愤怒区分为对事件的情感反应。HOTCO 与 ITERA 都无法区分人们所感受到的羞耻感和自豪感等种种其他情感。情感连贯性理论无意替代评价理论，后者概括地说明了对事件和情境的不同评价如何引发不同的情绪（Scherer et al., 2001）。相反，情感连贯性理论具体说明了一些可能具有评价能力的计算机制。第 4 章讨论了联结主义模型、动态系统理论以及评价理论之间的某些关系。

从生物学的角度来看，HOTCO 模型的许多方面都过于简单化。它利用局部主义的表征（localist representations），即利用一个独立单元表征某个完整的概念或命题，而不是分布式表征，即多个神经元共同表征复杂概念或命题。HOTCO 单元之间的扩散激活相互对称，没有真实神经元的单向活动和脉冲行为。此外，HOTCO 并不试图模拟神经的解剖组织，例如，大脑特定部位（如新皮质与杏仁核）神经元的排列方式。因此，布兰登·瓦格与笔者提出了一个更为精确的神经学模型，以模拟情感与认知之间的交互作用（Wagar et al., 2004）（详见第 6 章）。然而到目前为止，HOTCO 模拟还具有另一个局限：即它只模拟单个陪审员的思维过程，而忽视了属于群体决策的社会交往。有关科学家如何达成共识的计算模型见萨伽德的观点（Thagard, 2000）（详见第 7 章），以及第 5 章的社会模型部分。

结　　论

尽管存在这些局限，情感连贯性理论仍从心理上合理地解释了陪审员无罪开释 O.J.辛普森这一决策。笔者所考虑的两种"冷"认知解释基于解释连贯性理论和概率论，却没有考虑情感，这似乎是陪审员心理过程的一部分。但陪审员也没有全然一厢情愿：他们的情感偏见与解释连贯性的考量相整合，产生的判断部分是基于情感，部分是基于证据的。

我们观念中的陪审员应该是什么样的？陪审员应该是公正的，对于被告不存在任何情感偏见。因此陪审员的偏见会影响到他们对证据的解读，这一说法似乎不那么合理。如果真相是法律审议的目标之一，而且如果情感偏见会妨碍陪审团获得正确答案的话，那么情感对证据评估和解释性假设的影响则不具有合理的规范性。此外，如果公平也是法律审议的目标，且情感偏见会使有关当事人遭到不公正对待，那么情感连贯性的情绪部分似乎更不可取。当情感偏见受到公平关切（fairness concerns）的影响，情感似乎只是连贯性判断中具有适当规范性的部分，正如笔者对合理怀疑的解释，与惩恶相比，笔者更为重视赦免无辜者。

然而，笔者并不是想把情感从法律思维中排除出去。即便是科学思维也渗透着情感（见第10～12章），而且期望陪审员完全排斥情感反应似乎不切合实际，因为它是人类思维不可消除的一部分（Damasio，1994）。我们所能希望的就是在陪审团的选择过程中应当注意：不要挑选具有强烈情感偏见的陪审员，并且包括检察官、被告方与首席法官在内的审判应该重视证据和替代性解释而非情感诉求。陪审员的决策仍然是一个情感连贯性问题，但相对于基于解释连贯性的竞争假设的可接受性的理性评估，情感成分将是次要的。根据波斯纳（Posner，1999）的观点："公正的法官比他人的'情绪化'程度要弱这一结论会产生误导。只是他们在工作中利用的情感与适合于个人生活及其他职业环境中的情感有所不同。"对情感连贯性理论的进一步研究应有助于我们理解情感如何能够增强而非削弱法律推理和其他推理的质量。

9 何为怀疑，它何时合理

导 论

笛卡儿声称:"不得不承认，我之前的所有观点都不是无可怀疑的"（Descartes，1964）。因此，他采用了普遍怀疑的方法:"既然我现在的目标是完全投身于追求真理，那么我必须做完全相反的事，拒绝承认任何完全错误以及我有丝毫怀疑的东西，以便观察最后是否会留下一些令我无可怀疑的东西"。同样，其他哲学家也对外部世界信念的合理性、他心与道德法则的存在提出质疑；哲学的怀疑主义由来已久（Popkin，1979）。

怀疑概念不只专属于哲学，它在法律体系中也发挥着核心作用，陪审员被告知不要宣判被告有罪，除非其罪证超越了合理怀疑。然而令人惊讶的是，对于合理怀疑与不合理怀疑之间的区别，法学理论和法律实践的观点并不一致。福斯特（Faust，2000a）报道了一场"论战风暴"，意在阐明"合理怀疑"一词正确的法律含义，并提供了有大量注释的参考书目。

本文的目的在于提出:①作为认知-情感心理状态的描述性怀疑理论；②怀疑在何种条件下可视为合理的规范性理论。在论述关于怀疑的哲学解释之后，笔者认为怀疑是情感不连贯的表现，并在哲学、法律和科学的语境下为说明怀疑的合理与否提供了整体的解释框架。

冷怀疑与热怀疑

社会心理学家将认知区分为"冷"认知与"热"认知，后者包括与个人目标和动机相关的情感（Kunda，1999）。同样，笔者将怀疑区分为冷怀疑和热怀疑，后者涉及对情感和认知命题的态度。大多数哲学家和法学家已经讨论过"冷"认知，但是笔者同意查尔斯·皮尔士（Charles Peirce）的热怀疑立场，即将怀疑视为某一命题态度，而且情感是该命题的核心部分。我们首先来考察冷怀疑。

内森·萨尔蒙（Salmon，1995）对名词"怀疑"的定义如下：

A 怀疑 $p =_{def}$（A 不相信 p）或（A 悬搁有关 p 的判断）

A 不相信 $p =_{def}$ A 相信非 - p

A 悬搁有关 p 的判断 $=_{def}$ 非 - （A 相信 p）和非 - （A 不相信 p）

萨尔蒙承认这一定义与规范用法不同，它不要求相信者理解某一命题，而且使其有意识地在命题及其否定命题之间进行选择。根据他的定义，对于任何命题 p，总有 A 相信 p 或 A 怀疑 p。这一结果很奇怪：意味着某人会相信或怀疑一个自己甚至从未考虑过的命题，如纽芬兰有一百多万棵树。萨尔蒙对怀疑的定义也未考虑伯特兰·罗素（Russell，1984）的观点，他认为怀疑"暗示踌躇和犹豫，以及信与不信的交替更迭。"对于萨尔蒙和罗素而言，怀疑完全是一种认知现象而非情感现象，是信与不信的问题。

同样，詹妮弗·福斯特（Faust，2000b）在讨论法律中的合理怀疑时也假设怀疑是纯粹的认知问题。她区分了两种产生合理怀疑的怀疑观：

S 怀疑$_1$ $p =_{def}$ S 相信非 - p。

S 怀疑$_2$ $p =_{def}$ S 不相信 p。

S 合理地怀疑$_1$ $p =_{def}$ S 具有充足理由相信非 - p。

S 合理地怀疑$_2$ $p =_{def}$ S 没有充足理由相信 p。

福斯特提出了一个有说服力的实例，即一些合理怀疑的普遍法律指导错误地混淆了怀疑的两种意义，因此陪审员断定，有充分的理由相信被告无罪，只有在这一情况下方能判定被告无罪（"怀疑"与"合理怀疑"的意义 1）。只要没有充足的理由相信被告有罪就可以将其无罪释放（意义 2）是更为合适的法律指导。对于萨尔蒙和罗素而言，福斯特的怀疑是一个"冷"认知问题。

查尔斯·皮尔士在 19 世纪 60～70 年代提出了另一种热门的怀疑概念。皮尔士批判了笛卡儿的怀疑方法，认为普遍怀疑不过是自欺欺人："不要在哲学中试图怀疑我们心中本无可置疑的东西"（Peirce，1958）。皮尔士认为，信念是我们引导欲望、调整行为的思维习惯。怀疑不仅仅是信与不信的问题，而是一种产生追问的恼怒，即努力达到相信状态。笛卡儿式地质疑一个命题的练习并不能激发心智在信仰之后挣扎，它需要"真正的、活生生的怀疑"。根据皮尔士的观点，"怀疑产生的刺激激发了思想行为，而这种刺激在获得信念之后便停止了"。怀疑不是内部操作的结果："真正的怀疑总是具有外在的根源，一般源于惊奇。"对于皮尔士来说，怀疑与增长知识的目标和动机密切相关，与包括恼怒、兴奋以及惊讶在内的情感状态也有着紧密的联系。怀疑是一个"热"认知问题。

作为情感非连贯性的怀疑

笔者认为皮尔士对怀疑的说明比萨尔蒙的冷怀疑说明更能切中真实怀疑的本质，但是皮尔士没有提出解释怀疑的普遍理论。首先，利用一些有关皮尔士所谓"真正的、活生生的怀疑"的具体实例可以明确需要解释的东西。笔者不会对怀疑概念做出定义，因为这样的分析总是徒劳无功。相反，笔者的目的是形成关于怀疑的心理状态的本质和因果起源理论。

以下是一些真正的哲学、科学及法律的怀疑实例：

哲学 许多学生在上第一节心灵哲学课程时都会惊奇地发现，这一领域的大部分研究都利用了某种形式的唯物主义，而他们的宗教观则认为存在超脱于死亡的非物质灵魂。学生们怀疑心灵就是大脑，而且非常担忧唯物主义可能会对他们的宗教信仰产生挑战。

科学 1983 年，医学研究人员听闻一位年轻的澳大利亚人巴里·马歇尔，他提出大多数消化性溃疡是由一种新发现的细菌所引起的，即现在的幽门螺杆菌（Helicobacter pylori）。研究人员强烈质疑马歇尔对溃疡病因的判断，并对一个初学者竟然提出如此荒谬的理论异常恼火（Thagard，1999）。

法律 1995 年，辛普森案件的陪审员们了解到有些证据被草草处理，而且案件中的一名刑警在很长一段时期是种族主义者。由于这些和其他原因，陪审员对辛普森谋杀前妻提出质疑，并迅速、踊跃投票将其无罪释放（第 8 章）。

在很多情况下，人们都会遇到和自己的已有信念相冲突的命题或命题集，而且在认知和情感方面都有所反映。这些情况与下文的心理和社会情境原型相符。请注意，提出这一原型不是为"怀疑"一词下定义，而在于说明怀疑的起源和特有性质。人们通常会在以下情境中怀疑某一命题：

1. 某人对命题做出断言。
2. 人们注意到该命题与其信念不一致。
3. 人们在意这一命题是因为它与人们的目标相关联。
4. 人们认为情感与命题相关。
5. 命题的相关性、主张和非连贯性的结合是情绪产生的原因。

下文将更详细地考察怀疑的各个方面。

在笔者叙述的所有三种情况中，怀疑都产生于他人的主张或断言：心灵是物质的、细菌会导致溃疡、O.J.是有罪的。但是他人的主张并不一定会产生怀疑。真正的怀疑有时候是由内而生的：我认为我的手套在大衣口袋里，但后来我突然想到自己忘记将手套放在那儿了。因此，皮尔士声称真正的怀疑总是存在某个外在根据，这一观点有些夸大其词，但是他大多数情况下都认为怀疑受外在影响，与内在的笛卡儿练习形成对比。他人的主张通常是怀疑的外部根据，如笔者在上述的原型中所提及的，但也有可能是与世界的交互过程，如科学家对数据的搜集使他们开始怀疑主流理论。在手套的例子中，我之所以怀疑手套在我的大衣口袋里，可能是因为我看到的某物使我想到自己把手套放到了别处。怀疑特有的外部根源对于怀疑所涉及的各种情感状态十分重要，如现实世界并不符合预期时人们产生的惊讶，或某人宣扬的主张与自己的信仰不一致时的苦恼。

怀疑总是涉及命题和某人其他信念之间的不一致性。根据连贯性理论，笔者在别处已经详述的约束满足用来解释非连贯性最为恰当（Thagard，2000）。这一理论中的推理是指在这些表征与其他表征相连贯的基础上对前者予以接受或拒绝。连贯性由表征之间的约束所决定，不同类型的约束和表征构成了六种连贯性：解释连贯性、概念连贯性、知觉连贯性、演绎连贯性、类比连贯性以及审慎连贯性。例如，在解释连贯性中，命题是表征，而且约束包含一命题解释另一命题时所产生的积极约束，以及两个命题相互矛盾或在解释上相互竞争时所产生的消极约束。我们依据命题在多个相互矛盾的约束条件下所能实现的最大满足程度来接受或拒斥命题，以此来评估科学、法律及日常生活中相互竞争的理论。存在各种算法可以将连贯性予以最大化。

如果连贯性的最大化过程不能使命题融入信念系统，那么该命题与人的信念系统不相符。若某个主张和人们已有的信念相冲突，则矛盾是非连贯性最为明显的根源。但如果一项主张的消极约束弱于矛盾，那么非连贯性会比较宽松。例如，在溃疡这一案例中，细菌引起溃疡这一主张和过量酸度引起溃疡的观点在逻辑上并不矛盾，但是医学研究人员仍将其视为相互竞争的假设。当某一假设与另外的假设相类似时，怀疑甚至会以类比的方式产生，如人们以前对冷核聚变并无把握。因此，备受质疑的主张与信念系统之间的非连贯性无须基于矛盾。有关怀疑的所有实例中都没有接受主张，因为这样做会削弱连贯性。

正如萨尔蒙区分了不相信和中止判断，我们可以对强非连贯性（命题被拒斥）与弱非连贯性（命题既未被接受也未被拒斥）加以区分。在最大化连贯性的联结主义（人工神经网络）算法中可以实现这一区分，其中表示命题的人工神经元的激活在1（接受）和–1（拒绝）之间变化，激活接近于0，表示既非接受也非拒绝。我们可以不接受怀疑，但不能拒绝怀疑，因为它可能涉及强或弱的非连贯性。

怀疑不需要有意识地识别非连贯性：我们可能会对某一命题感到焦虑，而根本不知道令我们不安的根源是什么。和大多数推理一样，大脑在无意识的情况下计算非连贯性，我们只能意识到某些结果。因此，注意到命题不符合某人的信念系统（上述原型的第二类情况），不需要有意识地去想"我无法相信它，因为它与我的其他信念不符"，只需对这一观点表现出消极的情绪反应。我的怀疑原型中的第三方面假设，人们只怀疑他们所关心的命题，即关心命题与他们的目标在实践与认识方面的相关性。真理和理解是认识的两个主要目标，后者通过统一解释而实现。如果你的目标包括获得真理和理解，那么那些颠覆你信念的人会让你感到异常愤怒。胃肠病专家对巴里·马歇尔有些恼火，因为在他们看来，马歇尔有关溃疡的观点是错误的，而且难以理解。但是个人的、实际的目标也会使人产生怀疑：如果某一主张有可能影响你的幸福感或自尊，那么你可能会积极地以批判的眼光加以审视。例如，刚接触哲学的学生可能会对唯物主义哲学产生强烈的怀疑，因为它可能会危及他们从宗教信仰中汲取的慰藉和社会关系，从而产生了一种动机推理（Kunda，1999）。实际目标不仅涉及个人利益，而且关系到人们的普遍福利或公平问题。我会在下文对合理怀疑作进一步讨论，科学与法律推理不只是为了获取真理。科学还具有一个实用目标：借助有用的技术提升人类的福利，如使用抗生素治疗溃疡。法律不仅要查明真相，而且要对被告进行公正的审判，在有其他证据证明其罪行之前假定它是无辜的。认知目标和实践目标必须与主张相关，因为没有必要浪费时间怀疑（甚至考虑）你不关心的主张。

怀疑的感觉与各种各样的情绪相关，其中绝大多数是消极的情绪。与怀疑相关的最温和的消极情绪包括皮尔士提及的恼怒和我提到的不安与不适。这些情绪可能过于模糊、不明确，我们甚至不清楚它们的对象是什么，如到底是什么让你恼怒，是产生怀疑的主张，还是这一主张的支持者？如果某个主张与你的信念系统不是毫不相符，那么很明显没有必要拒之于千里之外，尤其是如果这一命题与你的个人目标密切相关，那么接受命题与拒绝命题之间剑拔弩张的状态可能会让你产生焦虑。

强烈的消极情绪也与怀疑相关。如果有人提出的主张很不符合你的信念系统，而且与你的认识和实践目标密切相关，那么怀疑这一主张可能会让你陷入烦恼、愤慨甚至暴怒等情绪。人们对被提议的主张予以拒绝不仅是因为反感主张本身，而且厌恶主张的支持者。例如，质疑巴里·马歇尔的医学研究者称他是疯子且不负责任，并对他坚持捍卫自己的观点感到愤怒，研究者们认为这种说法荒谬绝伦。17 世纪的哲学家约翰·威尔金斯（Wilkins，1969）认为，怀疑是一种恐惧。这种说法一般是错误的，但在某些情况下恐惧有可能是怀疑的一部分，如科学家害怕新的数据可能会证明他们青睐的理论是错误的。

也存在一些怀疑与积极情绪相关的异常情况。假设医生告知你需要做心脏直视手术，但是你从网上了解到一种新药可以治疗你的病。然后你怀疑自己是否应该进行手术，并且一想到可以避免有风险的手术就感到高兴。在这一情况下，你很乐于怀疑自己是否需要进行手术。然而，如果你不确定采取哪种治疗方式，那么你可能会出现强烈的消极情绪（如焦虑），因为对于做不做手术你都有疑虑。

笔者的怀疑原型的五个方面并非以演绎的方式暗指笛卡儿与休谟式

怀疑是虚假的，因为这些方面是怀疑的典型特征而非必要条件。但是有关外部世界、他心和归纳问题的怀疑明显不适合原型。任何相信它们的人都没有严肃地提出这些主张，因其太过于空想从而不与任何人的目标相关，对这些主张的关注是一种理智活动而非情绪反应。我们现在具有因果网络的组成要素，该网络产生的情绪与怀疑相关。由于某些人的主张与你的信念不一致，而且和你的目标有关，因此你在情感上回应这一主张的同时，有时也会对主张者做出回应。怀疑是情感非连贯性的典型表现。

合 理 怀 疑

如果怀疑是与个人目标相关联主张的非连贯性所产生的认知-情感状态，那么合理怀疑是什么？这一问题在哲学、法律以及科学方面都很重要。在哲学中，我们可以追问笛卡儿、休谟以及其他怀疑论者在伦理学和认识论领域提出的怀疑是否合理。外部世界是否存在，未来是否会和过去一样，以及对与错之间是否存在客观的区分，这些怀疑都是合理的吗？由于实践和理论方面的原因，法律之中的合理怀疑问题一直困扰着人们。例如，加拿大最高法院最近推翻了若干有罪判决，理由是原审法官就有关合理怀疑的本质向陪审团做出了错误的说明。心理学实验发现，模拟陪审员是否决定判决被告有罪可能被陪审员所了解的合理怀疑的性质所影响（Koch et al.，1999）。在科学领域，不但有科学家质疑新近提出的理论是否合理这一认识论问题，而且还有何时可以合理怀疑科学技术应用的可取性这一实践论问题。例如，1983 年，有关溃疡细菌理论的真相和抗生素治疗溃疡的效果，胃肠病学家对两者的怀疑是否合理？笔者将对合理怀疑予以概括说明，它是情感非连贯性的真实表现，然后讨论合理怀疑在哲学、法律、科学以及技术领域的运用。

在笔者看来，怀疑的合理性既是认识论问题，也是实践论问题，它涉及关于真理和理解的认识标准以及关于幸福和公正的实践标准。为了与笔者在上一节提出的怀疑原型保持一致，笔者将明确指出，下列情况中对命题的怀疑是合理的：

1. 有人已对命题做出断言。
2. 我们所关注的命题与其他信念的不一致是基于对连贯性的合理评估。

第一个要求是，怀疑的倾向要求除质疑命题外的其他人对命题做出断言。这样便排除了皮尔士所取笑的那些幻想的、虚构的怀疑情况。第二个要求更为苛刻，要求每当人们因为某事与自己的信念不一致而产生怀疑时，他们便已经对连贯性进行了合理运算。

合理性取决于其所涉及的连贯性。解释连贯性与形而上学、法律以及科学的事实主张关系最为密切，合理性的必要条件包括：

1. 将现有的相关证据全部考虑在内。
2. 将所有可用的替代假设考虑在内。
3. 现有的解释性联系都可用于在假设和证据之间建立约束。
4. 约束最大化在有意识或无意识的情况下进行，产生了有关接受或拒斥哪些命题的连贯性判断。

根据这些合理性条件，如果人们对非连贯性做出判断时没有考虑所有可用的相关信息，那么怀疑可能是不合理的。人们很容易认为，如果能够对一组命题中的某个命题进行合理怀疑，那么整组命题便可以被合理地怀疑。但是从连贯性的角度来看，最好不要仅通过合取的方式组合命题。在法律和科学的真实案例中，由于解释关系（explanation relations），命题组通过相互联系可以形成整体，如某一假设解释另一假设或者两种假设共同进行解释。因此我们应坚持认为，如果人们对该组命题做出断言，以及人们所关注的命题组与其他信念的不一致是基于对连贯性的合理评估，那么对这一组命题的怀疑就是合理的。

这一讨论相当抽象，因此笔者将其与哲学、法律和科学方面合理与不合理怀疑的案例联系起来进行讨论。笔者认为哲学专业的学生最初对心灵的唯物主义理论的怀疑是合理的，至少最初是这样。他们参加的讲座或阅读的文献都断言灵魂不存在，而且这种观点确实与他们的宗教及形而上学的信念不相符。因为他们在意有关灵魂是否存在的理论根据与个人原因，面对唯物论主张，他们的情绪显得很消极（如不安）。当然，只有当他们了解到更多有关唯物主义和反对心身二元论的证据时，他们才会对连贯性进行合理计算，这样的怀疑依然是合理的。我个人的观点是，一旦考虑到所有可用的证据和解释，唯物主义比二元论的解释更为连贯（Thagard，2000）。但是学生们最初并未掌握所有可用的信息，所以他们的怀疑是合理的。相反，笛卡儿对"人是否存在"这一命题的怀疑是不合理的：没有人断言人是不存在的，而且该假设与其他信念并不一致。同理，休谟有关未来是否是过去的重复这一怀疑也是不合理的。这些哲学训练并不存在消极情绪，如果有人过于担忧自己是否存在，我们则认为他精神有问题。

在法律审判中，怀疑的合理性依赖于法律的调查方式。至关重要的是，刑事审判中"超越合理怀疑"的标准并不适用于民事审判，因为在民事审判中，陪审员的结论仅基于证据优势。英国传统的刑事审判具有一个重要方面：无罪推定。这显然与认识真理的目标无关：我们没有理由认为无罪的先验概率远大于有罪的先验概率，事实上，被逮捕后有罪的条件概率通常远高于无罪的条件概率。相反，坚持无罪推定是为保证审判的公正，而不只是像民事审判中原告与被告一样平等对待检方和被告，我们强烈认为无罪开释无辜者具有高度的道德价值。因为除了真相，公正也是刑事审判的目标之一，指控被告有罪所产生的消极情绪要比解释连贯性独自产生的情绪更为强烈。将无辜者定罪既是道德也是认识上的错误，并会引发众怒。

最后，我们考察科学和技术语境之下怀疑的合理性。我们假设科学怀疑是一个纯粹的认识论问题，但理查德·鲁德纳（Richard et al.，1961）却提出了具有说服力的相反观点：

> 由于科学假设从未被完全证实，因此科学家们在接受基于证据的假设时，所做的决定必须具有强有力的证据或极高的概率，以保证假设的可接受性。显然，通常在伦理意义上讲，我们判定证据和"强有力"的程度取决于接受或拒斥假设时所犯的错误是否严重。因此，我们举一个粗略却容易理解的例子，如果所考虑的假设声称某一药物的毒性成分不足以致死，那么在同意假设之前，我们需要高度可信的证据或确实性——依据我们的道德标准，此处犯错误会产生极其严重的

后果。相反，如果我们的假设表明，依照某些样品来看，一定数量的机印皮带扣是全部合格的，没有残次品，那么我们要求的置信度则相对较低。我们对于某一假设的确信度取决于假设所犯错误的严重程度。

因此，科学领域的怀疑在某种程度上可以使我们有效地规避仓促接受某一假设所产生的危害。在理论天体物理学中，风险的危害则微不足道，因此怀疑主要指向认知目标，但是怀疑在诸如医疗（与治疗患者相关）以及核物理学（与建设发电站及核武器相关）等领域可具有部分实际根据。正如对释放无辜者的担忧会加剧法律语境下的怀疑，关于避免技术危害的忧虑会加剧科学语境下的怀疑。

出于认识和实践方面的原因，医学怀疑都是合理的。当胃肠病学家第一次遇到溃疡的细菌理论时，他们的情绪反应十分消极，在某种程度上是由于这一理论不符合他们有关溃疡的病因以及胃中不存在细菌的信念，也因为他们担心人们会受到不适当的治疗。在 1983 年，他们对巴里·马歇尔的观点进行怀疑是合理的，因为那时几乎没有证据表明细菌会引起溃疡，以及杀灭细菌便可以治愈溃疡。然而到了 1994 年，精确的研究结果表明，通过正确组合抗生素已经治愈了许多人的溃疡，所以情况发生了巨大变化。此时，相关医学信息的连贯性要求接受溃疡的细菌理论，所以怀疑是不合理的。

许多认识论专家认为，理性信念的确定是一种盖然性而非基于连贯性的过程，因此合理怀疑取决于某个主张的可能性。例如，戴维森和帕吉特（Davidson et al., 1987）对有罪判决提出了三个要求：

1. 在有证据的情况下犯罪的概率过高。
2. 概率所依据的证据非常可信。
3. 相对于任何可能的证据，犯罪的概率是高度弹性的。

但为什么概率论不适合于理解合理怀疑，这是有充分理由的。

第一，法律、科学以及哲学语境下的概率解释都存在问题。显然，基于证据的犯罪概率并不是客观、统计学意义上的概率，如人口学中的频率；我们没有任何数据可以使我们在一次特殊审判中说被告将在这类审判中犯下特定比例的罪行。所以概率要么是从未被明确定义的某种逻辑联系，要么是一种主观的信念强度。

第二，大量心理学证据表明：人的信念强度并不遵循概率计算规则（Kahneman et al.，1982；Tversky et al.，1994）。许多心理学实验表明，人们对命题的置信度往往不符合概率论的规则。概率论是 17 世纪才出现的一项相对较新的发明（Hacking，1975）。然而即使没有概率论，人们几千年来也一直在对不确定性做出判断。相较于概率论，连贯性理论为非统计的人类推理提供了更为合理的描述性和规范性解释。

第三，概率论常与法律的实践和目标相正交。科恩与伯恩斯坦（Cohen et al.，1990）认为，高概率甚至不是判定某人有罪的必要条件，后者要求满足一些必须遵循的法律准则，以保证被告从无罪推定中获益。艾伦（Allen，1991；Allen，1994）描述了许多方法，与概率解释相比，法律审判中的审议更适用于连贯性解释。

第四，在现实生活中，为什么概率论难以计算法律和其他领域的案例存在技术方面的原因。在涉及多个命题的情况下，不可能进行完整的概率计算，因为完整的联合分布（joint distribution）的规模随着命题数量呈指数增长。人们已经研发出强力工具来计算贝叶斯网络中的概率，但这要求比通常更多的条件概率以及有力的独立性假设（难以满足）。在法律和类似的情况中，概率计算比基于约束满足最大化的连贯性计算要困难得多（Thagard，2004）。因此与低概率相比，非连贯性作为合理怀疑的基础更为合理。

第五，概率不能提供理解合理怀疑的基础，因为它和情感没有直接联系。笔者认为怀疑是一种心理状态，通常包括不安和恐惧等消极情绪，而概率判断是单纯的认知。相比之下，连贯性判断通常会产生积极情绪，如满足感甚至是美感，而非连贯性判断则会引起焦虑等消极情绪（Thagard，2000）。如果怀疑是情感的不连贯，那么必定会存在更多的合理怀疑，而不仅仅是概率计算。

结　　论

本文提出了几种有关怀疑及合理怀疑本质的新颖观点，并为之进行了辩护。首先，怀疑不只是信与不信的"冷"认知问题，而且还包括对所作主张的激烈情感的反应。其次，怀疑的基础不是某个主张的低概率，而是该主张与思想者的信念和目标的非连贯性，通过多种条件之间的并行满足，以具有心理实在性的方式计算连贯性。概率计算不能使怀疑变得合理，但是连贯性可以计算。它考虑了基于所有可用的证据、假设和解释以及其他关系的约束条件。合理怀疑是情感非连贯性的真实表现。

10 激情四射的科学家：科学认知中的情感

导　论

本章讨论情感对于科学探寻的认知作用，包括对假设的论证和探索。詹姆斯·沃森（James Watson）描述了他与弗朗西斯·克里克（Francis Crick）发现 DNA 结构的过程，说明了积极和消极情感对科学思维的作用。笔者的结论是：情感是科学认知的重要组成部分。

自柏拉图以来，大多数哲学家都在理性和情感之间划出了一道清晰的界限，认为情感会干扰理性而且无法做出任何正确推理。在《斐德罗篇》中，柏拉图将灵魂的理性部分比作一名必须控制战马的车夫，而战马表示灵魂的情感部分（Plato，1961）。今天，科学家往往被视为理性的典范，而且人们通常认为科学思维独立于情感思维。

但是目前认知科学领域的研究对情感和理性相互对立的观点形成了日益严重的挑战。越来越多的认知心理学和神经科学的证据表明：情感与理性思维密切相关（Damasio，1994；Kahneman，1999；Panksepp，1998）。这一章的目标在于将上述研究予以扩展，并描述情感在科学思维中的作用。如果连科学思维在本质上都是情感的，那么理性和情感之间的传统区分则完全站不住脚。

本章的开头是一个历史案例研究。在詹姆斯·沃森的著作《双螺旋》一书中，他回顾了 DNA 结构的发现历程。与典型的枯燥而又具有较强学术性的传记或自传不同，沃森对 20 世纪最重要的发现之一所涉及的人物进行了丰富的刻画。笔者将对沃森在书中提及的情感进行全面的考察与分析，并利用沃森书中的内容和其他科学家的引文来解释情感在科学认知中的作用。笔者说明了科学研究在三种语境下的重要作用：研究、发现和辩护。最初，诸如求知欲、兴趣和惊奇等情绪在追求科学观念的过程中发挥着举足轻重的作用。而且，每当调查研究取得成效并有所发现时，兴奋和愉悦等情绪就会涌现出来。即使在第三种语境——辩护中，情感也在承认某一理论的过程中发挥着重要作用。好的理论因其表述形式的美感与优雅而被大众认可，这是情感反应伴生的美学价值。

DNA 结构的发现

1951 年，詹姆斯·沃森还是剑桥大学一位年轻的美国博士后研究员。他遇到了弗朗西斯·克里克，一位已经年过三旬的英国研究生。两人都对遗传学有着浓厚的兴趣，他们开始共同协作来确定 DNA 的分子结构，并弄清它在基因运作中的作用。奥尔比（Olby，1974）和贾德森（Judson，1979）全面介绍了他们研究工作的思想历程。笔者所关注的是沃森和克里克两人的思想和一般科学思维的情感方面；而这在很大程度上为历史学家、哲学家甚至心理学家所忽视。首要的问题是：情感在沃森和克里克的思维中扮演了什么样的角色，从而发现了 DNA 的结构并且使自己的模型为人们所接受。

为了回答这个问题，笔者仔细通读了《双螺旋》这本著作并寻找与情感有关的字眼。沃森不仅描述了发现 DNA 结构的相关信念和假设，而且描述了伴随着新思想发展的一系列情感。沃森这本小书的平装版本只有 143 页，笔者在其中发现了 235 个与情感有关的词汇。在涉及的 235 个词汇中，超过一半（125）只与沃森相关。其他 35 个词描写他的合作者弗兰西斯·克里克，13 个词描述两人共同的情感状态。还有 60 个情感词汇描述其他研究者，包括剑桥和伦敦的许多科学家的情感。笔者将情感进行编码，使其具有积极效价（如幸福）或消极效价（如忧伤），由此发现超过一半的情感（135）具有积极效价。当然我们不能保证沃森对自己和其他人情感的记录在历史和心理上是正确的，但是这份记录提供了丰富的实例，即科学思维可能随附各种情感。

为了确定沃森提到的情感类型，笔者利用心理学家所谓的基本情绪对这些与情感有关的词汇进行了编码，这些情感在人类文明中是普遍存在的（Ekman，1992）。基本情感一般包括幸福、悲伤、愤怒、恐惧、厌恶，有时还包括惊讶。为了涵盖书中经常出现但不属于六种基本情绪的情感类词汇，笔者额外增加了三个范畴：兴趣、希望和漂亮。图 10.1 表示这些情感范畴在沃森的叙述中出现的频率。幸福是出现频率最高的情感，共被提及 65 次，包括许多涉及积极情感状态的词汇：兴奋、愉悦、快乐、乐趣、高兴及慰藉。接下来最常提及的情感类型是兴趣，有 43 个情感词汇涉及诸如惊奇和热情等状态；然后是恐惧，有 38 个情感词汇涉及诸如担忧和焦虑等状态。

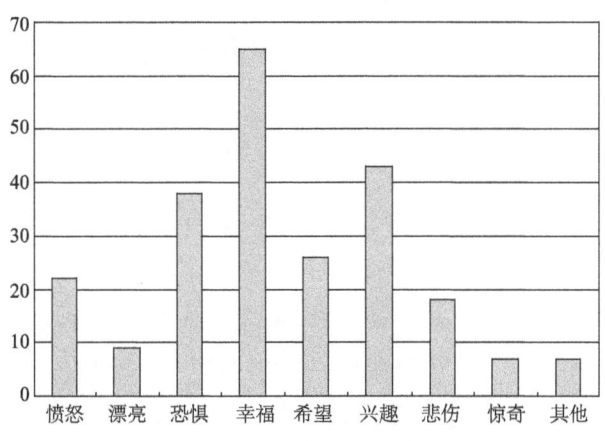

图 10.1 沃森 1969 年出版的书中情感词汇的出现频率

然而，这项研究的重点不是单纯地计算沃森在书中使用的情感词汇的数量。为了确定情感在沃森和克里克的思维中所起的作用，笔者将这些情感词汇编码为三种不同语境下的探究过程：研究、发现和辩护。大部分科学研究都在研究语境下进行，科学家们都在长期艰苦地尝试确定经验事实，并发展解释这些事实的理论。在科学家进入发现语境之前，通常需要进行大量实验及理论准备，从而产生新的理论观点和重要的、新的实证结果。最后，当与替代性解释和整个科学思想体系有关的新假设和实证结果得到评估之后，科学家们便进入了辩护语境。

赖欣巴哈（Reichenbach，1938）区分了发现语境和辩护语境。笔者此处提出的观点与赖欣巴哈所想的不同，并不是为了将心理学和哲学、主观和理性区分开来，而只是表明科学探究过程中的不同阶段，笔者认为心理学和哲学都对这些阶段感兴趣。笔者将赖欣巴哈的发现语境进一步区分为研究语境和发现语境，以表明在做出实际发现之前需要做大量工作。在科学实践中，研究语境、发现语境和辩护语境往往相互交融，因此最好将其视为科学探究的不完善阶段，而不是完全不同的阶段。

沃森的大部分情感词汇（163）都出现在研究语境。发现语境下有15个词，辩护语境下有29个词，而与科学思想发展无关的其他更为个体化的语境中出现了28个情感词汇。笔者将在本章的剩余部分更为详细地说明，在这三种语境下，各种不同的情感如何作用于科学思维？针对这个问题，笔者不仅对语境中产生的情感予以相关解释，而且从因果关系上解释了情感与认知活动相互引起的原因，这些出现在科学探究的不同阶段。

研究语境中的情感

在讨论科学理性时通常需要处理辩护语境中的问题，如什么时候另一种竞争性的理论可以合理地取代某一理论。但是在处理辩护语境中的问题之前，科学家都在忙于进行各种决策。有志于从事科学事业的学生必须回答下列问题：我应该致力于哪类学科（如物理学或生物学）？我应该关注学科的哪些领域（如高能物理或分子生物学）？我应该从事哪些特定的研究课题？我应该尝试回答哪些问题？我应该利用什么方法和工具来回答这些问题？

从经济学家的传统理性决策观来看，科学家通过计算如何运用预期效用最大化这一方式来回答这些问题。这需要考虑到诸如真理和理解等科学目标，可能也要顾及诸如名誉和经济利益等个人目标，同样也需要考虑特定的研究过程有多大概率满足这些目标。一些哲学家（Goldman，1999；Kitcher，1993）认为，科学家对科研项目的选择基于其能否将认识目标（如真理）最大化。

笔者想提出研究语境中的另一科学决策观点。决定研究哪项课题往往基于情感而不是理性的深思。科学家很难准确预测研究领域、主题和问题会对理解、真理的追求，或个人成就产生什么效果。可能的行动范围通常是不明确的，不同策略的成功概率也很少为人所知。因为合理计算最大效用是不可能的，所以科学家可以基于情感（如兴趣和求知欲）调整其研究方向。关于基于情感连贯性的决策模型（如知情直觉），可参见第2章。

沃森的叙述清楚地表明，他与克里克的研究动机在很大程度上源于兴趣。本是哥本哈根大学博士后研究员的沃森离开了哥本哈根，因为他发现那里的研究十分乏味：与他共事的生物化学家"没有给予我丝毫的灵感"（Watson，1969）。相反，对于诸如 DNA 等生物学意义上的重要分子的物理结构问题，他表现得极为兴奋："是威尔金斯第一次激起了我利用 X 射线研究 DNA 的兴趣"；"突然间，我对化学有了兴奋的感觉"。克里克也同样表示他与沃森"迫切地想知道（DNA 的）具体结构"（Crick，1988）。很久以后，沃森（Watson，2000）声称他在科学上取得成就的法则之一是："永远不要做任何你厌烦的事。"

兴趣和求知欲引导着科学家追求特定问题的答案，如幸福和希望等其他情感可以激励他们进行艰苦的研究，而这是产生结果所必需的。沃森和克里克往往因为研究步入正轨而变得兴奋不已，对于他们而言这一点显然很重要。沃森（Watson，1969）写道："当我们散完步回到实验室的时候，摆弄模型的热情又重新高涨起来。"两人都乐于发现 DNA 的可能结构。他们干劲十足，希望能够做出重大发现。希望不仅仅是有关某事可能发生的信念——也是情感的强烈追求和对事情将要发生的翘首期待。沃森有 26 次提到自己与其他人对科学进步的期望。

除了兴趣和幸福等积极情感，科学家还受到诸如悲伤、恐惧和愤怒等消极情感的影响。当研究课题没有获得预期效果时，悲伤便渗入了研究语境。当沃森和克里克的研究停滞不前时他便陷入沮丧。然而，这种情绪的影响并不一定完全是消极的，因为某一实验方案失败产生的悲伤会激励科学家寻求另一种更为成功的研究方式。

恐惧也可能是一种激励式情感。沃森和克里克非常担心著名化学家莱纳斯·鲍林在他们之前发现 DNA 结构，而且他们也害怕伦敦的研究人员罗莎琳德·富兰克林（Rosalind Franklin）和莫里斯·威尔金斯（Maurice Wilkins）早于他们发现 DNA 结构。当沃森听闻鲍林已提出一种 DNA 结构时写道，"当我意识到一切都已失去时，我寝食难安"。（Watson，1969）。其他的担忧和焦虑源于沃森和克里克自己经历的挫折。沃森最初很兴奋，虽然某位晶体学专家提出的模型行不通，但他仍试图挽救这一假设："我忧心忡忡，回到我的办公桌前，希望能挽救这个类似的想法。"（Watson，1969）。

沃森在研究语境中经常提及的另一种消极情绪是愤怒。沃森只用诸如烦恼和沮丧等较弱的愤怒形式形容自己，但是当克里克发现自己的高级教授写的一篇论文中没有承认他的贡献时，沃森用狂怒和愤慨两个词描述了克里克当时的心情。奥特利（Oatley，1992）认为，当人们在实现自己目标的过程中受到他人或事件的阻碍时便会感到愤怒。沃森提到的大部分与愤怒有关的事件都是指向人的，但也有一些和事实相关，如沃森与克里克都对复杂的 DNA 化学键感到恼火。沃森的记述并未使笔者认为愤怒可以激励科学研究，但我们可以将其视为他人与世界不良交互的结果。

图 10.2 表示科学研究语境下情感作用的一般模型。兴趣、惊奇、求知欲以及回避无趣是选择科学问题进行研究的关键。我在情感和问题的产生过程之间标示了双向因果箭头，以表明情感是问题产生的输入和输出。好的问题能够提升（科学家的）求知欲和兴趣，同时会产生快乐。问题一旦产生，试图给出答案的认知过程也会与兴趣和快乐等积极情绪，以及恐惧等消极情绪相互作用。为方便起见，笔者将积极情绪安排在图 10.2 的左侧，将消极情绪安排在右侧。联结产生问题、回答问题以及评估答案过程的因果箭头也是双向的，这表明过程之间的联系是交互的而不是线性的。例如，尝试回答某一问题可能会产生一系列从属问题，其答案与原问题相关。有关科学领域中问题产生过程的讨论，请见萨伽德的论述（Thagard，1999）。

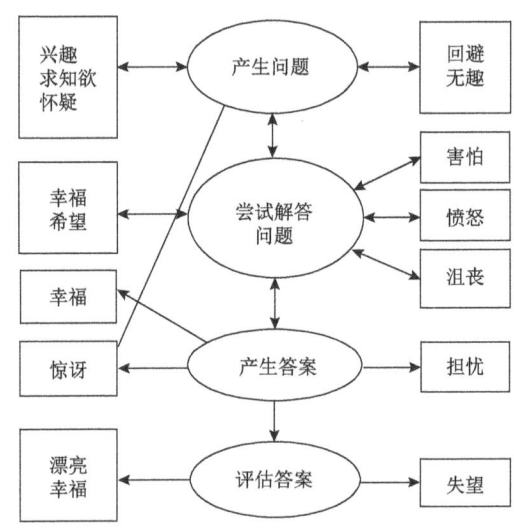

图 10.2　探究的认知过程与情感状态之间的因果互联模型
箭头表示因果关系

从英国广播公司对生物学家刘易斯·沃尔伯特（Lewis Wolpert）进行的系列专访中可以明显地发现，沃森与其同事表现的情绪也普遍存在于其他科学家中间（Wolpert et al., 1997）。沃尔伯特毫不掩饰地说明了研究人员在研究过程中涉及的主要强烈情绪。例如，著名生物学家杰拉德·埃德尔曼（Gerald Edelman）说道："求知欲驱使着我。我相信有一群科学家是偷窥者，他们有一种美妙的、几乎是贪婪的感觉，每当大自然的秘密被揭示便显得异常兴奋……我当然会把自己归入这一类。"（Wolpert et al., 1997）同样，著名物理学家卡洛·鲁比亚（Carlo Rubbia）在谈到科学家时说："我们为一种冲动所驱使，那是一种好奇心，它是人的一种本能。所以我们本质上不是被……我该怎么说呢……不是被成功所驱使，而是一种激情，即渴望更好地理解真理，如果你愿意掌握更重要的那部分真理。"（Wolpert et al., 1997）

根据库博维的观点（Kubovy, 1999），好奇就是你在学习未知事物的过程中所获得的乐趣。他认为好奇心源于动物行为，是动物觅食的需求逐步演化的结果。许多哺乳动物更愿意在食物丰足而不是贫瘠的环境中生存。人类可以对各种各样的主题感到好奇，从琐碎的到崇高的，科学家们把他们的强烈动力引导到学习那些不仅仅是他们自己而是大众所未知的东西上。路文斯汀（Loewenstein, 1994）认为，从认知角度解释好奇心是对知识鸿沟（knowledge gaps）的关注，但他忽视了好奇心的情感方面。科学家可能会注意到许多知识鸿沟，但只有少数会使科学家感兴趣从而促使他们努力寻求答案。

发现语境中的情感

莫里斯·威尔金斯向沃森展示了罗莎琳德·富兰克林利用 X 射线衍射形成的 DNA 的三维影像后，沃森便发现了 DNA 的结构。沃森说道："一看到照片我就激动得合不拢嘴，心跳也加速了。"（Watson, 1969）这张照片将沃森从研究语境引入发现语境，他在这一语境下提出了有关 DNA 结构的合理假设。在绘制 DNA 结构图的过程中，沃森萌生了这一想法，即每一个 DNA 分子可能由两条链构成，他对这种可能性及其生物学意义感到十分兴奋。下面一段文字描述了他当时的心理状态（笔者用黑体字突出了表示积极情感的词汇，斜体字强调表示消极情感的词汇）。

> 已是午夜时分，我愈加**高兴**了。弗朗西斯和我在相当长的日子里一直担心我们提出的 DNA 结构表面上看起来非常愚蠢，既没有解释 DNA 的复制，也没有说明其控制细胞生物化学的功能。但现在，令我感到**高兴**和*惊讶*的是，答案竟是如此的**有趣**。两个多小时后，我**愉快**地躺在床上，一对腺嘌呤残基在我紧闭的双眼前不停地旋转。只有在一些短暂的瞬间我才会感到*恐惧*，*害怕*这样好的想法是错误的（Watson，1969）。

沃森最初关于 DNA 化学结构的想法被证明是错误的，但这使他步入了正确的道路，很快便形成了沃森与克里克发现的最终模型。

沃森在讨论发现时所提到的大部分情感都属于基本情感——幸福的范畴，其中包括兴奋、高兴以及愉悦。为避孕药的发明做出贡献的化学家卡尔·杰拉希（Carl Djerassi）将发现比作性兴奋，"我完全相信，真正的科学顿悟的快乐——未必是一个伟大的发现——它就像性高潮"（Wolpert et al.，1997）。高普尼克（Gopnik，1998）也将解释比作性高潮，认为解释之于认知就像性高潮之于繁殖。

杰拉德·埃德尔曼热情洋溢地描述了发现的乐趣：

> 毕竟，如果你一直在实验室庸庸碌碌来填补你日常乏味的生活，你不知道如何才能得到答案，然后发生了一些你简直无法想象的、很棒的事，那一定是某种不同寻常的快感。这在某种意义上来说是一个惊喜，但没有那么危险，它只是一种乐趣，你凭空变出的东西可以将婴儿逗乐，这是同样的道理……突破、得到各种顿悟当然是科学生活最为迷人的一面（Wolpert et al.，1997）。

卡洛·鲁比亚说道"发现和面对新奇的现象在每个人的生活中都是一个异常热情、激动的时刻。这是多年的努力，同样，也是失败的奖赏"（Wolpert et al.，1997）。

弗朗索瓦·雅各布（Francois et al.，1988）描述了他初次体验到发现的欣喜："我感觉到自己投身于研究和发现。而且最重要的是，我抓住了这一过程。我感到很快乐。"后来，雅各布揭示了蛋白质合成的基因调控机制并因此获得诺贝尔奖，他的情绪反应更为强烈："这些假设萦绕在我的脑海，它们仍然很不完善，概述比较模糊，也不够规范。我几乎不知道自己浑身充斥着一种强烈的欣喜、一种野蛮的快感、一种力量感和活力感。"（Jacob，1988）后来，雅各布描述了实验证实假设所带给他的巨大喜悦。舍夫勒（Scheffler，1991）讨论了证明的乐趣，当科学家做出正确的预测时便很高兴。当然，预测有时也会出错，因而产生了失望甚至沮丧的情绪。

从笔者援引的沃森和其他科学家的实例可以明显地看出，发现是一种极富乐趣的体验。在图 10.2 中，惊奇和幸福都源自对所追问问题的成功解答。期望能够体验这样的情感是科学成就背后的主要动因之一。理查德·费曼声称他的研究工作不是出于对名誉或奖项的渴望，如他最终获得的诺贝尔奖，而是出于发现的乐趣："发现和查明事实真相的乐趣、发现的快感、其他人所用的知识经验（我的成果）就是对我的奖励——这些才是真实的东西，其他对于我而言都是虚幻的。"（Feynman，1999）通常情况下，发现是令人愉悦的惊喜，但是令人不快的惊讶也时有发生，如实验产生的数据与预期正好相反。如图 10.2 所示，当评估阶段认为某人中意的答案较差或不充分，就会产生失望和悲伤等情绪。

库博维（Kubovy，1999）讨论了精湛技巧，即我们做好某一件事所获得的快乐。他认为人类与猴子、海豚等动物一样喜欢工作并且乐于掌握新的技能。科学家们可以在许多不同的任务中获得精湛的技巧，如设计实验、解释结果以及提出合理的理论解释实验结果。根据物理学家默里·盖尔曼（Murray Gell-Mann）的观点，"理解事物，看到联系，寻求解释，发现漂亮、简单的原理，这些工作是非常非常令人满意的"（Wolpert et al.，1997）。

辩护语境中的情感

尽管许多人承认研究和发现的过程本质上是情感化的，但是一种更为激进的观点认为，辩护语境也具有鲜明的情感成分。沃森在其著作中频繁地描述他与克里克提出的 DNA 模型所表现出来的优雅与美感，这是辩护中情感成分的主要标志。沃森写道：

> 我们只想确定至少有一个特定的双链互补螺旋在立体化学上是可能的。在弄清楚这一点之前，人们可能会提出反对意见：虽然我们的想法在美学意义上比较优雅，但是糖磷酸骨架的形状可能不会允许出现这样的螺旋结构。令人高兴的是，我们现在发现这不是真的，所以我们用过午餐并互相告诉对方，这样美妙的结构必定是存在的。（Watson，1969）

因此，他们之所以确信自己的结构是正确的，其中一个原因就是该结构的审美和情感吸引力。其他科学家对新的 DNA 模型也具有强烈的情感反应。雅各布（Jacob，1988）在谈论沃森和克里克的模型时写道："该结构是如此的简明、如此的完美、如此的和谐，甚至是如此的漂亮，生物的进化从 DNA 中涌现出来的方式是如此的严谨和清晰，以至于人们无法相信它是不真实的。"

同样，杰出的微生物学家勒罗伊·胡德描述了他为什么乐于提出优雅的理论：

> 好吧，我想这是我对所有事物的天生热忱的一部分吧，但是在我 21 年的研究中最令我印象深刻的是科学中蕴含的基本矛盾。一方面，随着我们对特定生物系统了解得越来越多，我们发现基本原理具有一种简约优雅的美，当你仔细观察细节时却发现它又很复杂、令人困惑，而后者是压倒性的，我认为美是在大量让人困惑、混乱的细节中提取的最为基本、优雅的原则，我觉得自己擅长做这些事情，我也喜欢这样做（Wolpert et al.，1997）

许多其他科学家都确定美感与优雅是可接受理论的突出标志（McAllister，1996）。

从传统的科学哲学视角看，或甚至从区分认知和情感的传统认知心理学的角度来看，科学家发现某些理论在情感上的吸引力与理论的论据无关。笔者之前的研究工作也不例外：接受或拒绝科学理论是基于该理论和经验数据以及其他理论之间的解释连贯性，笔者已为这一观点作了辩护（Thagard，1992；1999）。但是笔者的情感连贯性理论说明了认知连贯性判断是如何产生情感判断的（Thagard，2000）（第6章）。

正如笔者在前面的章节所描述的，连贯性不仅仅是接受或拒绝某一结论的问题，而且也包括对某一命题、对象、概念或其他表征的积极或消极的情感评价。

因此，如果对某一理论的推理能够将连贯性予以最大化，那么该理论就是合理的，但是评价也会涉及情感判断。理论包含由概念所构成的假设。根据情感连贯性理论，这些表征不仅具有接受或拒绝这一认知状态，还具有喜欢或讨厌这一情感状态。为了与鲍尔（Bower，1981）对情感心理学的解释一致，笔者使用效价一词来表示某一表征的情感状态。某一表征通过与其他表征的联系而获得效价。理论的效价来源于构成该理论之假设的效价，以及理论所产生的整体连贯性。

整体的连贯性要求对每一事物如何整合做出判断。通过计算模型HOTCO（"热连贯性"）可以进行这种判断，它不仅模拟了效价在表征之间的扩散，还模拟了表征之间的连贯性如何产生和幸福相关的"元连贯"推理。笔者不会重述计算方面的细节（Thagard，2000），但只想在这里说明模型运作的一般特点。如果命题的可接受性能够最大限度地满足约束条件，则该命题与其他命题高度连贯，如若某一假设解释某项证据的约束条件，那么假设与证据应一起被接受或拒斥。如果一组命题能够同时被接受，使得每个命题都能满足高比例的约束条件，那么整个命题系统就会获得较高的元连贯率。

图10.3是连贯性判断和其他情感如何产生的示意图。认知单元是表示命题的人工神经元，并且通过将约束满足最大化的神经网络算法对认知单元进行评估，从而决定接受或拒绝这些认知单元。此外，某一认知单元的约束满足程度影响了表示连贯性判断的认知单元，后者产生了情绪：快乐。例如，如果接受某一假设可以满足众多约束条件，且这些约束条件是将假设与其解释证据相联系的纽带，那么表示该假设的认知单元会强烈地激活连贯性节点，由此激活幸福这一节点。在情绪分布的另一端，非连贯性往往会产生苦恼甚至与恐惧相关的情绪，如焦虑。

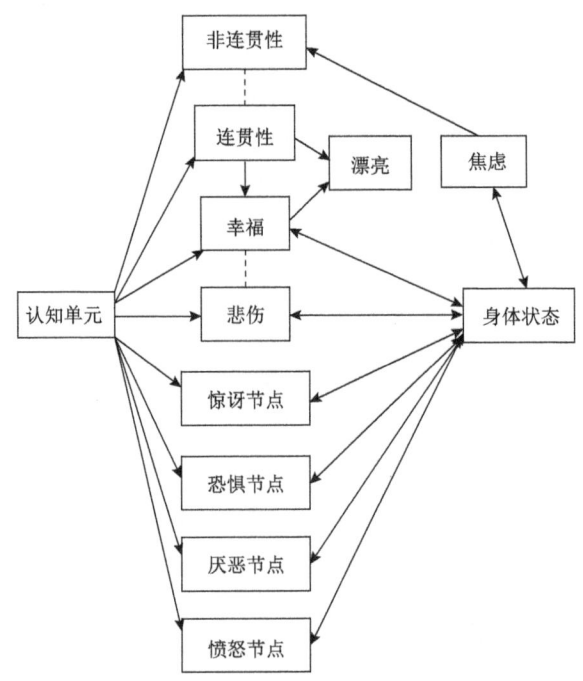

图 10.3　认知单元（神经元或神经元组）与情感和身体状态的交互作用
经麻省理工学院出版社许可（Thagard，2000）

情感连贯性模型的理论计算模型的简图为我们展示了一个人如何同时做出认知判断和情感反应。沃森和克里克有关 DNA 结构的假说与现有的证据以及生物学家理解生命遗传基础的目标高度一致。这种高度的一致性不仅产生了一种判断，即应该接受这一假说，同时还产生了一种审美、情感上的态度，即假说很优美。连贯性使沃森、克里克、雅各布和其他人都非常高兴。

情感变化作为概念变化

DNA 结构的发现是科学的一项重大突破，但它不是概念变化的主要案例。这一发现对基因和 DNA 的概念作了补充，但不需要修改之前概念的组成部分。采纳新的假说并不是拒斥先前的假说。相比之下，科学革命包括概念的重大变化以及对以前所持假设的修正（Thagard，1992）。笔者现在所主张的是，概念的变化往往也会涉及情感的变化。

例如，请考虑达尔文的自然选择进化论。当他于 1859 年在《物种起源》这本书中提出这一理论时，一些科学家如赫胥黎（Huxley）很快便意识到它的影响力并予以采纳。但是其他人依旧坚持传统观点，即神创造了万物，并且认为达尔文的理论不仅是错的，而且令人反感。即使在今天，依然有一些神创论者认为进化论不仅是错误的，而且充满了邪恶，因为在他们看来，进化论危害到了宗教的信念和价值观。相反，大多数生物学家则认为达尔文的理论深邃而优雅。因此一位神创论者要成为一位达尔文主义者，或者一位达尔文主义者成为一位神创论者，思想家必须经历情感和认知的变化。除了拒绝已持有的一些假说并接受新的假说之外，改变理论的思想家也在改变他们对命题、概念甚至人的情感态度：达尔文是一位科学英雄与达尔文是异端这两个命题具有不同的情感。

同样，我们考虑一下最近的历史案例，即在一开始被拒绝而最终获得承认的溃疡细菌理论（Thagard，1999）。当马歇尔和沃伦（Marshall et al.，1984）提出大多数消化性溃疡是由新近发现的细菌即现在所知的幽门螺杆菌引起的，起初人们认为他们的假说是不合理的，甚至是疯狂的！马歇尔不遗余力地坚持这一不受欢迎的理论，这使得人们对他的评价很低：傲慢且不负责任。但是，随着越来越多的证据表明根除细菌使得许多人的溃疡得以彻底治愈，人们的态度也随之转变：由恼怒变为尊重。不仅对马歇尔的态度发生了变化，而且对溃疡的细菌理论和引发溃疡的细菌概念的态度也有改变。之前受人嘲弄的观点现在被认为是医学理论和实践的内容。

笔者认为这些变化得益于情感连贯性的实现。一方面，我们通过将解释连贯性予以最大化（假设与数据相互拟合）来决定相信什么，而态度产生于效价在表征系统的传递过程，该表征系统与现有的效价和情感约束相一致。例如，认识到达尔文进化论解释力的科学家们会相信这些假说，并对假说、进化概念以及达尔文本人附加积极的情感效价。另一方面，接受宗教基要主义且决定尊崇圣经的科学家（如果有的话）会拒斥进化的假设和概念并且感到十分厌恶。我们通过什么与什么相符的整体决策过程来修正自身的信念，而且我们以同样的方式调整我们的情感。

如果科学概念的变化往往是情感的改变，那么科学教育呢？通常，科学教育不要求情感的改变，因为学生们对近代科学出现之前的思想没有任何情感。例如，学习运用牛顿运动定律来理解抛射活动在某种程度上似乎并不需要学生放弃任何对于亚里士多德思想的情感依附。但是学习生物学和社会科学可能需要更多的情感调节。了解遗传学和进化的生物学专业的学生可能不得不放弃他们持有的信念以及有关宇宙本质的价值观念。同样，社会和政治信仰可能真实存在，但它们与强烈的情感价值密切相关。一位相信自由放任的资本主义是最好的经济体系的微观经济学家，他的信念和价值观与支持社会主义的微观经济学家存在明显的差异。因此，教育工作者应该对由于情感和认知因素导致抵触概念变化的情况保持警惕。通常，情绪变化更大程度上是心理治疗师而非科学导师的研究领域，但是教授诸如进化论等充斥着情感的科学问题可能需要利用治疗技术识别效价和信念。理解完全不同的概念框架，如从西医的角度理解中医可能要求情感和概念上的灵活性（Thagard et al., 2003）。

科学家应该情感化吗？

但是帮助学生树立追求成为人们眼中的科学家的理想：即成为客观、非情感化的推理者，难道不是科学教育者的职责吗？即使情感与科学思维相关，也许从小学直到博士的科学教育，其目的应该是向学生灌输消除主观情绪的必要性，从而排除偏见的影响，提升他们的科学思维。情感歪曲科学的例子比比皆是，例如，纳粹因为憎恨犹太人而拒绝承认爱因斯坦的相对论，以及研究人员为了出名而伪造数据。

尽管我们承认存在着许多这类情感破坏科学客观性和寻求真理的情况，但是笔者认为要求科学家极力消除使他们从事科学研究的认知过程中所包含的情感，这样的做法是错误的。首先，将认知与情感分割开来几乎是不可能的。正如笔者在导论中所提到的，大量心理学和神经科学的证据表明，认知与情感过程紧密相关。应该隐含的伦理原则是可以利用的：如果人们在生物学意义上不可能将思维和情感相分离，那么我们就不能坚持认为人的思维应该是无情感的。米特洛夫（Mitroff, 1974）研究发现，阿波罗登月计划中的科学家比其他研究人员持有更强烈的情感观点，但他得出的结论则是"这种强烈情绪的存在并不妨碍科学家出色的研究工作"。

其次，即使科学家可以摆脱情绪的影响，科学也可能会因此而遭受损害。上述在研究和发现语境中对情感的讨论表明，积极情感（如快乐）和消极情感（如焦虑）在激励、激发和引导科学的过程中发挥着重要作用。既然科学往往充满困难而且令人沮丧，有时也不是那么令人兴奋和满意，为什么还有人致力于科学事业呢？根据米特洛夫的观点（Mitroff, 1974）："消除强烈的情感和热切的承诺可能是为了消除科学中某些最重要的持续力。"此外，情感能够使科学研究聚焦于重点。波兰尼认为（Polanyi, 1958）："任何不受理智激情支配的探究过程都会不可避免地踏入琐碎的荒漠。"因为重大的发现需要打破日常研究中占据支配地位的规则，"创新必须充满激情"。

即使在辩护语境中，优雅和美感的感觉也会对认知做出有益的贡献，因为两者都属于解释连贯性理论，笔者认为，科学理论当下最为直接的目的在于将解释连贯性予以最大化。如何扩展对科学家的训练，从而将促进科学研究的情绪反应囊括进来，这是一个有趣且尚待解决的问题。笔者怀疑大多数这样的训练过程都暗生于初露头角的研究人员与其导师之间的互动，即通过某种兴趣与热情的感染。然而，个别科学家可能具有不受情绪影响的先天遗传与后天学习的情绪处置能力。

总而言之，笔者不会断然催促科学家变得像机器人一样没有感情。尽管计算机的运算速度和智能算法有了显著提升，但是目前计算机还不能代替科学家。智能的一个关键特征很少被人认识到，那就是它设定新目标的能力，那不仅仅是实现其他现有目标的方法，而且是作为它们本身的新颖结尾。在人工智能领域，人们对计算机如何获得为自身设定目标的能力一无所知，这也可能是因为我们无法保证这种人工超智能计算机的目标与人类的目标相一致。对人类而言，非工具性目标的发展与兴趣、怀疑和好奇心等情感密切相关，而这些正是激励科学家不断前进的目标。正如著名的神经病学家圣地亚哥·拉莫尔·卡扎尔（Santiago et al., 1999）所言："所有杰出的作品，无论是艺术还是科学中，都是巨大热情应用于伟大思想的结果。"对于一位没有激情的科学家而言，平庸是他的极限。

11 治愈癌症？帕特里克·李的呼肠孤病毒治疗之路

导　论

人们通常认为病毒是引起感冒、流感和艾滋病等疾病的危险细菌。有些病毒甚至会导致癌症，如在免疫系统缺陷的人群中所产生的卡波西肉瘤的疱疹病毒。然而，最近医学研究人员发现，某些病毒实际上可以杀死癌细胞，人们对于利用病毒广泛治疗各种癌症这一前景感到兴奋不已。现在断定新型的病毒疗法是否有疗效还为时尚早，但在过去的 10 年，在科学上已有了有关病毒和癌细胞相互作用的重要发现。

最为引人注目的一项发现是 1995 年由加拿大病毒学家帕特里克·李博士做出的。他意识到自己研究了二十多年的呼肠孤病毒在医学上是一种良性病毒，它可以通过激活的拉斯路径（Ras pathway）感染和杀死细胞。*Ras* 是一种对细胞生长至关重要的基因，一旦发生突变，便无法抑制肿瘤细胞的增长。大多数癌细胞具有激活的 Ras 路径，试管中的呼肠孤病毒已经成功地杀死了多种包括脑、前列腺、乳房、卵巢以及结直肠肿瘤的癌细胞。此外，正如李和他的同事（Coffey et al., 1998）在 1998 年的《科学》杂志中所描述的，将呼肠孤病毒注入小鼠体内显著消除了多种肿瘤。目前正在进行数项临床试验（2005），以观察注射呼肠孤病毒是否也可以减少或消除人体内的恶性肿瘤[①]。因为有许多治疗癌症的方法对小白鼠有效，但对人类无效，所以期望利用呼肠孤病毒治疗癌症是不现实的。然而，尽管呼肠孤病毒疗法无法实现医学的重大突破，它的发展也是科学史上一段有趣的插曲，说明了科学发现的重要方面。

在说明了有关治疗癌症和呼肠孤病毒研究的历史背景后，笔者将描述

---

① 此文献为译者补充：Errington F, Coffey M C, Hatfield P, et al. Potential role for reovirus in the treatment of melanoma: Targeted killing and immune stimulation. Cancer Research, 2005, 65. ——译者注

使李和他的同事发现呼肠孤病毒可以摧毁癌细胞的独特路径。然后笔者将讨论这一案例所表明的有关科学发现的本质，包括实验设计、对失败实验的反应、假说的形成以及情感和审美判断在科学思维中的作用。

癌症的治疗

尽管已经做了许多改进，但几十年来治疗癌症的主要方法仍然一成不变：手术、放射治疗和化疗。古希腊和罗马人认识到癌症是一种疾病，他们知道有时可以通过手术切除癌变肿瘤来治疗癌症，尽管癌症通常是致命的（Olson，1989）。19世纪中叶发明麻醉剂之后，癌症手术变得愈加普遍，而且人们发现，如果切除的肿瘤比较小，那么手术有时便会成功。例如，到1900年，乳房切除术是治疗乳腺癌的首选方法。

1895年，威廉·伦琴（Wilhelm Roentgen）发现了X射线，癌症的放射疗法也几乎立即开始。20世纪30年代，杰弗里·凯恩斯（Geoffrey Keynes）率先使用放射疗法替代或补充乳腺癌根治手术。如今，人们利用辐射杀死多种类型如骨肿瘤内的癌细胞。

利用化学治疗癌症最早可以追溯至公元1000年，当时阿维森纳（Avicenna）利用砷治疗癌症患者。现代化学疗法起源于1942年，当时阿尔弗雷德·吉尔曼（Alfred Gilman）和路易斯·古德曼（Louis Goodman）正试图研制芥子气化学战的解毒剂。他们发现快速生长的淋巴组织尤其容易受到芥子气的伤害，并建议利用氮芥治疗恶性淋巴瘤。到1956年，已经有十种癌症可以通过药物治疗。毒性较弱的化学物质已被用于杀死癌细胞，但是它们也总是具有杀死普通细胞这一副作用——通常的比例为每杀死六个癌细胞就会杀死一个普通细胞。因此，化疗的强度是有限的，因为这会破坏大量正常的细胞。此外，癌细胞往往会因变异而对不同类型的化疗产生抗药性，因此在许多情况下化疗只具有短暂的效果。前列腺癌和乳腺癌常用的激素疗法也是如此。

在20世纪80年代，人们在认识癌症的起源方面取得了巨大进展。根据"二击"理论（two hit theory），癌症发生的条件是：①参与细胞功能的正常基因由于突变转化为过度刺激细胞生长的癌基因；②肿瘤抑制基因发生突变，从而无法控制细胞生长。令人失望的是，在分子生物学和生物化学领域认识癌症取得了巨大进步，但在有效治疗癌症方面进展缓慢。

今天，在早期的检查阶段有许多新的癌症治疗法。1960 年，朱达·福克曼（Judah Folkman）发现癌症肿瘤需要源源不断的血液供应才能生长和扩散，于是他着手寻找药物以阻止这种血管的形成（Cooke，2001）。目前许多抗血管生成的药物正在临床试验中进行测试。人们发现了一种与众不同的方法，有些病毒如疱疹病毒的变体具有抗癌能力。比斯科夫等发现（Bischoff et al.，1996），某种腺病毒（与感冒病毒相似）可以通过处理基因杀死缺乏 P53 活性的细胞，而 P53 是最为重要的抑制肿瘤的基因之一。目前正在进行临床试验，以确定这些病毒是否能够成功治愈癌症患者。最近，人们又发现另一种病毒具有抗癌能力。

呼肠孤病毒

病毒一词最初的意思是"有毒"，任何病因都可称为病毒。19 世纪 90 年代的研究人员发现，经过过滤去除了细菌的烟草植株的提取物仍然会使先前健康的植株致病，他们很快就发现许多其他疾病也与这种"可过滤病毒"相关。在 20 世纪 30 年代，电子显微镜的发展使得识别和描述特定病毒的外观成为可能。与细菌不同的是，病毒不能自我繁殖而必须寄生在活细胞上。到 1950 年，病毒学已经从细菌学中分离。

1951 年，研究人员从一名澳大利亚土著儿童的粪便中分离出第一例呼肠孤病毒（White et al.，1994）。人们现在认为它是哺乳类呼肠孤病毒的三种血清型之一，隶属于正呼肠孤病毒属（*Orthoreovirus*）和呼肠孤病毒科（family *Reoviridae*）。艾伯特·萨宾（Albert Sabin）于 1959 年首次提出了"呼肠孤病毒"一词，他以研究口服脊髓灰质炎疫苗而闻名。他利用前缀"reo"表示"呼吸道肠道病原性不明病毒"，因为该病毒是在人体的呼吸道和肠道中发现的且病原性不明，也就是说人们不确定它到底是哪种人类疾病的原因。最初，由于呼肠孤病毒与脊髓灰质炎病毒相似，人们因而对它产生了极大的兴趣。但是在向囚犯注射呼肠孤病毒的实验中（该实验的道德合理性令人怀疑），人们发现感染所引起的流感症状是最轻微的。许多人在孩提时代感染过呼肠孤病毒,但结果还没有流鼻涕严重。

尽管呼肠孤病毒的医学意义很小,但它仍然是主要病毒学家的热门研究课题。呼肠孤病毒易于生长而且具有很有趣的生物学特性,如病毒由双链 RNA 组成。呼肠孤病毒仅有 10 个基因,而且每一个基因所产生的蛋白质已被分离出来,并根据基因对致病力的影响描述了每一个基因的特征。例如,基因 *S1* 产生的蛋白质能够使呼肠孤病毒在感染的第一阶段附着于细胞,但是不同类型的呼肠孤病毒会附着在不同种类的细胞之上。呼肠孤病毒是杜克大学沃尔夫冈·约克里克(Wolfgang Joklik)实验室的主要研究对象,1978 年,帕特里克·李以博士后的身份来到这里进行研究工作。

帕特里克·李

帕特里克·李于 1945 年生于中国大陆,在中国香港长大。1967 年移民至加拿大埃德蒙顿并就读于阿尔伯塔大学,获得理学学士学位。1979 年获得生物化学博士学位。他在博士阶段所做的工作是孟戈脑脊髓炎病毒的生物化学研究,由研究该病毒的首席专家约翰·克尔特(John Colter)指导。后来,李获得了加拿大医学研究委员会的博士后奖学金,并与另一位在病毒的生物化学研究领域处于领先地位的研究员沃尔夫冈(比尔)·约克里克[Wolfgang(Bill)Joklik]合作,后者曾任杜克大学微生物学和免疫学系主任。由于李从加拿大政府获得了基金项目,而且约克里克在担任系主任期间指导了众多的博士后与研究生,因此,李可以相对自由地选择自己感兴趣的研究课题。约克里克是一位令人生畏的导师,李建议通过实验来确定呼肠孤病毒产生的哪种蛋白质会附着于细胞之上,而约克里克并没有兴趣,这让李感到很吃惊。约克里克认为这些实验没有必要:其他人肯定已经尝试过并发现没有用。但李还是进行了实验并发现呼肠孤病毒产生的蛋白质会附着于细胞之上,该成果由李和约克里克于 1981 年发表于《病毒学》杂志。

同年,李回到阿尔伯塔省,担任卡尔加里大学微生物和传染病系助理教授。他与一些研究生合作,继续从事呼肠孤病毒的生物化学研究。李发表了大量论文,探讨了呼肠孤病毒的附着体即基因 *S1* 的结构,以及细胞受体的性质,它使得呼肠孤病毒能够附着于细胞。他的研究讨论了有关病毒发展的生化机制这些根本问题,丝毫不涉及癌症的发生和治疗等问题。李强烈希望去做和顶尖病毒学家相同的研究,并与伯纳德·菲尔兹等主要病毒学家就病毒附着物的性质问题展开争论。1991 年,李成为一名正教授。

发现呼肠孤病毒与癌症的联系

1992 年,研究生唐大木(Damu Tang)提出一项实验,李的评价为"荒唐""愚蠢",这一发现开启了呼肠孤病毒可以杀死癌细胞的漫长发现之路。这位学生对作为细胞膜受体的唾液酸所发挥的作用很感兴趣。为了附着于细胞,病毒利用附着蛋白质来与这种受体结合。该学生提议使用酶将唾液酸从细胞中分离出来,他预测这将会阻断呼肠孤病毒的感染。李认为这一实验行不通,即使有效也不会很有趣。

幸运的是,正如李当初忽视了博士后时约克里克对自己所做实验的意见,唐也忽略了李的意见并坚持做了实验。由于病毒繁殖迅速——呼肠孤病毒的后代在 10 小时内即可检测到——像唐提出的那种实验在一到两天内就可完成,而且设备成本很低。正如李所预测的,唐发现与未接收酶的对照细胞培养基中产生的病毒感染相比,唾液酸的处理并不会减少太多。然而令人惊讶的是,抑制细胞中的病毒感染减少了!李确信这位学生刚刚犯错了,并告诉他不要改变任何条件对实验进行重复。当该学生重复实验得到了相同的结果时,李告诉他再做一次。然而,又一次重复的结果使李相信,在对照细胞培养基中存在一些真正奇怪的事情,他开始怀疑其中的某些因素阻止了病毒的繁殖。他放下了手头的一切跑去图书馆,试图回答抑制细胞中产生的问题。

李在一篇期刊论文中了解到,实验使用的细胞分泌表皮生长因子受体(EGFR)。这些细胞来自人的表皮样癌细胞株 A431,李在之前的实验中已经利用它证明 A431 细胞的大量 β-肾上腺素受体不是呼肠孤病毒所结合的受体。酶和抑制条件的差异不是细胞株,两者都是 A431,但是对照细胞已经搁置了数天,这使得它们有时间分泌阻止病毒复制的物质。李最初假设呼肠孤病毒在对照细胞培养基的溶液中与 EGFR 结合,这阻止了它们与本应被其感染的细胞中的 EGFR 相结合。

然后李和他的学生进行了实验。结果表明,两个先前未显示 EGFR 的小鼠细胞株对呼肠孤病毒感染具备相应的抗性,而同样的细胞株由于插入编码 EGFR 的基因而容易受到感染。在 1993 年发表于《病毒学》杂志的论文中,他们认为呼肠孤病毒的感染过程与 EGFR 介导的细胞信号途径密切相关(Strong et al., 1993;Tang et al., 1993)。与常见的科学刊物一样,本文没有指明涉及呼肠孤病毒繁殖的表皮生长因子途径的来源。

此时,李尚未考虑到呼肠孤病毒与癌症之间任何可能的联系。他仍然认为病毒可能与表皮生长因子受体结合,但是对呼肠孤病毒结合机制的进一步思考使他开始怀疑呼肠孤病毒是否与 EGFR 结合。李被迫重新考虑这一情况,他想到由于某一化学途径的激活,病毒可能会感染已预备接受感染的细胞。在 1995 年撰写的一篇论文中,斯特朗(Strong)和李针对功能性 EGFR 增强呼肠孤病毒感染提出了两种不同解释:

> 第一种可能性是呼肠孤病毒首先积极与 EGFR 结合,从而激活后者的酪氨酸激酶活性并触发细胞信号级联反应,这是感染过程的后续步骤所必需的……;第二种可能性是呼肠孤病毒利用已经激活的信号转导途径,它是由宿主细胞的功能性 EGFR 所给予的(Strong et al., 1996)。

为了在这些可能性中做出选择,斯特朗和李设计了一项实验,他们利用了从卡尔加里大学进行访问演讲的 H.J.孔(H. J.Kung)那里听闻的一个细胞系。孔建议他们利用细胞系 NIH 3T3,该细胞系被广泛用于评估致癌基因的转化活性,这些基因的转化可能会导致癌症。李仍然没有考虑癌症,而是聚焦于一个问题,即导入 NIH 3T3 细胞的致癌基因能否在一定程度上将细胞予以内在转化,从而证明第二种可能性是正确的,即呼肠孤病毒感染利用已经激活的(信号转导)途径。

斯特朗和李在实验中利用了已知与 EGFR 相似的生长因子受体相关的 v-erbB 致癌因子。最后,事实证明向 NIH 3T3 细胞添加这种致癌因子确实使通常对呼肠孤病毒感染具有抗性的细胞变得易受感染。这一结果表明,EGFR 在 1992 年的实验中的作用是偶然的、无关紧要的:呼肠孤病毒的附着过程并不重要，细胞的内部修饰才是呼肠孤病毒得以迅速繁殖的始作俑者。

关键的问题是细胞内激活的信号转导途径的性质，这使得细胞容易受到呼肠孤病毒的感染。利用活性致癌基因转化的一些 NIH 3T3 衍生的细胞系更易于回答这一问题。斯特朗和李在论文的结尾说道（Strong et al., 1996）："我们获得的初始数据表明，单独的活性 Ras 基因也会增强呼肠孤病毒的传染性。"为了解促进病毒复制的胞内机制，研究方式仍然是基础病毒学。众所周知，之所以研究 Ras 是因为它处于 EGFR 的下游：存在一种 EGFR 影响 Ras 的生物化学机制。

帕特里克·李于 1999 年曾经说道，"我依然记得我们发现呼肠孤病毒可能与癌症有关的那一天。这是我此生最为兴奋的日子"（Ahmfr, 1999）。这一联系缘于呼肠孤病毒的复制本质，和其他许多病毒一样破坏被感染的细胞。呼肠孤病毒进入细胞后，利用细胞内的化学反应复制病毒 RNA，然后汇集成数以千计的新病毒。然后这些病毒会导致细胞破裂，这一过程称为裂解（lysis），使病毒得以扩散而感染其他细胞。呼肠孤病毒容易感染具有激活 Ras 途径的细胞。该发现直接表明，该病毒可能具有溶瘤性，即可以通过感染和冲破癌细胞的方式杀死癌细胞。因而在 1995 年底，李假设可能存在一种治疗癌症的呼肠孤病毒疗法。

然而，李没有立即试验呼肠孤病毒是否可以治愈动物所患的癌症。首先，他与学生计划确定激活 Ras 途径的细胞易受呼肠孤病毒感染的机制。研究发现，最关键的蛋白质是双链 RNA 激活酶 PKR。抑制 PKR 的活性极大地促进了呼肠孤病毒蛋白质的合成，他们发现 Ras 激活的细胞抑制了这种蛋白质的活性，从而使呼肠孤病毒得以复制并对细胞进行破坏。到 1998 年，李的研究团队理解了为什么呼肠孤病毒具有潜在的溶瘤性（Strong et al., 1998）。最近的研究表明，有一种类似的机制解释了单纯疱疹病毒的溶瘤性。

研究表明，呼肠孤病毒可以杀死试管中多种类型的癌细胞，相对而言这是比较容易实现的，但这一实验在动物身上是否有效？要回答这个问题则要求李对研究方法进行根本性的转变。他开展了一项新的研究，以确定向患癌症的小鼠注射受呼肠孤病毒感染的细胞是否会影响体内的肿瘤。实验结果很明显地表明许多肿瘤得以消除，即使在免疫系统正常的小鼠中也是如此（Coffey et al., 1998）。另一位研究人员在减轻狗的肿瘤生长方面取得了显著成果。由于呼肠孤病毒与人类的任何主要疾病都没有关联，因此利用它治疗人类的癌症具有很大希望，但是第一次临床试验的结果尚不可用。1998 年，李协助创立了"溶瘤细胞生物技术"（Oncolytics Biotech）公司，并且已为利用呼肠孤病毒［注册商标为溶血素（Reolysin）］治疗人类癌症申请了专利。2001 年 5 月，该公司宣布正在申请批准有关溶血素影响前列腺癌和一种脑癌，胶质母细胞瘤的第二阶段临床试验。加拿大卫生部于 2001 年 10 月批准了前列腺癌试验。

总而言之，帕特里克·李利用呼肠孤病毒治疗癌症的方法非常间接，包括以下关键步骤：

1. 在对照细胞培养基中抑制呼肠孤病毒感染得到了奇怪的实验结果。
2. 测定细胞内的表皮生长因子促进了病毒繁殖。
3. （研究人员）确定 EGFR 不是特别重要，重要的是内部途径。
4. （研究人员）确定涉及 Ras 途径。
5. （研究人员）认识到呼肠孤病毒可以杀死癌细胞。

现在我们可以思考这些进展给予我们的有关科学发现本质的启示。

意外发现与实验研究的经济性

查尔斯·皮尔士（Charles Peirce）既是一位活跃的科学家，也是一位哲学家，他创造了"研究的经济学"一词，以表明科学方法不仅是一个有关信念的逻辑问题，还是一个有关研究对象的实际问题。他强调，需要形成能够为经济实验所检验的假说，即无须消耗过多的金钱、时间、思维以及精力（Peirce，1931；Peirce，1958）。不同领域之间的实验经济存在很大差异。极端的情况下，高能物理学的实验可能需要每年数百人（person-years）的工作以及数百万美元的研究资金。评估药效的临床试验可能需要数月或数年的时间，耗费数十万美元。在实验心理学中，一项标准实验需要计划数周，对实验对象进行为期数周的试验，并利用数周时间进行数据分析。货币成本包括向做实验的研究生发放的津贴以及实验对象的酬劳。

由于实验的成本较高，研究人员在进行耗费财力的实验时必须格外谨慎。

在病毒学中，研究的经济学非常不同。由于材料是现有的，所以实验通常在一两天内即可完成。在这种情况下，研究生和博士后往往会忽视导师有关是否值得进行实验的建议。T.H.赫胥黎（T.H.Huxley）曾说过，科学家应当不时地进行一次惊人的实验，如在郁金香上吹小号，看看会发生什么。但如果一项实验需要耗费大量时间和昂贵的设备，那么就不能进行令人吃惊的实验。

许多科学发现都是意外的运气，即使没有人期待它也会发生。科学家在人的胃里发现引起溃疡的幽门螺杆菌便是一个实例。1979 年，澳大利亚医生罗宾·沃伦（Robin Warren）发现了这种细菌，这并不属于改进溃疡治疗这一研究课题，而只是他作为病理学家在日常工作时的发现而已（Thagard，1999）。沃伦和巴里·马歇尔发现这种细菌的存在与消化性溃疡密切相关，这一发现令人惊喜和兴奋。凯文·邓巴（Dunbar，2001b）的研究表明，科学研究小组中超过一半的实验结果超乎人们的预想。出乎意料的结果不仅显示了假设在实验测试中的失败,而且常常会对新的假设与实验有所启示。

李利用呼肠孤病毒治疗癌症始于一项出人意料的发现,即病毒的繁殖在对照细胞培养基中受到了抑制。在另一项重要的生物学实验中，控制条件产生了令人惊讶的结果，李发现锂可用于治疗躁狂抑郁症（manic depression disorder）。李认为这可能与尿酸有关，因此他利用尿酸锂治疗豚鼠，使用碳酸锂作为实验对照，并惊讶地发现碳酸锂使豚鼠得以平静下来，这表明：锂是关键，并且是完全出乎意料的因素（van Andel，1994；Roberts，1989；Campanario，1996）。

朱达·福克曼研究癌症血管的形成也始于偶然（Cooke，2001，第 4 章）。在哈佛大学接受外科手术训练后，福克曼于 1960 年被美国海军征召入伍，负责寻找一种可供在海上航行数月之久的航空母舰利用的血液替代品。福克曼与病理学家弗雷德·贝克尔（Fred Becker）合作，研究兔甲状腺测试血红蛋白溶液能否有效替代血液。他们将癌细胞植入腺体，因为恶性细胞的迅速生长会显示替代物的有效性。最初，植入甲状腺的肿瘤生长迅速，但随后福克曼和贝克尔注意到了一些非常奇怪的现象：小肿瘤的直径达到一毫米左右便会停止生长。然后他们意识到肿瘤已进入休眠状态，因为它们与循环系统没有任何联系。这偶然开启了对血管生成的研究，40年后，目前已研究出可能用于治疗癌症的几十种抗血管生成药物。和帕特里克·李一样，朱达·福克曼对癌症的兴趣缘于和生物医学无关的某项意外发现。

像病毒学这样的研究领域，其实验非常简洁，允许人们大量进行实验，这反过来又会导致意外的发现。这就是这一实验的具体情况，它开启了呼肠孤病毒治疗癌症之路。由于利用呼肠孤病毒进行实验只需要很少的时间和费用，唐才能忽视李的意见进行实验。呼肠孤病毒不会引发严重疾病，因此利用它进行实验不需要像使用危险病毒（如艾滋病毒和埃博拉病毒）一样进行彻底的安全预防。因此，在实验研究比较经济的情况下进行没有把握的实验，意外开启了呼肠孤病毒治疗癌症的道路。然而，正如巴斯德（Pasteur）所言，机遇偏爱有准备的头脑，下文将讨论唐令人惊讶的实验结果转化为一系列假设和实验的心理机制。

假设呼肠孤病毒与 EGFR 结合是李进行研究的另一个意外发现。这一假设最终被证明与事实无关，但具有一定的理论意义，因为它有助于将李的理论研究由呼肠孤病毒的附着问题转向细胞内的化学过程这一问题。有趣的是，李并不是怀疑这一假设的实验性测试，他的怀疑源于他对假设与其所知的呼肠孤病毒附着的生化机制不相容的反思。

科学家是怎样决定要进行什么实验的呢？皮尔斯有关研究经济学的观点表明，这种决策可能涉及某种成本效益计算，步骤如下：

1. 对实验之于科学知识以及（也许还有）个人研究事业发展的潜在益处进行评估。

2. 根据时间、金钱和精力估算实验成本。

3. 将实验的成本效益比与其他可行实验的成本效益比做比较，确定实验是否可行。

然而，这样一个模拟成果显著的科学家实际所做事情的模型令人难以置信。首先，计算某一实验的预期效益是极其困难的。正如开始利用呼肠孤病毒治疗癌症的实验所显示的，人们通常很难知晓实验的结果是什么。因此，很难比较不同实验的成本效益比。在下面有关情绪的章节，笔者提出的实验决策模型与之前不同，该模型基于情感直觉。

科学史、科学哲学以及科学心理学忽略了一个非常有趣的问题，即科学家们是如何提出实验观点的。例如，唐是如何想出利用酶从细胞中分离唾液酸以阻断呼肠孤病毒复制的呢？当科学家熟悉现有的实验设计并利用其进行相似的实验时，可凭借类推的方式进行一般性实验。更一般地说，人们认为实验设计是一种目的-手段式的问题求解，其中存在一个既定目标，如为了检验某一新的假设，科学家从该假设逆向思维以找出可能实现目标的实验。据笔者猜测，大多数重要实验的设计目的在于回答某些重大理论问题。例如，斯特朗和李设计 v-erB 实验是为了查明呼肠孤病毒的复制是否利用了已经激活的途径。

认知机制：假设的形成

科学思维的主要任务在于生成假设以解释和观察实验结果。皮尔斯将科学假说的产生称为"溯因推理"（abduction），并将其定义为研究并设计理论对现实做出解释（Peirce，1931；Peirce，1958）。溯因推理始于需要解释的现实，这一事实令人感到惊奇、有趣，然后利用背景信息生成某个假设，从而对这一有趣的事实进行潜在的因果解释。呼肠孤病毒的治疗癌症之路包括了许多溯因推理的实例。当唐的实验产生了奇怪的结果：在控制条件下呼肠孤病毒的复制减少，李首先假设他的学生可能犯了某种错误。溯因推理的结构如下：

有待解释的事实 奇怪的实验结果——呼肠孤病毒的复制减少。

背景信息 学生在实验过程中犯错往往会得到奇怪的实验结果。

假设 也许这位学生在做实验时犯了某个错误。

背景信息源于李多年的实验和教学经验，此处可能以一般形式予以陈述，或者可能以学生由于错误的实验操作而得到奇怪的结果这一特定情况的形式予以陈述，这一形式的层次较低，也更为具体。

有关唐在实验中犯错这一假设很容易通过重复的实验而得到检验。重复实验排除了这一错误假设，所以李被迫提出另一种假设——对照细胞内发生了一些不同寻常的事情。奇怪的实验结果比较反常，但是只有在排除实验错误的初始假设后，这一反常现象才变得有趣。令人兴奋的溯因推理如下所示：

有待解释的事实　奇怪的实验结果——呼肠孤病毒的复制减少。

背景信息　细胞分泌物可阻止病毒复制。

假设　细胞介质中的某些分泌物可以阻止病毒复制。

李并不知道分泌物可能是什么，但他在阅读期刊时发现了 A431 细胞分泌的 EGFR，因而利用该物质填充自己的假设。这种对于未知实体存在的溯因推理被称为存在性溯因推理（existential abduction）（Thagard，1988）。这在科学中很普遍，如 19 世纪的天文学家从天王星的轨道推断出了另一颗星球的存在，即后来被确定为海王星的星球。

形成假设以解释为什么宿主细胞内的 EGFR 会增强病毒复制，这是李心理上的又一重大跳跃。两种溯因推理如下所示：

有待解释的事实　宿主细胞内的 EGFR 增强了病毒的复制。

背景信息　如果病毒与细胞的结合增多，那么病毒的复制便会增强。

假设 1　呼肠孤病毒可能会与 EGFR 结合。

然而，对于生化机制的反思使得该假设无法令人信服，因此李被迫提出另一假设：

有待解释的事实　EGFR 增强了呼肠孤病毒的复制。

背景信息　如果 EGFR 下游的某些化学过程刺激了病毒复制，那么病毒的复制便会增强。

假设 2　EGFR 下游的某些化学过程会刺激病毒复制。

有关对照细胞培养基内存在某些阻断病毒复制的东西这个溯因推理，是一种存在性溯因推理。鉴定该假定试剂需要进一步实验：利用 Ras 路径替代涉及增强病毒复制的下游化学过程。

李的最后一次重要的心理跳跃更具有演绎性而非诱导性，包括以下步骤：

1. 呼肠孤病毒杀死了被其感染的细胞。
2. 呼肠孤病毒通过激活的 Ras 途径感染细胞。
3. 癌细胞通常具有激活的 Ras 途径。
4. 因此，呼肠孤病毒可能具有抗癌能力。

以这样的方式践行上述步骤使得这种跳跃看起来显而易见，但请记住，李是一位病毒学家而非专门研究癌症的人员，所以他并不特别关注 Ras 的致癌属性。李和他的学生们确定激活 Ras 途径会增强呼肠孤病毒的感染是一项重大突破，它直接表明呼肠孤病毒可能会用于治疗癌症。

情 感 机 制

我们往往认为科学家是冷静、理性的典范，但他们与任何人一样也容易情绪冲动（情绪化），而且情感往往是他们成功的主要原因（Thagard，2002（详见第 10 章）。情感是科学思维各个阶段的重要因素，包括设计实验、识别异常、形成假说以及评价相互竞争的理论。形容某一理论或实验是完美或令人厌恶的这类审美判断是一组重要的情感反应（Thagard，2000）。麦卡利斯特（McAllister, 1996）讨论了美学对于理论评估的贡献，帕森斯与吕格尔（Parsons et al., 2000）分析了美学与实验科学的相关性。

首先考虑上面所述之研究的经济性。笔者认为，选择实验的明确成本效益模型不具有心理的现实性。知情直觉的决策模型更为合理（见第 2 章）。直觉是源于无意识过程的情感判断，以平衡不同的认知和情感约束。例如，如果我需要买车，我可能觉得自己应该买一个特定的车型，因为它满足了我最为重要的目标，如可靠的性能以及良好的配置。决策既包括积极约束如我希望汽车能成为可靠的交通工具，也包括消极约束如我只能买得起一辆车。有一些约束条件是认知的，基于我有关汽车的各种相容和不相容信念的相互关系，也有一些约束条件是情感的，反映出我对不同因素（如车的风格和配置）的感受，这些因素影响了我的决策。如果选择是连贯的，我会出于直觉选择某一特定车型，因为它最大限度地满足了各种认知和情感约束。有关这种连贯性的理论的计算模型，请参见相关文献（Thagard, 2000）。

当然，如果决策忽略了关键的认知和情感约束，直觉可能会产生糟糕的决策。例如，我的决策可能暂时为某一因素所遮蔽，如我看到一辆色彩炫酷的汽车。更为有效的决策需要知情直觉，在这种直觉中，某人注意收集与决策相关因素的信息，从而使作为情感反应而出现于意识中的直觉判断基于全部相关约束条件的最大满足。

据笔者猜测，决定进行何种实验通常基于知情直觉。如果研究人员对某一可行实验产生想法，它（知情直觉）会从直觉上判断是否值得进行实验。这种直觉可能基于相关领域丰富的知识和实验经验，可能它仅仅表明新人需要进行一些研究工作。首先考虑实验的科学家如导师或专利申请的评审人所持有的直觉判断可能与其他人的判断有很大差别。无论是谁做出判断，都不会出现诸如"该实验成功的概率为 0.7"这样的冷判断，而是一种诸如"这个实验令人兴奋"或"这个实验毫无意义"这样的情感判断。李曾经说道："科学最令人兴奋的事情是，当你早上醒来的时候自语'哎呀，我今天会有什么发现呢？'"（Ahmfr，1999）

笔者在之前叙述了帕特里克·李生涯中的两项重大事件如何影响初级和高级研究人员判断他们之间的情感失配。资深研究人员根据他们以往丰富的成功或失败的实验经验，以及他们对该领域的研究目标的认识对提出的实验产生情感反应。在与斯坦利·沙克特（Stanley Schacter）的讨论过程中，杰出的社会心理学家理查德·尼斯贝特（Richard Nisbett）从导师的反应中学会了如何进行实验。尼斯贝特说道（个人通信，2001 年 2 月 23 日），"他会利用咕哝声让我明白自己的想法是怎样的：不置可否（嗯……），明显不赞成（啊嗯……）或（很少）同意（啊！）"。有趣的是，和尼斯贝特一样，沙克特的很多学生都成了成就显著的社会心理学家。所以，如果一位资历较深的研究者告知某位资历浅的研究者：这项实验很愚蠢，如同约克里克对李、李对唐所说的那样，这是一种基于丰富实验经验的情感判断。当然，这样的判断并不总是正确的，在这两种情况下，青年研究人员的青春活力再加上实验相对比较容易，使得他们无论如何都要进行实验。不管研究人员的情况如何，决定是否进行实验都不是基于任何明确的成本效益计算，而是基于对所提计划的情感反应。研究人员可能会根据实验的简明性和与普遍信念的一致性对所提实验做出审美判断：完美或漏洞百出。

笔者之前便主张设计实验的目的是解惑，但问题是如何产生的呢？图 11.1 是科学问题起源的模型。在这一模型中，问题的出现是由于人们对某些现象的好奇，意外发现所产生的惊奇，或对某些实际需要的关注。此外，某些问题的形成可能会回答其他问题，正如将追问和自身相联系的反馈回路所示。帕特里克·李的"呼肠孤病毒治疗之路"展示了问题产生的所有方式。他长久以来对病毒附着和复制的生化机制感到好奇。意外发现是一种因素,当唐的实验从控制细胞意外地显示出减少病毒感染时,唐的实验产生了惊人的结果。惊讶是向认知系统附加信息时产生的一种情绪,这一信息不符合系统之前的表征(Thagard, 2000)。李发现唐初始的实验结果非常"奇怪",笔者认为这意味着实验结果出人意料地和他已知的有关呼肠孤病毒的知识相矛盾。当李意识到呼肠孤病毒可能具有溶瘤性,并因此满足改善癌症治疗的巨大需求时,实际需要便进入了他的视线。(李的父亲死于胰腺癌,这种癌症通常涉及激活的 Ras 途径。)请注意,对提问过程的输入——好奇心、需求和惊讶——本质上都是情感化的。

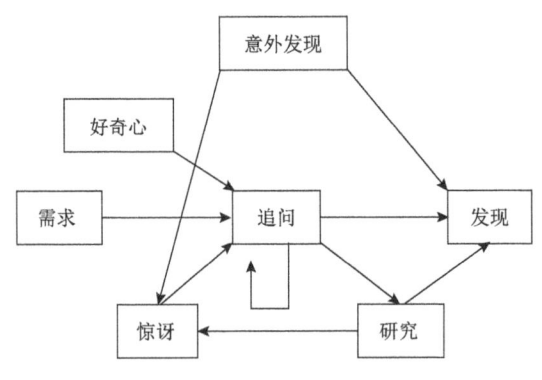

图 11.1　科学问题的起源
摘自 Thagard, 1999,经许可转载

追问过程对于研究的重点至关重要,这使得有用的溯因推理成为可能。科学家们不会对随机选择的事实构成假设,而是对那些在好奇心、需求或惊讶的驱使下通过追问的方式迫切需要解释的事实构成假设。图 11.1 表明发现位于追问的下游(利用了生物化学家的术语),这无疑是在上一章节中溯因推理所描述的认知机制。溯因推理是一种认知过程,但是它以某种方式获得情感输入,即通过追问来选择值得解释的事实。显然,溯因推理也具有情感输出,因为在科学家的生命中,形成一个有前途的新假说是相当令人兴奋的。当我采访帕特里克·李时,他用"惊人""兴奋""震惊"以及"就是这样"的字眼描述他对自己在 1991~1996 年的研究过程

中所产生的新想法的反应。

图 10.2 显示了科学思维中情感作用的更为普遍的模型。正如帕特里克·李和呼肠孤病毒的研究情况表明，科学发现的心理机制包括情感和认知过程。李的兴趣和好奇心使他萌发了疑问，如在唐的令人惊讶的实验中，对照培养基究竟发生了什么。尝试去回答疑问有时会产生出人意料的后果，如最初人们不相信有关呼肠孤病毒与 EGFR 结合这一假设。评估答案有时会带来快乐，如李确定 Ras 途径对呼肠孤病毒复制具有关键性影响。

结　　论

总之，帕特里克·李的呼肠孤病毒治疗之路为有关科学发展的复杂过程提供了一个很好的例证。这不是单纯有了想法后对其进行试验，而是需要一系列结合了实验（无论失败或成功）、信息获取以及假设生成的发展过程。这项研究涉及多种心理机制，从决定何种实验值得做的决策过程到假设生成以对令人惊讶的事实进行解释的溯因推理过程。情感过程不仅仅是认知过程的副产品，而且对这些过程具有重要贡献。科学思想家的心理机制包括相互关联的认知-情感过程，支持异常识别、实验设计和假设构成。

在撰写第 11 章时（2005 年 6 月），我们无法断言李与其学生的研究是否会在治疗人类癌症方面取得突破。由于向肿瘤注入呼肠孤病毒比较困难以及人类免疫系统的稳健性可能会使呼肠孤病毒无法治疗癌症。但未来一两年的临床试验也有可能表明呼肠孤病毒疗法是人类对抗癌症的一项有力武器。在这两种情况下，帕特里克·李发现的呼肠孤病毒的感染机制只是对科学知识的有益补充。本章结合了历史、哲学以及心理学视角来描述这些补充是如何产生的。

12　如何成为一名成功的科学家

导　论

历史、哲学、社会学以及科学心理学和技术学等学科的研究已经积累了大量科学发展过程中重要事件的有关信息。这些案例通常涉及达尔文、爱因斯坦和爱迪生等最成功的科学家和发明家。但是对案例的研究忽视了一个重要问题，即是什么原因使得这些研究者比那些被人们遗忘的众多科学工作者更有成就。本章试图寻找使某些科学家获得巨大成就的许多心理因素和其他因素。笔者研究了两种获得科学成就的信息源。第一个信息源是杰夫·施拉格（Jeff Shrager）于 2001 年 3 月在弗吉尼亚大学举办的科学与技术认知研讨会上所做的一项调查。他要求参会者列出"高度创新人才所具有的 7 种习惯"，在研讨会结束后，他与笔者汇编了一份由研讨会上杰出的历史学家、哲学家以及心理学家所介绍的习惯列表。关于促进科学成就的因素，笔者的第二个信息源是三位分别获得诺贝尔奖的杰出生物学家：圣地亚哥·拉莫·卡扎尔（Santiago Ramony Cajal）、彼得·梅达沃（Peter Medawar）和詹姆斯·沃森（James Watson）给予的建议。这些生物学家的建议是对研讨会参会者意见的有益补充。

高度创造力人士的习惯

当杰夫·施拉格要求参会者提交一份"高创造力人士的 7 个习惯"的清单时，他们会提出诸如勤奋和聪慧这些陈腐的观点吗？笔者对此表示怀疑。但是这些建议非常有趣，笔者和杰夫将其汇编并整理为表 12.1。不足为奇的是，我们并没有列出 7 种习惯，而是将 27 个习惯整理为 6 类（表 12.1）。

表 12.1　高创造力人士具备的习惯

1. 创造新的联系
将研究领域予以扩展,不仅限于某一领域。
广泛阅读。
运用类比的方法联系事物。
同时研究不同的课题。
利用视觉和文字表征。
做研究要独树一帜,不能随大流。
运用多种方法。
寻求方法的创新。

2. 期待意外
认真对待反常现象。
吸取失败教训。
重整旗鼓。

3. 坚持不懈
聚焦关键问题。
有条理并坚持记录。
早证实,晚确认。

4. 兴奋起来
研究有趣的项目(课题)。
与思想、目标为伴。
所提的问题要有兴趣。
敢于冒险。

5. 善于交际
寻找聪明的合作伙伴。
组建优良的团队。
学习他人成功的经验。
向有经验的人请教。
培养不同的认知风格。
与他人交流你的研究工作。

6. 利用这个世界
发现丰富的环境。
创制工具(仪器)。
对想法进行检验。

　　第一类习惯涉及如何建立新的联系,人们认识到科学技术中的创造力通常需要将各种想法合并成新的组合(Ward et al., 1997)。许多成功的科学家不将他们的阅读局限于目前关注的特定研究领域,而是进行广泛的阅读，包括他们研究领域之外的著作。这使他们能够理解自己所面临的问题与可能提出新的解决方案的现有问题之间的相似性（Holyoak et al.，1995；Dunbar，2001）。视觉表征可能会促进类比和其他类型的推理（Giere，1999；Nersessian，1992）。运用多种方法进行多项课题的研究可能会产生新的研究方法。正如赫伯特·西蒙所建议的，研究人员不应随波逐流，与他人做同样的研究，因为在这种情况下很难进行创新。由于科学解释和技术的突破往往涉及发现和处理机制，所以寻求机制的创新往往是一种不错的策略（Bechtel et al.，1993；Machamer et al.，2000）。第二类习惯承认科学技术领域的研究往往不符合预期。如果出现异常的实验结果，研究人员要认真对待，不能置之不理，这一点很重要。然后便有可能从失败的预期中吸取经验，不是放弃，而是在局部的失败中重整旗鼓并继续对反常发现进行研究。从成功和失败的实验中可以学到很多（Gooding，1990；Gooding，1989）。

由于科学和技术研究经常遭遇困难和挫折，因此对于研究人员而言，具备包括韧性在内的第三类习惯十分重要。他们需要聚焦关键问题而不是被无关紧要的问题分散注意力，并需要进行系统的研究，对成功和失败进行详细记录。"早证实，晚确认"这一训谕违反了卡尔·波普尔（Karl，1959）的方法论建议，他认为科学家应着手驳斥自己的思想。但是这一习惯不会因为表面的否定而仓促结束某项研究课题，实验过程中遇到的困难可能会产生这样的否定。

前三类都涉及认知习惯，它与学习和解决问题的基本思维过程相联系。第四类习惯表明科学家也具有一系列情绪行为，这些情绪使得他们积极进行课题研究（Feist et al.，1998）。科学家几乎不太可能对研究项目进行成本效益分析，但随着他们嗅出（发现）课题的趣味和兴奋点，他们便会积极、聚精会神地展开研究。科学研究不仅仅是进行实验并形成假说，而且需要在早期阶段制定方案，以回答有趣的理论或实践问题。兴趣、兴奋和回避无聊使研究人员积极努力地开展研究，研究是具有创造意义的，而不是例行公事。对于科学家而言，与想法和方法为伴是一种内在的欢愉。冒险进行非标准研究可能会引起失败的恐惧，但如果科学家想要朝着高度创新的方向发展，那么这种情感必须加以控制。有关情感在科学思维中作用的进一步讨论，请参阅第 10 章、第 11 章以及沃尔伯特和理查兹（Wolpert et al., 1997)。

认知和情感习惯都涉及个体的心理状态，但是科学家不是一个孤立体。第五类是社交型习惯，包括与他人合作培育科学事业的方式。如今大多数科学研究都是合作式的，因而聪慧的合作者组成高效的研究团队至关重要（Galison，1997；Thagard，1999）。团队不应由相似成分的人员构成，其成员应该掌握不同领域的知识和方法（Dunbar，1995）。通过观察其他研究者成功的经验以及听取导师对实验的建议，科学家也可从中获益。最后，如果你没有花时间通过高质量的论文和有趣的描述来与他人进行有效的交流，那么研究也没有什么意义。第六类也是最后一类习惯承认，科学不仅是一个心理、社会过程，而且包含与世界的交互（Thagard，1999）。通过寻找与研究相关的丰富环境并构造仪器发现这些环境的特征，科学家也收获良多。对想法的检验不仅是理解假设结果这一逻辑问题，而且包含与世界的交互以确定其（世界）是否具有假设认定其具备的属性（Hacking，1983）。

大量的实证研究方能确定上述习惯的确会使科学家有所成就（参见下文的讨论）（Feist et al.，1998）。人们必须建立一个包括普通科学家和著名科学家在内的庞大数据库，记录他们不同的习惯和职业成就程度的表现范围。在这里通过与三位杰出的生物学家所提的建议进行比较后，笔者只能对成功科学家的习惯列表进行更为朴素的验证。

拉莫尔·卡扎尔

圣地亚哥·拉莫尔·卡扎尔是一位西班牙生物学家，他由于关于神经细胞的重大发现而获得 1906 年诺贝尔生理学或医学奖。虽然他仍是一位有影响的科学家，但他于 1897 年写了 *Reglasy Consejos sobre Investigacion Cientifica*（《给青年研究者的忠告》）一书，并被翻译为英文（Ramony et al.，1999）。这本书有很多关于从事生物学研究的建议。

拉莫尔·卡扎尔在著作的引言部分便拒斥了诸如笛卡儿和培根等哲学家的观点，坚称"最耀眼的发现并不依赖逻辑的形式知识"（Ramony et al.，1999）。相反，它们源于一种"产生思想的敏锐的内在逻辑"。在这本书的第 2 章，他警告刚从事研究的科学家要防备阻碍科学发展的陷阱，包括过分崇拜伟人的研究工作且对最重大的问题已经解决这类信念深信不疑。他还认为科学发展的目的是其本身，不要考虑它的应用问题。拉莫尔·卡扎尔质疑出众的天资是进行良好科学研究的必要条件。如果他们专注于重大问题的相关信息，即使平凡的资质也会取得令人瞩目的成就。

拉莫尔·卡扎尔在第 3 章表示，专注是研究人员不可或缺的智力素质之一："所有伟大的成就都是耐心与毅力的结晶，以及数月甚至数年对某一主题的高度关注。其他智力素质包括独立判断、对科学原创性的兴趣、喜好名誉以及爱国主义。专注和对创新的兴趣在某种程度上具有认知特质，但它们也是情感化的，因为两者都包含欲望和动机。"拉莫尔·卡扎尔极力强调科学思维的情感方面："在伟大的科学学者身上，必定存在两种异常强烈的情感：对真理的热爱以及对名誉的迷恋。"迷恋名誉很重要，因为对认可与赞许的渴望会产生一种强大动力；科学需要那些自诩"开疆拓土"的人。同样，拉莫尔·卡扎尔认为爱国主义是一种有用的激励力量，因为研究人员努力做出新的发现在某种程度上是为了国家的荣誉。然而，大多数的激励品质都更为狭隘："我们的新手研究者冒着失败的风险时缺乏额外的品质——对创新的强烈意向、对研究的兴趣以及渴望体验与发现本身相关的无与伦比的满足感。"发现是一种"难以形容的乐趣——它使生活中的其他快乐相形见绌"。

第 4 章没有对兴趣泛泛而谈，因为其内容主要针对进行生物学研究的新人。拉莫尔·卡扎尔指出了通识教育的价值，他认为哲学具有特别的作用，因为它"为实验人员提供了充足的准备以及出色的心理训练"。但是，如果研究人员想要掌握某一科学领域的知识，专业化也是一项必要条件。拉莫尔·卡扎尔还就学习外语、阅读专著（特别注意研究方法和未解决的问题），以及掌握实验技术的重要性方面提出了建议。拉莫尔·卡扎尔强调了"在自然中寻求灵感的绝对必要性"，极力主张耐心观察能够生成原始数据。研究人员选择问题的方法应该是为他们理解和喜欢的。

第 5 章的内容是研究人员应予以避免的消极建议——特质，因为这些会阻碍研究者获得成功。非常形象的是，这一章的标题为"意志病"，它将失败的科学家分为多种类型：空想家、爱书狂和万言通、自大狂、仪器的崇拜狂、不适合的人以及理论专家。例如，理论物理学家头脑迅速、想象丰富，而且活跃，不喜欢在实验室工作，因而他们永远不会对学问贡献原始资料和数据感兴趣。根据拉莫尔·卡扎尔的观点，"是热情和坚韧创造了奇迹"。

第6章介绍了有利于科学研究的社会因素，包括物质支持如优良的实验设备。拉莫尔·卡扎尔还对婚姻提出了建议，前提为研究人员是男性："我们建议那些倾心于科学的男人，在他的内心所选择的女人身上寻找一种协调一致的心理特征，而不是漂亮和财富。"

第7章返回到更为认知性的建议，即有关所有的科学研究活动：观察和实验、可行的假设以及证明。观察不是草率完成的。"检查是不够的，还需必要的观察和反思：我们应该向观察的事物注入我们热烈的情感和深深的共鸣"。应该利用最好的仪器进行重复实验。一旦收集到数据，自然就会构想出解释数据的假设。虽然假设必不可少，但是拉莫尔·卡扎尔警告"不要过分依附于我们自己的想法"。必须通过寻找与之相悖和支持这些假设的数据来检验假设。研究人员必须心甘情愿地放弃自己的想法，因为过度的自尊和自负都会阻碍科学的进步。

第8章和第9章返回到如何写作科学论文以及如何将研究与教学相结合等更为实际的建议。

彼得·梅达沃

据笔者所知，唯一一本由著名科学家以书的篇幅为青年科学家撰写的建议是彼得·梅达沃（Peter Medawar）的《对年轻科学家的忠告》（Medawar，1979）。书名与拉莫尔·卡扎尔早期著作的英译本相似，但是译者一定模仿了梅达沃，而不是梅达沃在模仿拉莫尔·卡扎尔，后者的原始标题没有"年轻"一词。梅达沃是一位英国生物学家，他因在1949年（当时他只有30多岁）所做的研究而获得1960年的诺贝尔奖。梅达沃的书中没有迹象表明他读过拉莫尔·卡扎尔的早期著作。

梅达沃首先提问：如果我注定要成为一名科研工作者，我该如何确定呢？他认为，大部分出色的科学家都具有一种他谓之"探索性冲动"的特质,这是一种想要理解的强烈渴望。他们还需要智力方面的技能,包括一般智力和特定学科所需的特定能力,如许多实验科学所需的操作技能。

梅达沃在下一章提出的建议是关于我应该做什么研究。他的主要建议是研究重要问题,这些问题的答案对一般科学或人类具有重要意义。年轻科学家必须谨防随大流,如关注一些流行的噱头而不致力于重要思想的研究。

梅达沃书中第4章的内容是有关科学家如何使自己更上一层楼。他认识到新手必须阅读文献,但是强烈要求阅读要"专注和有选择性,不宜过多"。危险在于,新手耗费了过多的时间去掌握文献,因而从未进行过任何研究。实验研究人员需要获得结果,纵使其一开始并非原始数据。研究的艺术是"可解的艺术",因为研究人员必须找到一种解决问题的方式,如新的测量技术提供了解决问题的新方法。

拉莫尔·卡扎尔(想当然地)认为科学家都为男性,与之相反,梅达沃在书中的某一章专门讨论了科学中的性别歧视和种族主义。梅达沃认为男性和女性在智力、技能或思维方式上没有差异,他对女性科学家没有特别的建议。同样,他认为不同种族或民族在科学实力或能力方面没有先天的本质差别。

梅达沃声称他全部的科学研究都是通过合作完成的,并强调了协同作用的重要性,因为一个研究团队的共同努力远远超过成员各自贡献的总和。与独来独往的人相比,从不吝啬与人合作的年轻科学家会拥有更为愉悦和成功的研究生涯。科学家应该欣然认识到和承认他们的错误:"我无法给予任何年龄的科学家比这更好的建议了:对某一假设信以为真的强烈程度和它是否为真无关。"梅达沃认为,安定而平静的生活有助于培养创造力。科学家往往会因研究成果的优先权考虑可能会守口如瓶、秘而不宣,但是梅达沃建议将自己所知道的一切都告知亲密的同事。抱负和志向能够有效地激励年轻科学家,但是过度的野心则是一种缺陷。

与拉莫尔·卡扎尔一样,梅达沃鼓励科学家通过出版和介绍的方式展现自己的研究成果。他建议在科学(不幸的是,不是在人文科学)中遵循普遍的策略,即报告应该用笔记来表达,而不是从脚本中读出来。为目标读者撰写的论文应当简明扼要,适于阅读。

梅达沃还对进行和解释实验提出了建议。他提倡"伽利略型"实验,即不是简单地进行观察,而是以检验假设的方式区分各种可能性。他警告科学家勿沉迷于自己所中意的假设。年轻科学家应致力于利用实验和理论使世界更易为人理解,而不仅仅是收集信息。科学家是一个"真理的追求者",他们设计出能够为可行实验所检验的假设。在科学家开始说服别人相信其经验和观点之前,他们必须首先说服自己,这应该很难实现。与基于范式的库恩哲学相比,梅达沃更青睐以批判性评价为基础的波普尔的科学哲学。

詹姆斯·沃森

第三位杰出的生物学家是詹姆斯·沃森(James Watson),他因发现 DNA 结构而获得 1962 年的诺贝尔奖。1993 年,沃森在庆祝发现双螺旋结构四十周年的会议上发表了餐后演讲,后来收录于一本偶然发表的作品集(Watson, 2000)。已出版的书名为《科学中的成功:某些经验法则》,全书仅有四页,比拉莫尔·卡扎尔和梅达沃的书要简洁得多。沃森认为要想在科学上取得成就,需要的不仅仅是运气和智慧,他还提出了四条成功法则。

第一条法则是向获奖者学习,远离无知的人。要想战胜真正的困难,你应该不断地向比你出色的人请教。第二条法则是敢于冒险,随时准备陷入重重困境。要想取得巨大的成就,你必须要有一个尚未准备好去追求的宏伟目标,并且将那些人(包括你的导师在内)所讲的你没有准备好之类的话抛之脑后。然而沃森的第三条法则是,当你陷入困境时你需要某个人作为你坚强的后盾。他描述了约翰·肯德鲁(John Kendrew)和萨尔瓦多·卢里亚(Salvador Luria)在关键时刻所给予的支持对他职业生涯的重要意义。

沃森的最后一条法则是:"不要做任何让你烦恼的事情"(Watson, 2000)。做好你喜欢的事情要容易得多。沃森还谈到了身边有人关心你的重要性,你可以向他们寻求智力上的帮助。有一些人可能对你的想法提出明智的批判,这也是很有价值的;沃森认为,他的主要竞争对手罗莎琳德·富兰克林和莱纳斯·鲍林在研究 DNA 结构的过程中都缺少人们对他们的有力批评。人们不应该将科学作为一种规避与他人交往的方式,因为科学成就需要和其他科学家，包括同事和竞争者共同相处。沃森的成功在某种程度上在于他的知己知彼。

讨 论

三位著名的生物学家所提出的建议在多大程度上符合表 12.1 中概括的创造性科学家所具有的习惯呢？我们看到明显存在某些重叠，例如，沃森建议敢于冒险以及梅达沃建议拥有好的合作伙伴。但是这三位生物学家同样有许多在 2001 年的科学技术认知研讨会上并未提及的建议。笔者在表 12.2 附加了额外的建议，这些建议只是对表 12.1 的补充而非替代。

三位生物学家并未给表 12.1 增添太多的认知性建议，尽管其中有许多有价值的信息，如梅达沃建议利用新的方式解决问题，拉莫尔·卡扎尔和梅达沃认为在必要的时刻应该放弃自己的想法，以及拉莫尔·卡扎尔建议进行研究要一丝不苟、全神贯注。补充的情感性建议更为有趣，特别是拉莫尔·卡扎尔和梅达沃讨论了激情如何孕育科学成就，如对真理、名誉、发现和领悟的强烈渴望。表 12.1 中研究有趣的项目这一建议和沃森建议避免无聊相关联，而这是他的双螺旋研究背后的主要推动力（Watson，1969）（第 10 章）。

这三位生物学家还提出许多有关社会和环境方面的建议，远远超过表 12.1 的内容。表 12.1 概括了拉莫尔·卡扎尔、梅达沃和沃森关于社会的有用建议，从适婚到与同事和一般科学界的良好沟通与交流。与哲学家、心理学家和科学史学家相比，拉莫尔·卡扎尔和梅达沃更加强调利用实验和工具与世界进行有效互动的重要性。尽管研讨会的参会者出色地确定了科学成就中的认知因素，但是三位生物学家在有关情感、社会以及环境因素方面提供的建议似乎更好。

表 12.2 还列出了一组其他因素，这类因素似乎与表 12.1 中的 6 类因素都不相符。拉莫尔·卡扎尔和梅达沃都建议科学研究的目的是其本身，不要过多地担心实践应用。拉莫尔·卡扎尔主张不要对伟大的思想印象过于深刻，这与沃森敢于冒险背离既定意见的劝告相符。梅达沃主张阅读不

宜过多，这似乎与表 12.1 中主张广泛阅读相矛盾。研究重大问题并避免生活的干扰似乎是不错的一般性建议。

表 12.2　成功科学家的另外一些习惯

1. 创造新的联系
寻找解决问题的新方式，如采用新技术（梅达沃）

2. 期待意外
避免过分依附于自己的想法（拉莫尔·卡扎尔）
愿意认识并承认错误（梅达沃）

3. 坚持不懈
高度关注某一主题

4. 兴奋起来
热爱真理，喜好名誉（拉莫尔·卡扎尔）
爱好创新并对研究充满兴趣（拉莫尔·卡扎尔）
渴望体验发现的满足感（拉莫尔·卡扎尔）
强烈渴望理解（拉莫尔·卡扎尔）
从不去做使自己烦恼的事情（拉莫尔·卡扎尔）

5. 善于交际
与心灵契合的人相结合（拉莫尔·卡扎尔）
告知亲密的同事你所知的一切（梅达沃）
有效交流研究成果（拉莫尔·卡扎尔、梅达沃）
向获胜者学习（沃森）
遭遇困境时有可以求助的人（沃森）

6. 利用世界
在自然中寻求灵感（拉莫尔·卡扎尔）
拥有并利用优良的实验设备（拉莫尔·卡扎尔）
认真观察并反思（拉莫尔·卡扎尔）
进行实验以严格检验假设（梅达沃）

7. 其他
不要过分崇拜伟人的研究（拉莫尔·卡扎尔）
科学发展的目的是其本身（拉莫尔·卡扎尔、梅达沃）
研究重大问题（梅达沃）
阅读不宜过多（梅达沃）
有安静、平静的生活（梅达沃）

人格心理学研究是有关科学家成功原因的又一可能的信息源。费斯特和戈尔曼（Feist et al., 1998）评论了一篇比较科学家和非科学家个性特征的主要文献。他们的主要结论是：

- 科学家更为小心谨慎。
- 科学家更有影响力，对成就更感兴趣并具有紧迫感。
- 科学家比较独立自主、内向并且不太善于交际。
- 科学家的情感比较坚定可靠，可以很好地控制自己的冲动。

他们还评论了将著名的、有创造力的科学家和普通的、创造力一般的科学家进行比较的文献，结论如下：

- 创造性的科学家更有影响力，更傲慢、自信或更不友善。
- 创造性的科学家更为自主、独立或内向。
- 创造性的科学家紧迫感更强，更加雄心勃勃，或更看重成就。
- 创造性的科学家在思想和性格方面更加开放、灵活。

从本章中我们可以得出：成为一名成功的科学家有助于使其成为一个有影响、独立、有紧迫感并且灵活多变的人。

即使没有个性方面的研究结果，我们也在表 12.1 和表 12.2 之间汇集了将近 50 条有关科学成功的建议。当然，其中一些建议比其他建议更为重要，因为它们孕育了对科学成就贡献最大的创造性突破。但我们不知道哪些建议最有影响。也许大规模的心理和（或）历史考察可能会使我们对于哪些因素最为重要有些许了解（Feist，1993）。

也有可能就如何在较低的水平上从事科学事业提供实际的建议，如如何应对选择职业，工作-家庭之间的矛盾以及科学家老化等问题（Darley et al.，2004；Sindermann，1985）。本章并不试图就成为有创造力、成功的科学家所具备的品质和能动性而罗列出一份结论性列表，但笔者希望这一章能为人们理解科学成功提供某种框架和一系列因素。

本章讨论的各种科学成功的因素表明，解释科学知识的增长需要考虑多种不同因素。科学研究需要超越对特定学科的传统关切，如对推理模式的哲学关切，对认知过程的心理学关切，以及对社会交往的社会学关切。所有这些关切都是合理的，但是需要以理解情感、性格以及与世界的智能交互如何促进科学的发展作为补充。

13 自我欺骗与情感连贯性

巴尔金德·莎德拉 保罗·萨伽德

导　论

帕鲁克和海特（Paluch et al.，1980）等怀疑论者认为，自我欺骗这一概念是不合理的。然而有经验证据表明，自我欺骗不仅可能，而且在人类生活中普遍存在。它解释了对手在斗争过程中的积极幻想和相信自己会赢的信念（Wrangham，1999）。自我欺骗否认身体方面的疾病（Goldbeck，1997）。事实证明，自我欺骗是个体经营者盲目的乐观态度（Arabsheibani et al.，2000）。在职业司机的交通行为中已经发现这一现象（Lajunen et al.，1996）。而且自我欺骗可以在各种社会背景下调解合作与背弃之间的矛盾（Surbey et al.，1997）。

什么是自我欺骗？我们如何欺骗自己？研究人员试图以各种方式回答这些问题。某些思想家认为自我欺骗包括自我分裂，即自我的一部分欺骗另一部分（Davidson，1985；Pears，1986；Rorty，1988；Rorty，1996）。然而另一些人认为没有必要进行这种区分（Demos ，1960；Elster，1983；Johnston，1988；McLaughlin，1988；Rey，1988；Talbott，1995；Mele，2001）。一些人认为自我欺骗是有意为之（Sackeim et al.，1978；Davidson，1985；Pears，1986；Rorty，1988；Talbott，1995），而另一些人则坚持认为这种行为是无意的（Elster，1983；Johnston，1988；McLaughlin，1988，1996；Lazar，1999；Mele，2001）。一些人认为自我欺骗违反了理性的一般准则（Pears，1982；Davidson，1985），而另一些人则认为自我欺骗符合实践理性（Rey，1988；Rorty，1988）。

笔者认为自我欺骗可以使情感连贯，从而接近或规避主观目标。笔者通过模拟自我欺骗的一个特定案例来阐明这一观点，即霍桑（Hawthorne）的作品"红字"中的牧师：丁梅斯代尔（Dimmesdale）。该模型有两部分，即"冷"或非情绪性模型以及"热"或情绪性模型。自我欺骗的情感方面在某些解释中可能比较隐晦，但是尚无人重视这一问题。罗纳德·德·索萨（Sousa，1988）与阿里拉·拉扎尔（Ariela，1999）是两个明显的例外。笔者的计算解释比德·索萨（de Sousa）的计算解释更为精确。拉扎尔（Lazar，1999）认为，自我欺骗的信念在某种程度上由情绪所引起，而实践推理无法对其（情感）影响进行调节。笔者的解释与拉扎尔的不同之处在于，笔者证明，即使自欺者在高度理性的情况下也会产生自我欺骗；情感的效果是由理性思维调节的，就像理性思维的效果是由情感调节一样。换言之，笔者将证明认知与情感因素的相互作用在自我欺骗中发挥着举足轻重的作用。

在提出笔者的模型之后，笔者还会将它与其他两种自我欺骗模型——雷伊（Rey，1988）和塔尔博特（Talbott，1995）的自我欺骗模型进行对比。笔者认为笔者的模型比他们的模型在心理上更具合理性。

何为自我欺骗？

自我欺骗涉及盲目或未经检验便接受某一信念，如果某人公正地或普遍从他人的角度来审视这一信念，那么很容易判定这种信念是"虚假的"（Mitchell，2000）。请考虑米尔（Mele，2001）所举的例子，托恩（Ton）自欺欺人地相信自己的研究论文被拒绝发表是错误的。毋庸置疑，托恩的自我欺骗具有两个基本特征：

1. 托恩错误地相信 p。
2. 无论是托恩以外的其他人抑或他自己在之后公正的检查过程中，都注意到（或指责）他在诱骗自己相信 p。

这两点是相关的。我们知道托恩错误地相信 p 是因为，对于证据的公正检查表明托恩应该相信～p。大多数时候，米尔的术语"公正的观察者"是指不同于自我欺骗的人，但也有可能是，自我欺骗者也许后来在仔细检查的过程中意识到了自己信念中的欺骗和自我欺骗。

人们甚至可以将上文（2）中的观察或指责替换为"解释"一词。戈德伯格指出，"对自我欺骗的指责仅仅与解释……（这一）行为一样强烈（Goldberg，1997）。因此，正如故事所展现的那样，有人可能认为我们即将提出的丁梅斯代尔自我欺骗模型是基于我们对他的言语和信念的解读。但我们不能进行任何解释。最佳解释与所有可用信息相一致。

上文提出的有关自我欺骗的最低限度的描述并未经过细心调整，以对自我欺骗和一厢情愿与否进行区分。在笔者利用计算模型对自我欺骗进行更为明确的说明后，便会做出这样的区分。鉴于这些言论，我们便可以开始对《红字》中的牧师丁梅斯代尔的自我欺骗进行公正或外在分析。

丁梅斯代尔的自我欺骗

在进行分析之前必须澄清，笔者不是为了在道德上评判丁梅斯代尔。一些理论研究者认为自我欺骗本质上就是错误的，因为它是一种精神上的缺陷（Sartre，1958；Fingarette，1969）。同时，许多哲学家也认为自我欺骗并不总是错的，甚至可能有益处，参见罗蒂（Rorty，1996）和泰勒（Taylor，1989）的相关论述。然而，在霍桑创作《红字》的时代，人们理所当然地认为对自己不诚实总是错误的。霍桑给予了我们一项极好的建议："要真诚！要真诚！一定要真诚！即使不把你的最坏之处无所顾忌地展示给世人，至少也要流露出某些迹象，让别人借以推断出你的最坏之处。"（Hawthorne，1850）。对于霍桑而言，自我欺骗和虚伪一样在道德上都是错误的，因为自我欺骗的人在很大程度上与他们内心真实的自我相脱节，并且错误地将其信任寄托于读者认为的虚假表象。笔者认为自我欺骗的道德谴责这一问题很重要。然而，笔者的目标则要简单（谦逊）得多，因为笔者只想解释丁梅斯代尔如何欺骗自己，从而提出一种新的设想自我欺骗的方式。

《红字》对于研究自我欺骗具有特别的吸引力，因为书中细致地描绘了自我欺骗的人物。有关自我欺骗的哲学类文献不约而同地在细节上有所缺失；最常见的被引用的是埃尔斯特（Elster，1993）的酸葡萄的例子。在《红字》中，几乎每个人都是伪君子。更重要的是，霍桑笔下的所有伪君子几乎总是在自欺欺人。读者很容易从叙述中推断出这一点。然而有一次，叙事者明确告诉我们，丁梅斯代尔牧师欺骗了自己；后来，丁梅斯代尔表明了自己的身份以揭示他自我欺骗的复杂心境（complexity）。参见图13.1对丁梅斯代尔自我欺骗的图解分析。图中的实线表示积极联系，虚线表示消极联系。

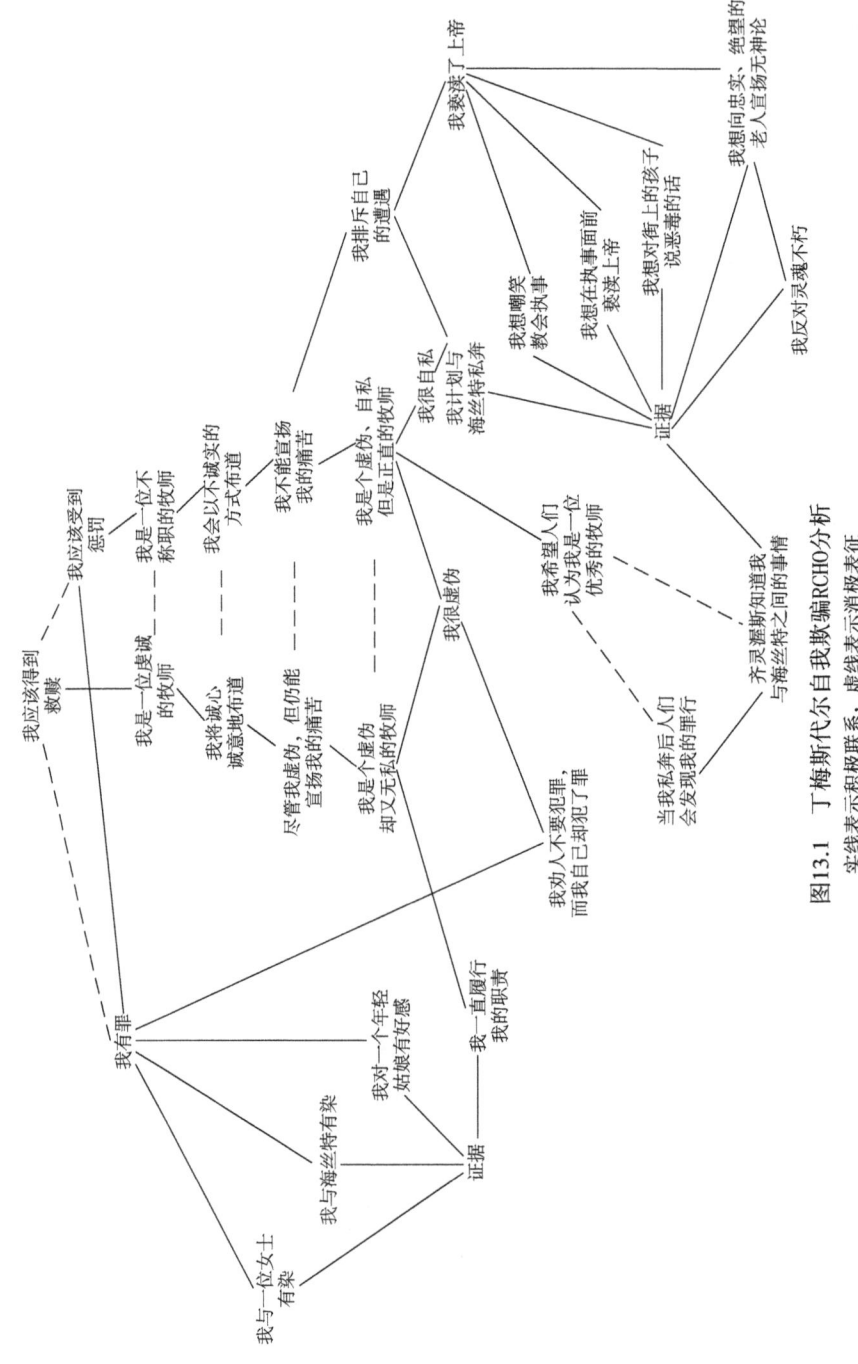

图13.1 丁梅斯代尔自我欺骗RCHO分析
实线表示积极联系，虚线表示消极表征

叙述者告诉我们，丁梅斯代尔是在自欺欺人，当他告诉自己，他知道自己还能在与海丝特私奔前传道、选举日布道时，他的满足感来自于他希望人们会把他看作是教会可敬的仆人。他对海丝特说道："人们不会说我'擅离职守，敷衍职责'！"（Hawthorne，1850）"的确令人痛心，"叙事者告诉我们，"这样一位可怜的牧师所做出的如此深刻而锐利的自省竟然遭受这样卑劣的欺骗"。丁梅斯代尔之所以欺骗自己，是因为即使他马上会公之于众，也不想人们说他没有履行自己的"公共职责"，很明显对于同样的公众而言，他尽职尽责的服务完全是虚伪的。换言之，他自我欺骗的原因在于其相信自己能够以伪君子的身份胜任这样一份神圣的职务。

丁梅斯代尔自欺欺人地认为，自己已经不像七年前那么虚伪了。以前，他因为自己隐藏了所犯的罪孽而感到虚伪。然而在与奇灵渥斯的谈话中，他承认，知道自己有罪的牧师仍旧有义务继续从事这一职业，因此从这种意义上讲，他不一定是伪君子。他声称有些人，"根据他们的本性"可能被迫忍受那深藏罪恶的"难以言表的折磨"而且依旧履行着牧师、甚至圣事（圣礼）的职能。因此，正如哈里斯所言，"在过去，丁梅斯代尔一直是一名优秀的牧师，这不仅是因为他隐藏了罪恶感，也因为他的伪善意识，而且正是因为这些因素——因为他令人痛苦的处境，造就了这一结果。"（Harris，1988）他是一个伪君子，因为他表现出了一种圣人的假象；但他这样做的动机是履行职责。因此尽管他虚伪，但他仍然是一位优秀的牧师，因为他的动机是无私的。

然而当他欺骗自己时，情况则完全不同。他的动机虽然发生了变化，却依然自欺欺人地相信动机和以往相同。这一次，他的动机是给自己披上正义的外衣。他主要在意人们对他的评价"不会认为他擅离职守，敷衍职责！"（Hawthorne，1850）。过去，丁梅斯代尔是一个伪君子，但仍然算得上是一位优秀的牧师。但现在他是一个伪君子，一位不称职的牧师，因为他的动机是自私的。他相信，即使现在对自己的痛苦不予理睬，他依旧可以真诚地宣扬他的苦难。简而言之，他自欺欺人地以为自己现在仍一如既往是一位优秀的牧师。

自我欺骗与他的虚伪交织在一起，这使丁梅斯代尔感到十分困惑。哈里斯认为，他的自我欺骗"最深刻、最无意识，掺杂了刻意的虚伪，而预示着对身份前所未有的困惑"（Harris，1988）。小说中的叙述者描述了这一复杂情况："在任何相当长的时间内，谁也无法对自己装扮出一副面孔，而对众人又装扮出另一幅面孔，那么到头来，他自己也会迷惑，不知道究竟哪幅面孔才是真实的。"（Hawthorne，1850）在"牧师的困惑"这一章，当丁梅斯代尔的面目被揭穿后，他的冲动似乎是"既非心甘情愿，却又有意为之：他控制不住自己，一个更深层次的自我滋长出来，来对抗这种冲动本身"。这种"更深层次的自我"唆使他在执事面前亵渎上帝；嘲笑善良、圣洁的执事；向无助的老妇宣扬无神论，她除了对上帝的信念之外一无所有；教给街上玩耍的孩子们一些"非常邪恶的话"；并给了在精神上迷信他的年轻姑娘一个"邪恶的眼神"。

他的"更深层次的自我"与其性欲息息相关，主要表现在三个方面：第一，他由于一时冲动与海丝特私通；第二，他与教堂会众之间的愉悦关系，"许多风华正茂的年轻处女早已在精神上奉献于他"。第三，如前所述，在他陷入"迷惘"之时遇到了一位年轻少女，叙事者告诉读者，"牧师觉得只需要自己邪恶的一眼，就能令她那纯洁无邪的心田干涸"。

值得注意的是，丁梅斯代尔能够不再进行自我欺骗。这将会在我们的模型中产生重大影响，稍后我们将予以解释。霍桑在整部小说充斥着对丁梅斯代尔的虚伪和自欺欺人的嘲讽和蔑视，但是在小说的结尾，他使其成了一位英雄或圣人。丁梅斯代尔在布道时说，"不再自欺欺人地以为他既可以排斥自己的苦难，同时又宣扬自己的苦难"（Harris，1988）。他布道的精神和效果与之前如出一辙。因此，他又回到了先前的虚伪状态。当丁梅斯代尔在所有教众面前公开了自己的罪行时，他在弥留之际摆脱了自己的虚伪。他之所以能够摆脱这一切是因为他比任何人都清楚，他不值得救赎。

丁梅斯代尔自我欺骗模型概述

笔者利用模拟程序、ECHO 以及 HOTCO2 对丁梅斯代尔的自我欺骗进行计算模拟。下文详细描述了这些模拟程序。笔者在这一节对自己的模型进行了概述。

模型由两部分组成：①冷牧师，一种冷静或缺乏情感的解释；②热牧师，一种情绪性解释。第一部分在于考察丁梅斯代尔在证据前提下会相信什么。这一尝试可作为一种合理基础。换言之，这是对情势的公正或外部评论。第二部分模型是关于排斥证据后他所具有的信念，模型考虑了他的目标和情感偏好。

在第一项实验（冷牧师）中，输入只能观察到的命题（即证据），以及命题之间积极和消极联系，见图 13.1。实验开始后，据笔者预测丁梅斯代尔会相信 A 信念集：

1. 我是一位不称职的牧师。
2. 我会以不诚实的方式布道。
3. 我无法宣扬自己的痛苦。
4. 我是个虚伪、自私但是正直的牧师。

在第二项实验（热牧师）中，除证据、命题和全部联系之外，丁梅斯代尔还被赋予两个目标：①试图救赎；②逃避指责。此外，基于某一命题所具有的消极或积极的情感效价，他有"喜欢"和"不喜欢"两个选项，参见表 13.1。例如，他想要成为一名优秀的牧师，而不愿意做一名不称职的牧师。在这一实验中，他应该可以自欺欺人地相信 B 信念集：

1. 我是一名优秀的牧师。
2. 我将诚心诚意地布道。
3. 尽管我虚伪，但仍能宣扬我的痛苦。
4. 我虽虚伪，却很无私。

（实验）冷牧师运行于解释连贯性程序 ECHO。（实验）热牧师运行于情感连贯性程序 HOTCO 2。下文两节将详细描述 ECHO 和 HOTCO 2。

表 13.1　ECHO 模型中，丁梅斯代尔对各个命题的情感态度[①]

	命题	目标	喜欢	不喜欢
1	我是一位优秀的牧师		*	
2	我是一位不称职的牧师			*
3	我应得到救赎	接近救赎		
4	我应受到诅咒	避免诅咒		

---

① 原文无表题，此为译者加。——译者注

	命题	目标	喜欢	不喜欢
5	我将诚心诚意地布道		*	
6	我会以不诚实的方式布道			*
7	尽管我虚伪，但仍能宣扬我的痛苦		*	
8	我虽虚伪，却很无私			*
9	我一直尽忠职守		*	
10	我无法宣扬我的痛苦			
11	我是个虚伪、自私但正直的牧师			
12	我排斥我的遭遇			*
13	我亵渎上帝			*
14	我很虚伪			*
15	我很自私			*
16	我有罪			*
17	我劝人不要犯罪，而自己却犯了罪			*
18	我与海丝特有染（E）			*
19	我对一个年轻姑娘有好感（E）			*
20	我与一位女士有染（E）			*
21	我希望人们认为我是一位优秀的牧师（E）			
22	人们会发现我的罪行			*
23	齐灵渥斯知道我与海丝特之间的事情（E）			*
24	我计划与海丝特私奔（E）			*
25	我想嘲笑教会执事（E）			
26	我想在执事面前亵渎上帝（E）			
27	我想教孩子们说一些恶毒的话（E）			
28	我想向老妇宣扬无神论（E）			
29	我反对灵魂不朽（E）			

注：E=Evidence（证据）

ECHO 与解释连贯性

ECHO 是解释连贯性理论的一种实现，本书在其他部分已对后者进行了详细论述（Thagard，1992；，Thagard 2000）（第 8 章）。ECHO 明确地显示了如何计算连贯性，单元表示假设与证据，这些高度简化的人工神经元相互之间具有兴奋性和抑制性联系。如果两个命题是连贯的，如某一假设解释某项证据，那么表示它们的单元之间就具有一种兴奋性链接。如果两个命题彼此不连贯，要么因为它们相互矛盾，要么因为竞相解释某些证据，那么它们之间便存在一种抑制性联系。标准算法可用于在单元之间传播激活，直至单元达到某种稳定状态，其中一些单元具有积极（正）激活，表示接受它们所表征的命题，另一些单元具有消极（负）激活，表示拒斥它们所表征的命题。因此可以利用人工神经网络算法将解释连贯性予以最大化，其他类型的算法亦如是（Thagard et al.，1998；Thagard，2000）。

HOTCO 与情感连贯性

当人们做出判断时，他们不仅要获得相关的信念，还要在情感方面做出评价。例如，决定相信人们在某种程度上依赖于对他们的计划和个性的纯认知推断，还包括对他们采取何种情感态度（Thagard，2000）（第 6 章）。情感连贯性理论解释了人们对相关信念的推断如何与对人、事物和情境的情绪生成相结合。根据这一理论，诸如命题和概念等心理表征，除了具有接纳和排斥的认知状态外，还具有一种所谓"效价"的情感状态，这种状态可以是积极或消极的，这取决于某人对于表征的情感态度。例如，正如人们可以接受或拒斥丁梅斯代尔与海丝特有染这一命题，人们也可以根据自己认为该命题是好或坏而附之以积极或消极的效价。

计算模型 HOTCO 通过扩展 ECHO 使得表示命题的单元具有效价和激活，从而实现情感连贯性理论。效价是连贯性系统要素所附属的情感标记。效价可以是积极或消极的。此外，单元可以输入效价以表征其内在效价。在 HOTCO 的初始版本中（Thagard，2000），某一单元的效价根据与其联系的所有单元的激活和效价来计算。因此效价会受激活与情绪的影响，反之则不然：HOTCO 使诸如基于解释连贯性的认知推断对情感判断施加影响，但是不容许情感判断使认知推断产生偏差。HOTCO 和其所表现的过于理性的情感连贯性理论可以解释相当广泛的认知-情感判断（包括信任以及其他心理现象），但无法充分解释丁梅斯代尔的自我欺骗。

正如第 3 章和第 8 章所看到的，HOTCO 2 容许所有单元具有偏差。例如，请思考命题"我会得到救赎"。我们可以认为该命题具有某一激活，表示命题的接受或拒斥程度，但也可认为该命题具有某一效价，符合丁梅斯代尔对救赎的情感态度。由于他非常珍视救赎，这一命题具有积极效价。因此，在 HOTCO 2 中，命题的真实性与可取性相互依存。有关解释和情感连贯性的技术细节载于第 3 章的附录。

冷牧师与热牧师的研究结果

正如所料，在 ECHO 运行的冷实验中，系统接受了 A 信念集的全部四项命题：

1. 我是一位不称职的牧师。
2. 我会以不诚实的方式布道。
3. 我无法宣扬自己的痛苦。
4. 我是个虚伪、自私但是正直的牧师。

同时，系统拒斥了 B 信念集：

1. 我是一名优秀的牧师。
2. 我将诚心诚意地布道。
3. 尽管我虚伪，但仍能宣扬我的痛苦。
4. 我虽虚伪，却很无私。

另一方面，在 HOTCO 2 运行的热实验中，由于输入效价的权重等于或大于 0.06，因此系统成功地欺骗了自我；即接受 B 信念集而拒斥 A（除了 A 的第四项命题）。然而，丁梅斯代尔自我欺骗模型的理想化目标是（输入效价的）权重为 0.07。在这一输入效价的强度下，丁梅斯代尔成功地诱骗自己相信信念集 B，同时拒斥了他会得到救赎这一命题。换言之，自我欺骗发生了，但是"他会得到救赎"这一命题具有消积效价，即丁梅斯代尔拒斥了该命题。另外，丁梅斯代尔完全承认了他的罪行。这与小说《红字》相一致，在小说中，丁梅斯代尔从未否认自己的罪行以及他为此经历的深重苦难。丁梅斯代尔可以不自欺欺人，并在临死前在教众面前承认了自己的罪行,哭求饶恕。结果与这一事实相一致。因此,HOTCO 2 成功以模型模拟了该项事实:尽管丁梅斯代尔自欺欺人之时努力获得救赎,但他从未完全接近它。当他意识到除非自己不再自欺欺人,不再虚伪,否则将永远得不到救赎,这使他后来在小说中摆脱了自我欺骗。

自我欺骗与主观幸福感

根据我们的模型,当人们试图规避或接近其主观目标时,他们对信念的情感偏好产生了自我欺骗。这一解释与埃雷兹等(Erez et al., 1995)的主观幸福感的心理学理论一致,根据该理论,诸如情绪倾向和控制点等意向倾向(dispositional tendencies)通过自我欺骗影响主观幸福感。根据这一理论,某些人常常利用自我欺骗维持自己的幸福。这些人要么积极适应,要么对克制寄予厚望。例如,如果他们积极地适应,则往往会忽视失败。他们不切实际地以为,若他们对克制具有较高的期望值,便可以掌控其周围的情况。此外,通过搜寻积极和理想的信号而拒绝消极和不理想的信号,个体倾向于以积极方式评估刺激或者总是认为自己可以(控制所处的环境)(Erez et al., 1995),见图 13.2。

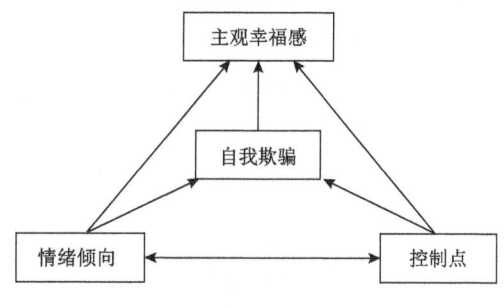

图 13.2 自我欺骗的心理因果模型
改编自 1995 年埃雷兹等的模型

因此,我们集中讨论埃雷兹等假设的因果模型的最下部分,自我欺骗的两种可能原因是:情感倾向和控制点。然而,我们假设自我欺骗和主观幸福感之间存在双向因果关系,见图 13.3。

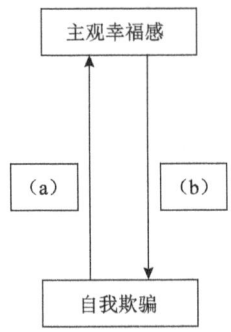

图 13.3　自我欺骗与幸福感之间的双向因果联系

笔者认为因果关系是双向的，原因如下：

（a）有证据表明自我欺骗产生主观幸福感。

•自我欺骗是主体增强对情境进行积极评价的一项心理机制（忽视次要批评，漠视失败以及期望成功）（Zerbe et al.，1987）。

•自欺欺人者不断歪曲日常事务以得到实在的尊重（Paulhus et al.，1991）。

•自我欺骗通过缓解竞争对手的压力来提升他们的积极性和表现，并通过抑制他们对其竞争对手的自身利益和信心的了解来增强他们的信心（Starek et al.，1991）。

（b）同样，主观幸福感会引发自我欺骗：

•如果人们所获得的实际尊重足够充分，可能会减缓负面信息产生的影响（Erez et al.，1995）。因此，拥有较高的主观幸福感可能会使人们忽视负面信息，从而进行自我欺骗。

•当自我提升者（ego enhancers）面对威胁性或"有损自我"的信息时，他们转向自己的有利条件并强调其可以抵消威胁（Taylor，1989）。因此，增强的自我可以使某人产生自我欺骗，因为它（增强的自我）抵消了任何削弱自我之证据的影响。

在之前章节所描述的模型中，自我欺骗的目的是接近或避免某些主观目标，而接近或规避这些目标可能会增强或减弱主观幸福感。例如，在丁梅斯代尔这一案例中，因果模型可以描述如下：

如图 13.4 所示，丁梅斯代尔的主观幸福感取决于他对救赎的期望。

成为一名优秀的牧师是救赎的关键。对于任何可能表明他是一名道德败坏的牧师的证据，他可能都会倾向于采取忽视的态度。此外，他可能具有一种虚假的控制感，认为自己会真诚地布道，并让人们相信他是一位优秀的牧师。他虚假的控制感和忽视某些证据的倾向产生了自我欺骗，而这反过来产生了他的主观幸福感，主观幸福感反过来又影响自我欺骗。

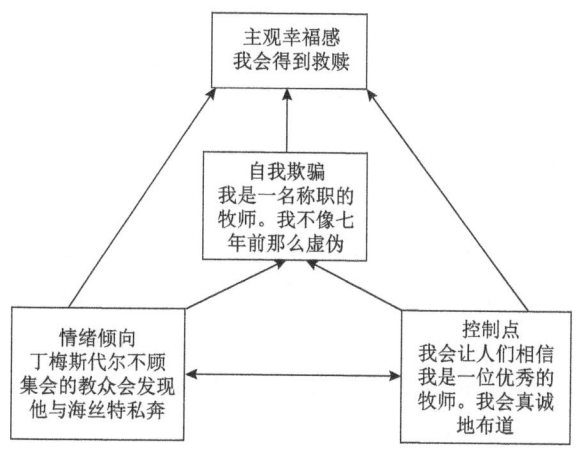

图 13.4　丁梅斯代尔自我欺骗的因果模型
改编自 1995 年埃雷兹等的模型

有人可能会认为原因的概念比较模棱两可或难以理解。笔者认为因果联系的机制是基于情感连贯性的，并提出一种方法来消除或澄清蕴含于自我欺骗中的因果联系。因此，自我欺骗的因果联系可能如图 13.4 所示，但是不同的原因通过情感连贯性产生自我欺骗。情感连贯性的体现：HOTCO 2，对丁梅斯代尔自我欺骗的有效模拟证明了这一结论。

愿望思维、否认以及自我欺骗

愿望思维与自我欺骗有重要区别。愿望思维的主体相信他/她想要的任何东西。埃尔斯特、梅勒及约翰斯顿（Elster, 1983; Mele, 2001; Johnston, 1988）提出，至少某些自我欺骗的情况可以依据愿望思维来解释。主体希望 p 自欺欺人地相信 p，虽然这一点很重要，但是我们认为自我欺骗不仅仅是愿望思维。在 HOTCO 2 中，效价输入的变化会使系统更少或更多情绪化。输入一定量的效价后系统会变得更为情绪化，从而模拟的主体会相信他/她认为重要的每一个观点。从某种意义上讲，情感完全凌驾于理性之上。在这一程度的情感输入下，模型显示丁梅斯代尔不仅认为自己是一位优秀的牧师，而且相信自己会得到救赎。然而，在他成功地欺骗自己，相信自己是一位优秀的牧师这一实验中，丁梅斯代尔认为自己不值得救赎。

因此，处于愿望思维的人们相信其想要相信的一切。然而，自我欺骗是一种"较弱"的状态，因为我们可能会成功地欺骗自己去相信某些事物，但是我们不愿相信一切。这一主张得到了有关动机推理的心理学研究的支持（Kunda，1999；Sanitioso et al.，1990）；心理学家已经证明我们的判断会受到动机的影响，因为我们的目标会使构建辩护的过程产生偏差。然而，我们不能相信自己想要相信的一切（Kunda，1999）（第 8 章）。我们可以相信的东西是有限的。在自我欺骗中，我们成功地相信了一些（错误的）信念，但并没有相信所有我们想要相信的东西。由于某些目标尚未实现，焦虑或内在矛盾通常但不必然伴随着自我欺骗（下一节将讨论），但愿望思维则不然。

否认与自我欺骗也有所不同，因为它是一种绝对的谎言，而自我欺骗则不是。否认是指某人故意或有意识的撒谎，称：p。而自我欺骗的某人是真的相信：p。两者都声称某些东西是虚假的，但是在自我欺骗中，正确的信念（p）"包含"在人的潜意识中，而否认的人是有意识地相信 p。此外，除了否认，自我欺骗还包含一种非常强烈的自我增强成分（Paulhus et al.，1991）。因此，自我欺骗和否认具有明显的区别。

争　　论

本章的开头谈到有关自我欺骗是否有意，以及它是否涉及自我分裂等争论。本节对这些争论进行简要评论，还讨论了愿望 p 是否必定是"渴望的"这一问题。

关于自我欺骗是否有意这一问题，笔者认为这样的争论是不合时宜的。丁梅斯代尔想要得到救赎，在这种意义上讲，我们可以将他的自我欺骗视作有意为之。然而，认为他想要具有所做之事的情感偏好，这种观点是荒谬的。他可能完全无法控制自己的情绪。情感连贯是无意识状态下产生的。萨克金和古尔的经典实验开创了对自我欺骗的心理学研究，他们发现主体对自己与他人声音的有意识的错误识别和无意识的正确识别之间存在差异（如皮肤电反应所示）（Sackeim et al., 1979）。他们发现这种差异是主体对其自尊独立操控的函数。（当主体认为自己生病时，他们会将自己的声音误认为是别人的声音，当主体认为自己很健康时，则误认为别人的声音是自己的声音。）笔者认为情感连贯是自我欺骗背后的无意识机制。以丁梅斯代尔为例，救赎这一主观目标可能是有意识的。然而，这一目标是通过无意识的情感连贯性实现的。难道具有被救赎的意图就足以认为丁梅斯代尔是有意欺骗自己吗？不，因为自我欺骗不仅仅是接近或规避自己的目标。如何接近或规避目标是自我欺骗的重要组成部分。某人可能完全打算做一切必要的事情来实现预期目标，但同时，他却并不打算在接近目标的过程中实现情感连贯性。因此，除非对意图和情绪之间的关系做出正确的解释，否则无法判定自我欺骗是否有意。

关于自我欺骗可能涉及的自我分裂这一问题，笔者认为该问题源于人们对自我概念本身存在误解。研究人员主要关注自我欺骗的欺骗方面，而很少谈论自我欺骗的自我方面。被欺骗的自我是什么？在丁梅斯代尔的例子中，叙述者使我们了解了他的"更深层次的自我"与他的表象或外在自我之间的张力。然而，这并不意味着他的自我中必然存在弗洛伊德式的分裂。并不是说丁梅斯代尔有两个自我，自我A和自我B且自我A欺骗自我B。我们意识到自我具有一种连续性和统一性。然而，自我是一种"离心式、分布式以及多重"的现象，即"自我叙述的总和，并且包括自我在个人生活所表现的全部模棱两可、矛盾、斗争和隐藏的信息"（Gallagher, 2000）。因为自我是多重的且没有任何中心，所以自我欺骗是可能的。因此，如果自我存在"分裂"，那么不只是某一处发生分裂，而是弥漫于整个自我，甚至不会欺骗自己的自我也会发生分裂。

另一项争论也值得我们关注。人们不约而同地认为自我欺骗的主体，即A在动机上偏向于相信p。梅勒（Mele, 2001）认为，A对p的渴望产生了偏倚作用。然而，继约翰斯顿后（Johnston, 1988），巴恩斯（Barnes,

1997）坚持认为，p 一定是焦虑的欲望，因为那个人对 P 的真实性不确定。我们很容易将丁梅斯代尔的例子视为对救赎的渴望。毫无疑问，他想要得到救赎。我们也可以说他渴望成为一名优秀的牧师，并且成功地欺骗自己相信了这一点。霍桑明确表示，丁梅斯代尔的自我欺骗使他心烦意乱，并因此经受了严重的身份危机。在丁梅斯代尔看来，他的欲望令其十分焦虑。然而，我们倾向于同意梅勒的观点，即在自我欺骗的情况下，欲望 p 并不必定是焦虑的。

尽管我们的模型具有充足而非确凿的计算证据，但我们仍然认为梅勒有关这一问题的观点可能是正确的。我们在系统中进行了几项不同程度的情感（效价）输入的热实验。总的趋势是，效价输入越多，系统就越情绪化，系统模拟自我欺骗就更早（即更快）。这表明情绪对系统的"影响"是一种程度问题。人类可能也是如此。有心理学证据表明，自我欺骗是一种意向倾向（Sackeim et al., 1979）。情感和人们的情绪化程度产生了这一倾向，人们可能不太愿意或更乐意欺骗自己，这样的假设似乎较为合理。

笔者的模型与自我欺骗的其他计算模型之间的比较

雷伊（Rey，1988）提出的计算模型是基于自欺欺人者"基本"态度和"公开"态度的区分。雷伊认为，两种态度的差异产生了自我欺骗。然而，正如雷伊所强调的，激励这些差异至关重要。否则主体就会浑浑噩噩，而不是自欺欺人。是什么产生了对自我欺骗至关重要的动机偏向作用，雷伊的模型并未对此详细说明。笔者的模型表明，涉及目标的情感连贯性可以产生必要的动机偏向。

另一个著名模型是塔尔博特的贝叶斯模型（Talbott，1995）。塔尔博特把他的模型建立在假设自己是一个实际理性的贝叶斯主体的基础上，而且该模型继承了人类思维的概率方法的问题。萨伽德详细讨论了人类思维的概率模型问题（Thagard，2000）（第 8 章）。这种解释假设遵循概率数学理论的量可以充分描述人们对不同命题的信任度。然而，有大量实证证据表明，人类思维往往不符合概率论的内容（Kahneman et al., 1982; Tversky et al., 1994）。另一方面，正如萨伽德所详细讨论的（Thagard et al.,

2000），基于连贯性的推理（笔者模型的基石）普遍存在于诸如感知、决策、伦理和情感等人类思维领域。因此，笔者的模型比塔尔博特的模型更具有心理的现实性。此外，塔尔博特没有注意到情感在自我欺骗中的作用，而我们已经证明情感在这一现象中发挥着关键作用。

结　　论

笔者对一个自我欺骗的案例即小说《红字》中的丁梅斯代尔进行了详细分析。通过利用 HOTCO 2 模拟丁梅斯代尔的自我欺骗，笔者认为与信念和目标相关的情感连贯性产生了自我欺骗。笔者还将自己的模型与其他模型进行比较，并且认为笔者的模型更具有心理的现实性。

14 宗教信仰中的情感连贯性

导　论

世界上有85%的人信奉某种宗教，其中基督教大约有20亿信徒，伊斯兰教的信徒超过10亿（Adherents，2003）。为何宗教信仰如此广泛？为什么这么多人接受、保持他们的宗教信条、态度和习俗？本章试图通过考察情感在人类认知中的作用来回答这些问题。本章特别将宗教信仰解释为一种情感连贯性，人们在其中采用和他们的情感需求以及其他信念相符合的宗教信仰。情绪性思维既包括个体的思维过程，也包括传递和帮助维持宗教态度的社会过程。

在讨论认知和社会机制之前，笔者将从主次两个方面证明情感之于宗教思维的重要性。然后，笔者考察了当前认知科学领域提供的证据，它认为情感是认知的一个内在部分，并概述了情感认知的某些心理和社会机制。笔者利用这些机制解释宗教信仰和习俗，包括仪式的各个方面。最后，笔者探讨了宗教解释的进化生物学路径的局限性。

笔者所说的"情感认知"不是指涉及情感的某种特殊思维类型。笔者认为所有思维都含有情感成分，因此情感认知包括了强调传统认知过程的整合的全部认知，如整合推理和附以心理表征价值的情感过程。

宗教是情感化的

我们在研读宗教文本后发现，经文内容往往高度情感化。例如，《诗篇》第23篇赞扬道："我不怕遭害……你的杖，你的竿，都安慰我。"圣保罗写给哥林多人的信中包含诸多情感概念，包括恐惧、爱、羞耻、信仰、希望、宽容、慰藉、懊悔、痛苦、快乐、悲痛、喜爱、高兴以及妒忌。不同的宗教强调积极情感（如爱和慰藉）和消极情感（如恐惧和羞耻）之间的平衡。

许多评论员都注意到了情感对于宗教的核心（centrality）作用。18世纪的神学家乔纳森·爱德华兹（Edwards，1746）断言："真正的宗教在很大程度上包含着情感。"威廉·詹姆斯（James，1948）指出，宗教信仰的意志基于人们的"激情本质"，"情感是宗教信仰的深层根源"（James，1958）。怀特豪斯（Whitehouse，2000）指出，他所谓宗教狂的"意象模式"具有强烈的情感。麦考利与劳森（McCauley et al.，2002）描述了宗教仪式如何活跃我们的情绪。博伊（Boyer，2001）指出宗教概念与情感系统有关，阿特兰（Atran，2002）描述了焦虑（existential anxieties）如何促进宗教信仰和习俗。然而，这些作者都未详细说明促进宗教发展的心理和社会机制。

认知是情感化的

人们普遍认为情感本质上是非理性的，所以情感思维与理性思维之间存在明确的界限。这一区分受到了哲学家德·索萨（de Sousa，1988）、经济学家弗兰克（Frank，1988）以及神经科学家达马西奥（Damasio，1994）等的质疑。最近对人类决策的考察强调了情感在选择相关行为和推理中的作用（Loewenstein et al.，2001）。大量心理学实验表明，大多数概念都附有情感态度（Fazio，2001）。神经学研究揭示出大脑的情感区域如杏仁核与负责高阶思维的前额叶皮质紧密结合在一起（Rolls，1999；Wagar et al.，2004）（第6章）。甚至科学思维也是高度情感化的（第10～12章）。

为了解释情感与认知相互作用的某些方式，笔者发展了一种情感连贯性理论（Thagard，2000）（第7章）（第3章，第8章）。该理论以作为解释连贯性的推理认知理论为基础，并已应用于科学和法律推理多个案例。这里笔者将论述该理论在神学方面的应用。关于上帝存在的两种论证：宇宙论论证与目的论（设计）论证，都可以理解为支持一种称为推论的推理，以达到最佳的解释。这种推理形式在科学和日常生活中司空见惯，人们接受某一理论是因为它解释证据比竞争理论更为出色。宇宙论论证认为，上帝创造是宇宙起源的最佳解释。同样，目的论论证认为，上帝设计并创造了物理和生物世界是对二者复杂性的最佳解释。在我看来，关于上帝存在假设的最有力论证结合了以上两种论证，即上帝存在解释了世界的存在和目的。然后我们可以认为，要评估全部假设和证据的解释连贯性，就必须接受这一假设（Swinburne，1990）。

然而就最佳解释而言，我们必须考虑对证据的其他解释。生物目的论证受到了达尔文的自然选择进化论的沉重打击，后者为生物复杂性何以产生提供了另一种解释。同样，宇宙论论证必须同有关宇宙起源和本质的另一种唯物主义解释进行争论。评估有关所有可用证据之竞争性假设的解释连贯性，这一过程十分复杂，但是笔者开发的一种计算机程序 ECHO，能最大限度地实现解释连贯性并推理得出最佳解释（Thagard，1992；Thagard，2000）。ECHO 一直用于模拟有神论信念与二元论（心身分离）信念，以及唯物主义信念和其他信念之间的广泛争论（Thagard，2000）（第 4 章）。图 14.1 高度简化地表明了有神论与唯物主义的论争结构。笔者的模型的模拟结果是接受唯物主义假设并且拒斥有神论/二元论。

对于绝大多数信仰上帝的人而言，这显然是一个糟糕的模型，但是吸收了情感连贯性的模型会更好。人们在决策时选择的行为：其结果具有积极和消极评价。此处的积极/消极不是对相关效用的纯粹认知计算，而是需要对结果附加情感态度。例如，疾病和死亡在情感上是消极的，而健康与快乐则具有积极的情感。根据情感连贯理论，关于做什么和相信什么的推论不仅受假设与证据的影响，而且还受到表征（其连贯性受到评估）所附属的情感价值的影响。

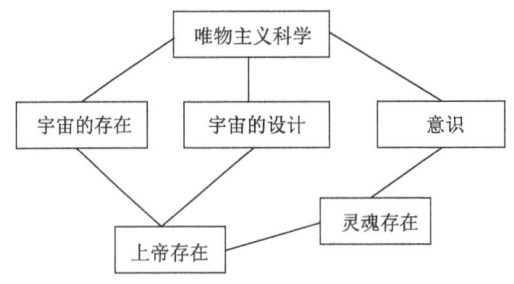

图 14.1 关于上帝是否存在之最佳解释的近似推理结构
这些线条表示假设与证据之间的解释关系。萨伽德 2000 年提出的模型更为详细，含有 35 个命题

笔者将计算机模型ECHO扩展为HOTCO，以评估情感和解释连贯性。HOTCO对信仰上帝存在的模拟在计算连贯性时加入了宗教在情感上应有的四种结果：慰藉、社会归属、伦理和永生。如果这些结果具有情感价值，且上帝存在的假设对其有利，那么HOTCO模拟便会推翻ECHO的模拟结果并承认上帝存在。从这一角度看，宗教信仰既是认知的，又是情感的，既包含解释性推理，又可满足欲望。这些欲望包括避免焦虑，与其他宗教人士保持社会联系，具有明辨是非的基础，以及希望来世生活于极乐世界。

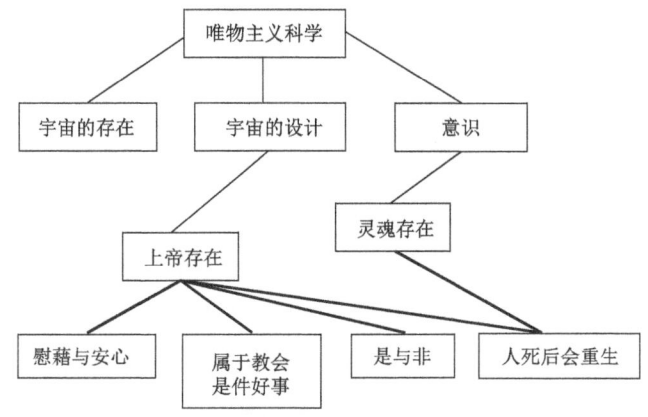

图 14.2　关于上帝是否存在的情感连贯性的近似结构
细线表示假设与证据之间的解释关系。粗线表示假设与情感吸引要素之间的联系

图14.2对图14.1进行了扩展，以说明如何以一种情感结构补充唯物主义与有神论对立的解释结构，前者考虑了宗教的非解释性诉求。图14.2捕捉到了宗教的部分解释/情感诉求，并说明了推论如何包含解释性信息与情感内容。这与神经科学的现有观点相一致，即判断整合了认知与情感信息。根据达马西奥（Damasio，1994）对脑损伤患者决策缺陷的研究，瓦格与萨伽德（Wagar et al.，2004）提出了一个神经计算模型，以模拟脉冲神经元网络如何整合认知与情感。在这个模型中，有效决策源于大脑的前额叶皮质（负责认知表征）与杏仁核、NAcc（负责处理积极与消极情绪）之间的相互作用。人们所做的大部分推断，不管是相信什么，抑或做什么，都涉及认知-情感的交互。因此毫不奇怪，宗教推理应该既有智力部分又有情感

部分，从而获得具有情感与解释连贯性的信仰。从这个角度看，宗教信仰的基础是情感连贯性。

信　　仰

笔者对宗教信仰的解释比其他解释，包括希克（Hick，1967）所考察的解释，在心理上更为现实。托马斯·阿奎那（Thomas Aquinas）提出了传统天主教观点：信仰是一种理智行为，通过上帝的恩典而实现神圣真理。这一观点认为，上帝的恩典以某种方式推动着人们自愿选择宗教信仰。这显然乞求于上帝存在的问题，并没有解释恩典能在心理上起效的方式。此外，在面对天主教徒、新教徒、穆斯林、犹太教徒、印度教徒、佛教徒以及其他宗教主张之间的争论时，应当采纳哪种宗教观点，对于这一问题也未能做出回答。它们的观点不可能全部是正确的，可是信仰似乎无力裁决。

威廉·詹姆士（William James）对"信仰的意志"的讨论是现代关于信仰的最为著名的观点。他主张："我们的激情本性不仅可能，而且必定会在命题之间做出选择，凡是真正的选择，从本质上说就不可能完全凭理智做出。"（James，1948）根据詹姆斯的观点，选择或拒绝宗教信仰是我们（需要作出的）一个近乎真实、不得已、而又极为重要的选项。他认为信仰上帝所获得的可能收益大于得到虚假信念的风险，所以选择信仰上帝是合理的。

詹姆斯所提观点的主要问题在于，它使宗教信仰成了一种一厢情愿的想法，是一种毫无理性根据的跳跃。在现实生活中，人们选择宗教信仰可以有很多证据理由，包括关于世界的存在和目的以及奇迹明显发生的传统论证。他们也有许多情感方面的原因，包括渴望慰藉、归属感、道德和永生。笔者对信仰的情感连贯性解释主张是，人们接受和捍卫宗教信仰是出于证据与情感的双重原因，同时满足了认知与情感上的约束。因此宗教信仰不仅仅是一厢情愿的想法或帕斯卡式的赌注，而是一种与个人的信念与目标相吻合的直觉判断。

与基督教和穆斯林传统一样，笔者对信仰和宗教的情感吸引力的讨论假定上帝与天堂的概念具有积极效价。对宗教而言，神是敬畏的对象，而"来世"则是恐惧的对象，两者没有相同的情感诉求。因此，有必要对这种盛行的宗教信仰作另一种解释，可能是基于实践需要，即通过安抚复仇的诸神来缓解焦虑。然而有趣的是，迄今为止世界上最为成功的三大宗教——基督教、伊斯兰教和印度教——对神和来世的观点都相当积极。众神不再像以前那样恶毒、反复无常。

笔者对信仰的心理解释的主要缺陷在于忽视了认知与情感信息传递的重要社会机制。下文笔者将描述其中一些机制，并说明它们如何促进个人和群体的宗教信仰。

社 会 机 制

显然，父母的宗教信仰是儿童宗教信仰的主要相关因素。笔者对信仰以及情感连贯性的讨论错误地认为，每个人都必须对选择哪种宗教信仰做出判断，然而，大多数人在其成长过程中都有一套自己以后可能或不可能质疑的信念。我们需要对获得和捍卫信仰与态度进行更广泛、更多的社会性解释。

科迪（Coady，1992）等哲学家已经注意到人们的大部分认识都基于证据而非个人经验。阿诺德·施瓦辛格（Arnold Schwarzenegger）于2003年当选为美国加利福尼亚州州长，笔者的这一信念基于拥有可靠信息来源的新闻报道而非自己的任何经验。孩子从其父母那里获得了不计其数的信念，包括许多他们从未产生怀疑的信念。因此，大多数孩子理所当然地认为父母是可靠的信息来源，所以他们会不假思索地从"父母认为X"推论得出"X是对的"，这丝毫不奇怪。因此，如果父母告诉孩子是上帝创造了世界，并确立了某一教义为真正的宗教，孩子必然会信以为真。因此，孩子反复从父母和其他人那里得到的证据是宗教信仰的主要认知来源。关于证据的进一步讨论，见萨伽德（即将出版）[①]。

这种解释推理的结构如图 14.3 所示。上帝实际上存在这一假设可以向孩子解释为什么父母和其他亲属以及牧师认为上帝存在。由于幼儿通常

[①] Eliasmith C, Thagard P. Neural Affective Decision Theory Choices, Brains, and Emotions. Elsevier Science Publisher. 2008. 现已出版。——译者注

意识不到相互竞争的宗教与非宗教信仰，也不理解对宗教信仰来源的社会学与心理学解释，因此他们自然会根据证据接受宗教信仰。但是宗教不仅是信仰问题，也是情感态度的问题。例如，一位天主教儿童学会对上帝、圣母玛利亚、教皇和善行等表征附以积极的情感价值；对魔鬼、罪恶、新教徒等附以消极的情感价值。这些情感价值是如何传递的呢？

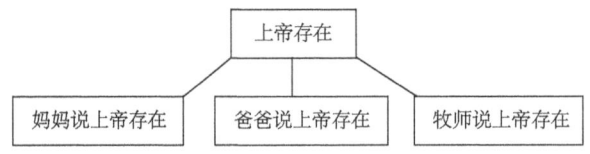

图 14.3　有关证据如何支持宗教信仰的实例
对于孩子来说，上帝存在这一假设解释了为什么父母和其他人认为上帝存在

然而，宗教既是情感态度的问题，也是信仰的问题。例如，天主教的孩子学会把积极的情感价值附加在诸如上帝、圣母玛利亚、教皇和善行等表征上，而消极的情感价值附加在诸如魔鬼、罪恶、新教徒等表征上。那么情感效价是如何传递的呢？

清晰的论证是情感交流的一种方式，虽然它可能并不非常普遍或有效。手段-目的论证是一个例子，其形式为：你喜欢 Y，而 X 是获取 Y 的一种方法，因此你也应该喜欢 X。帕斯卡的赌注是信仰上帝的一种手段-目的论证，主张人们应该选择信仰上帝，因为上帝更有可能使他们获得幸福的来世。

另外一种影响情感的形式为类比论证，其形式为：你喜欢 Y，而 X 类似于 Y，那么你也应该喜欢 X。许多政治论证使用情感类比（第 3 章）。如果人们利用诸如好的圣母玛利亚这样一个故事激发情感反应，并影响了日常生活，那么寓言就是宗教中一种主要的情感类比。情感类比可以补充宗教教育，但它们与其他论证在心理上不如其他具有更直接情感的方式重要。

笔者认为情感感染是情感价值传递最为有力的社会机制之一，即"自动模拟并同步他人的面部表情、发声、姿势和动作，从而在情感上达到融合的倾向"（Hatfield et al., 1994）。人们往往会理解他人的情感，因为无意识地模仿身体状态能够促进他们自身的情感判断。例如，一个紧张不安的人突然而剧烈的行为可能会使旁观者感到紧张。

情感感染使孩子能够从父母和其他亲密的伙伴那里获得与宗教思想

有关的情感价值。那些在言行上对神灵和宗教制度表现狂热的父母，往往会在他们的孩子中产生相同的态度。这不仅仅是因为他们的话语和论证，还因为孩子们会自然地模仿其父母的面部表情和肢体语言，从而将同样的价值观与宗教观念与制度相联系。情感感染也可以向魔鬼等邪恶的存在以及罪恶行为传递消极情感。我们往往假设道德教育主要是灌输如十戒等原则，但是缺乏相应情感价值的原则是无效的。对自身行为毫无责任感的精神病患者完全熟悉道德原则；他们只是不关心自己和其他人罢了。

马文·明斯基（Marvin et al., 2003）提出了基于依恋的学习这一概念。他认为，儿童的基本目标源于他们在情感上所依赖之人的赞扬。例如，当幼儿与他们的玩伴分享玩具时往往会受到父母或其他照料者的表扬。父母对分享行为予以积极评价，孩子们可能也对分享具有某种积极的情感态度，因为他们看到这是他们关心和关心他们的人所在意的事情。分享不仅成为实现这一目标（得到父母的表扬）的子目标，相反，善待玩伴成为对孩子具有内在情感价值的内化目标。明斯基并没有将基于依恋的学习与情感感染联系在一起，但似乎合理的是，孩子之所以选择父母的包括宗教价值观在内的情感价值观，主要是因为人们倾向于模仿与自己关系密切之人的表现和行为。

情感传递的其他机制包括移情和利他主义。利他主义是对他人幸福的无私尊重。如果你关心一个人，那么你的利他主义可能会使你对那个人珍视的东西产生某种情感态度。例如，如果你同情某一个孩子而他想要一件玩具，那么你可能会对这件玩具具有一种积极态度，因为玩具会让孩子感到快乐。（相较于利他主义）移情则更为复杂，因为它包含某种情感类比，人们在其中通过与自己比较来理解他人的情感状态（Barnes et al., 1997）（第 3 章）。例如，如果你因为经费申请报告被拒绝而感到苦恼，笔者可以通过回忆自己被拒时的感受来理解你的情感状态。同情并不能保证情感的传递，因为一个人可以在不关心他人的情况下理解其痛苦，但是移情理解往往会产生同情与利他主义。一旦你努力去理解人们与你相似的情感态度，你可能会关心并无私地采纳他们的某些目标。在群体决策中，利他主义和情感感染等社会机制会产生情感共识（第 5 章）。

宗教情绪会对个人和群体造成极大的伤害。如果某一群体对另一群体采取极端消极的态度，那么结果可能是仇恨甚至暴力。某些宗教极端主义对异教徒的态度就是一个鲜明的实例。一些宗教团体利用回避等情感策略来阻止人们背离其信仰与习俗。情感传递对于道德教育和社会凝聚力是必不可少的，但它可以被用于仇恨与迫害等不道德目的。宗教仪式可以促进充满情感的宗教价值观的传播。

宗 教 仪 式

正如许多作者所观察到的，宗教仪式具有强烈的情感成分（Whitehouse, 2000；McCauley et al., 2002）。怀特豪斯（Whitehouse, 2000）将婚礼和葬礼等偶然且情绪紧张的仪式与日常祷告等情绪强度较低的仪式进行了对比。关于仪式的本质，情感连贯性和情感传递会告诉我们什么呢？

不同的情感与不同的仪式有关。婚礼通常与喜悦和配偶的誓言联系在一起，而悲伤是葬礼的主要情感基调。基督教坚信礼仪和犹太受戒礼等成人仪式往往与骄傲相联系。忏悔的天主教徒期望得到上帝的宽恕，这会减轻他们对惩罚的恐惧。因此，仪式能够使人们体验积极情感并从消极情感中解脱出来，从而强化了宗教信仰与情感上渴望的目标（如慰藉和期望永生）之间的联系。

礼拜等公共仪式可以通过情感感染促进价值观的传播。例如，一群人在一起唱歌或朗诵时可以采用相同的身体姿势和语调，这使人们在表演时与他人在情感上保持同步，激发共同的态度和信念。牧师或其他宗教领袖通常会提供一个他人可以模仿的榜样，从而激励人们达到共同的情感状态和统一的社会价值观。

即使日常祷告等频繁而普通的仪式也可以和积极与消极的情感相联系。笔者猜想，这类行为可以像冥思静坐一样抑制悲欢离合所产生的焦虑。因为相信天意而对未来抱有希望，或者仅仅借助平静与放松来改变大脑生成情感反应过程的生理输入，便可以产生抑制作用。

进化的无关性

近年来人们试图利用生物进化论来解释文化的各个方面（包括宗教），

这已然成为一种潮流（Atran，2002；Boyer，2001）。现在笔者将考察一些可能用于解释宗教信仰与习俗的进化心理学方法，并且认为我们没有充分的理由来运用这些方法。

我们可以将进化生物学与心理学在宗教领域的运用区分为若干可能的方式。

1. 宗教是一种适应性，作为对宗教信仰与习俗之自然选择的结果而嵌入人脑。

2. 宗教不是一种适应性，但它是自然给予的特殊目的适应性，一种已被选择的适应性。

3. 宗教像是一个（建筑的）拱肩，是已被选择的具有心理特征的偶然性副产品。

4. 宗教是一种扩展适应（exaptation），它将某种结构或特征用于某一功能，而不是通过自然选择发展它的功能。

5. 依据自然选择，宗教与进化无关。

笔者认为这些观点都是错误的，因此笔者现在更多地讨论有关情感认知的进化状态。

自然选择的生物进化很容易使情感成为人类认知的一部分。这个情形有更多的意义，而不仅仅是单纯地产生"简单的故事"，讲述人类如何充满快乐和恐惧，如何更有可能生存和繁衍。第一，神经生理学和心理学表明，诸如杏仁核等特殊的大脑区域致力于处理情绪过程。此外，人们还深入研究了前额叶皮质等认知区域和结构的相互联系。第二，这些处理情感的脑区不是人类所独有的，而是承袭自我们的进化祖先。例如，老鼠的调节恐惧的神经通路与人类相类似（Le Doux，1996）。甚至鱼类也有杏仁核，而且我们有（行为上的）理由认为高级哺乳动物至少拥有许多人类的情感。第三，人们对处理情感的脑区受损患者展开研究，从中我们得知，他们在自然和社会环境中充分活动的能力受到了损害（Damasio，1994）。例如，杏仁核受损的人学习避免和逃离危险境遇的能力是有限的。

我们将这一情况与所知的宗教演化情况进行对比。没有专门负责宗教信仰和习俗的已知大脑区域，这些区域也不存在动物前体细胞（animal precursors）。至少在当前的世界环境下，缺乏宗教信仰似乎并不妨碍人的生存和繁衍能力。(在欧洲,宗教信仰的减退似乎与出生率下降有关,但这两个因素可能都是由教育和经济安全的增强造成的。)没有证据表明宗教信仰可以遗传,或者宗教信仰在我们的物种进化过程中倾向于个体。因此,没有理由认为宗教是一种适应性。

我们也许可以认为宗教是情感认知的副产品或扩展适应。像人类这样的动物必然会接近使其情绪积极的事物,而避开使其情绪消极的事物,因此可以认为宗教间接产生于情感的自然选择:进化产生了情感认知,而情感认知又产生了宗教。这一系列的问题在于,第二个"产生"在生物学与心理学上要比第一个弱得多。对于文字出现之前的文化中的宗教,我们对于其心理起源知之甚少。相当一部分人(15%)过着没有宗教信仰和习俗的生活。在美国,宗教还不如看电视或打电话那样普遍。看电视依赖于我们逐渐形成的心理能力(如看和听),但是没有人认为它是进化必然的副产品。

关于情感认知与宗教之间最为紧密的联系,人们的合理假设可能是前者促进后者。但是情感与宗教之间的联系并不比情感与人类文化其他广泛的方面(如艺术、音乐、烹饪、体育、政治、技术和科学)密切。生物进化并非与理解这些文化完全无关,因为它们都依赖于嵌入人脑的认知-情感表征与过程。然而,由于人们对我们物种早期的生物和社会发展了解甚少,故而这种推测关系很不确定,因此我们最好认为进化生物学目前尚无力解释宗教的本质和普遍性问题。谈论"进化的起源"和"进化的景观"对心理学与社会学解释毫无帮助。我们逐步形成的认知-情感能力使人类易受宗教的影响,但也使我们容易受到其他文化发展的影响;因此,进化与宗教之间的解释联系非常弱。

正如理查德森(Richardson,1996)所指出的,进化心理学中关于语言和社会行为起源的理论已经远低于充分的进化论解释标准。进化心理学通常未能提供证据证明:① 心理能力的选择已经发生;②生态因素解释选择强度;③个体间的差异可以遗传;④生物进化受古代环境、人口结构、基因流、杂交以及突变率的影响;⑤心理特征是原生的,自古有之。除非关于智人进化的历史和生物学知识显著增加,否则进化论的猜想仍然不能给予我们任何信息。

结　论

　　有一个古老的笑话：一个犹太人孤零零地被困于荒岛之上，他建造了两座犹太教堂，他很乐意去其中一座而不屑于去另外一座。这个故事说明宗教认知伴随着积极和消极情感。笔者已经描述了某些伴随于宗教信仰和习俗的情绪，并利用情感连贯性理论解释了宗教信仰盛行的部分原因，该理论表明了情感与认知如何相交。本章还概述了情感与情感连贯性在宗教仪式中的作用，并认为进化生物学几乎无法告诉我们人们为什么及如何笃信宗教。情感认知是宗教的核心，它来源于人类的大脑结构，后者是生物进化的产物，但是进化论在目前难以揭示宗教信仰和习俗的结构与内容。

15 情感理性批判

导 论

在 1998 年出版著作的作者中，苏珊·哈克（Susan Haack）将自己描述为一位热情的稳健派。她以非凡的锐气和雄辩，批判了众多后现代主义的评论家，有力地捍卫了科学与哲学的合理性。哈克（Haack，1998）赞同引用皮尔斯对科学态度的描述："渴望知道事物的真实情况""强烈渴望发现真理"和"非常渴望了解真相"。尽管激情在她自己的观点和对皮尔斯的引用中表现得很明显，但是哈克明确表示认识论没有情感：在她关于认识论的论文索引中并未发现"情感"一词（Haack，1993）。然而，她在后来的著作中谈到"对情感的误解是残酷的、非理性的"（Haack，1998）。

笔者想在本章讨论情感如何与理性相关这一问题。回答这个问题应该进一步发展理论理性与实践理性理论，它们都很重视情感在人类思维中的普遍作用。笔者想拒斥传统观点与浪漫主义观点，前者认为情感是理性的主要障碍，后者则认为情感在本质上优于理性。相反，笔者提出了一种批判观点来描述情感促进理性的方式，以及情感阻碍理性的方式。笔者在标题中使用的术语"批判"不是批评，而是指评估和评价。笔者认为情感认知可以为哈克的"基础融贯主义的"（foundherentist）认识论提供有益的补充，也可以扩展她对肯定行动（affirmative action）这一实践问题的讨论。

理论理性与实践理性

情感与理论理性相关，而理论理性又与相信什么有关，同时也与实践理性相关，而后者又与做什么有关。笔者主要想探讨的理论理性是皮尔斯所谓的溯因推理，即形成与接受解释性假设。溯因推理具有两个阶段：生成假设然后对假设进行评价，原则上接受的假设能够对证据进行最佳解释。溯因推理在日常生活中比较普遍，笔者会推断为什么自己的车无法发动或为什么朋友心情不好；但是它也是科学理论的核心，如生成或评估关于疾病原因的假设。笔者的目的在于说明情感对于科学假设生成和评估的影响方式。

实践理性也具有两个阶段：生成合理行为并进行评估，原则上选择最能满足相关决策目标的行为。例如，当某一所大学学部（系）的成员进行招聘时，他们必须从数目众多的求职者当中敲定人选。笔者将讨论情感对行为的产生与评估的影响。最后，笔者将尝试概括情感如何并且应该影响理论理性和实践理性。

理论理性：行为产生

正如皮尔斯（1931—1958）指出的，以及福多（Fodor，2000）最近重申的，溯因推理为何以及如何始终有效一直困扰着我们。人们可能会试图解释大量事实，而对于每一个事实都有大量假设可以进行解释。福多面对这一问题显得束手无策，他认为溯因推理对于认知科学而言十分困难，而皮尔斯则主张人们产生和选择有利假设的天赋能力衍生于进化。与这两种相当极端的结论相比，试图阐明产生解释性假设的认知机制则是一种更好的选择（Thagard，1988；Josephson et al.，1994）。人们很少注意到，这些机制在某种程度上是情绪化的。

我们首先考虑这一问题：确定试图解释的对象。正如皮尔斯所观察的，溯因推理通常由惊讶所引起，即当我们大失所望时产生的情感反应。我们遇到的大多数事实并不令人惊讶，因为它们完全符合我们已有的信念。然而，我们偶尔会遇到一些与我们的信念不符的事实，情感过程的不连贯性使我们产生了惊讶的情绪（Thagard，2000）。因此，我们通过将溯因推理活动限制在情感类型为惊讶的事件来充分聚焦于溯因推理。其他激励解释性活动的情感包括好奇心，充满好奇心的人们具有找出答案（他们感兴趣的问题）的情感驱动。例如，沃森和克里克热衷于发现 DNA 结构（第 10 章）。除了惊讶与好奇心之外，实践的要求可能会在情感上产生溯因推理，如当医生迫切地希望找到一种能够解释重病患者症状的诊断结论。因此我们并不试图解释每一事物，而是仅仅解释那些我们关心的事件和事实。

一旦情感使我们尝试去产生解释性假设，同时它也可以使我们聚焦于探求解释性假设。科学家们常常对特定的思维方式感到兴奋，并因此对其进行热烈地追求。正如皮尔斯所注意到的，一个人不可能详尽地搜索有关某组数据的全部可能的解释性假设。此外，人们已经证明在计算上难以处理溯因推理问题，从某种意义上说，收集一组假设以解释数据所需的时间随着涉及命题的增加呈指数增长（Bylander et al.，1991），因此，没有任何一台计算机可以进行彻底的搜索。然而，人类思维与当前的计算模型都使用启发式搜索技术，如规则的反向推理以及传播概念的激活等来缩小对假设的搜索范围。

据笔者猜测，情感是人类启发式搜索的一个重要部分。一旦人们在情感上重视有待解释的事实，那他们也会在情感上重视与事实解释相关的概念和规则。例如，当沃森与克里克致力于寻找 DNA 结构时，他们对双螺旋等似乎最能解释 DNA 结构的想法感到十分兴奋。人们有时会将溯因推理描述为具有以下结构：

E 的原因有待说明。
H 可以引起 E。
因此 H 可能是 E 的原因。

这一结构会掩盖这样一个事实，即相当多的思考会将假设 H 组合起来。举一个简单的例子，古希腊人提出声波理论来解释声音的各种属性，如（声音的）传播与回声。关于声音由波构成这一假设需要连接三个概念：声音、波以及构成。为了将这些概念组合为一项命题，它们需要在工作记忆（working memory）中同时保持活跃状态。情感可能有助于将潜在有用的组合并列在一起。首先创立声波理论的是古希腊斯多葛派哲学家克吕希普（Chrysippus），原因可能是他对声音的表现感到困惑。当水波之类的东西引起他的注意时，他便假设声音是由波构成的。对某一概念的情感介入，无论是适度的兴趣还是强烈的兴奋，都会将我们的注意力聚焦于这一概念。当对某一概念的兴趣引起对另一个相关概念的兴趣时（正如将声音与波联系在一起）就会产生强烈的兴奋，因为这标志着一项新的发现。

情感也会引导人们寻求类比，后者往往有助于科学发现（Holyoak et al., 1995）（第 8 章）。例如，若有待解释的事实 F1 类似于另一个已被解释的事实 F2，如果科学家对解释 F2 的假设 H2 具有积极的情感态度，那么他们可能会对发现一个类似于 H2 的假设可以解释 F1 而感到兴奋。因此，类比可以将积极的情感从某一理论传递至另一种被认为有前途的相似理论（第 3 章）。类比也能传递消极情感，若人们将某一项可能的研究计划比作冷核聚变，这会令研究人员感到沮丧。

因此无论是选择待解释的对象，还是引导寻求有利的假设，情感似乎对解释性假设的产生具有重要作用。消极的一面是，情感可能会过分限制搜索富有成效的解释。如果科学家沉迷于某种特定的假设便会丧失洞察力，从而无法认识到：解释某些特别令人费解的事实需要一种截然不同的假设。情感在缩小对假设的搜索范围方面发挥着重要的认知作用，但是就像任何启发式机制一样，它们可以在不需要的方向上进行搜索。如果引发情绪激动的目标是个人而非理性，那么这种情况尤其会使人产生误导。如果科学家们对一种特殊假设感到兴奋，它可能会让自己富有和出名，那么他们可能会对无利可图但有着巨大解释潜力的假设视而不见。

理论理性：目标评估

有些人想要坚持传统立场即情感不应该是理论理性的一部分，那么他们可能会对上一节做出以下回应：诚然，情感在发现语境中发挥着有益的作用，但是它必须被排除于辩护语境之外，因为情感只会扭曲辩护语境。可以肯定的是，情感大概具有多种扭曲理论理性（特别是溯因推理）的方式，笔者将予以简要描述。但也有一种观点与哈克的认识论相一致，表明情感在评价解释性假设时发挥着至关重要的作用。哈克（Haack, 1993）捍卫了她称之为基础融贯主义的强力且合理的认识论立场。它结合了基础主义和融贯主义的深刻见解，前者认为经验证据在证明理论的合理性方面具有特殊的作用，后者认为不能将这些证据视为已知的事实，而必须从整体的解释性整合方面加以评估。哈克合理地模拟了纵横字谜游戏，其中必须将条目和线索予以结合,以表明为什么溯因推理中的假设和证据必定存在某种连贯性。然而,她并未提出在特定情况下成功整合的方法或算法。人们如何判断自己有关填字游戏的答案是正确的,以及科学家如何确定某一理论比其竞争者更符合证据呢?

笔者提出了一种解释连贯性理论,表明如何利用人工神经网络对最佳解释进行有效计算(Thagard,1992)。笔者还认为,该理论在坚持连贯主义观点的同时,还在一定程度上优先考虑经验证据,是对哈克的基础融贯主义的补充和自然化(Thagard,2000)。笔者不想在此重复这一论点,而是想得出情感作用的相关结论。

假如笔者的观点是正确的,即人类通过神经网络实现基础融贯主义的溯因推理,该神经网络以最大化解释连贯性的方式实现平行约束满足。人们没有意识到这一过程:当你意识到自己喜欢一种理论胜过另一种理论,你并不知晓原因,尽管你可能会回忆你获取各种证据和假设的心智史,正是这些证据和假设形成了你的偏好。你所能言说的就是这种理论比另一种理论对你而言"更有意义"。这并不是说基于解释连贯性的推理不合逻辑,因为它们很可能涉及现有假设和证据的最大连贯性。但由于我们进入心理过程的方式有限,因此我们无法直接确认自己已将连贯性予以最大化。

这就是情感至关重要之处。根据笔者新近的情感连贯性理论,你确认自己已经实现解释连贯性的方式是:在满足你的神经网络中的许多约束条件之后所涌现的一种幸福感(Thagard,2000)。高度连贯的理论因其简洁和美而受到科学家的称赞。由于我们无法从大脑中提取判断,如"接受理论 T1 的程度满足相关约束的 0.69",所以,我们必须依赖诸如"T1 才有意义"这类整体的情感判断。因此,连贯判断所涌现的幸福感是我们对科学理论的评估能力的一部分。理想情况下,一种好的理论会产生某种情感格式塔,表示该理论与证据和我们的其他信念之间的连贯性。理论的消极情感表明该理论不符合我们的其他信念,而一种普遍的焦虑感可能表示现有理论都不是非常连贯的。这种焦虑可能促使人们寻求新的假设。

因此,对情感格式塔的直觉表征可能是对竞争性假设进行高度连贯评估的有效标志。问题在于这种感觉可能反而表示基于一厢情愿的想法或动机推理的连贯性,而非与证据相符的连贯性。笔者曾经收到一封信,有人敦促笔者马上将笔者的解释连贯性的计算机程序发送给他，因为他有一种别人都不相信的宇宙论，而笔者的程序可能会帮助他说服其他人。据推测，他对其理论的情感更多是基于它（理论）满足了个人目标，而不是对全部证据进行最佳解释。我们注意到，情感在评价连贯性时的作用似乎支持这一荒诞观点：如果你感觉不错，那就相信它。

笔者不知道如何以心理学方式区分情感连贯性的积极情感和类似的自我提升情感。此处重要的一点是，科学既是一种社会过程，同时也是一种个体过程。科学家知道他们青睐自己的理论并不会影响其他具有不同个人动机的科学家。为了发表他们的研究成果或得到支持研究的拨款，科学家的假设必须通过同行评审，同行熟悉相关的假设和证据并且不会受送检科学家（submitting scientist）的个人目标所影响。对这种审查的认识要求科学家根据科学界可能接受的内容调整他们的连贯性判断，并使他们在解释连贯性而非个人自身利益的基础上做出评价。在日常生活中，人们根据证据和解释连贯性进行推理时遇到的社会压力比较小，因此他们更有可能屈从于证据不足却与个人连贯的假设（如阴谋论）。即使在科学领域，个人的情感偏见也可能会通过某种情感感染而传递给同伴。

笔者利用情感扭曲（emotional skewer）一词描述生动且具有强烈情感的因素，它可以产生一种情感格式塔，而这种格式塔并不能最大化地满足相关及合适的约束条件。这些因素过分强调自我提升等与认知无关的因素，从而歪曲了连贯性计算。我们认为情感扭曲也会对实践推理中的理性判断构成威胁。

实践理性：行为产生

为了决定做什么，我们需要生成一组可行的行为，然后选择最佳行为。巴泽曼（Bazerman，1994）认为理性决策应包括以下6个步骤：

1. 明确问题，对你决策的一般目的进行描述。
2. 确定标准，具体说明你想要实现的目标或目的。
3. 衡量标准，确定目标相应的重要性。
4. 制定备选方案，确定可行的行动方案以实现你的各种目标。

5. 根据每个标准评估每一个备选方案，评估每一个行为对每一个目标的实现程度。

6. 计算最优决策，将每一个备选方案的预期效用与标准相乘，再乘以标准的权重，通过这种方式评估每一个备选方案，然后将每个方案与所有标准相关的期望值相加。

然后选择期望值最高的备选方案。

但决策专家通常认为步骤 4 是理所当然的，因为第 4 步会产生可供选择的行动。创造性决策不仅在可用的备选方案中选择最优方案，而且会扩展备选方案的范围。例如，细想一下大学学部（系）的招聘决定。一般流程如下：

1. 对学部（系）的需求进行评估并确定需要招聘的岗位。然后登招聘广告。

2. 检查所有简历，并选择最终的候选人名单以供进一步讨论。

3. 选择数名求职者并邀请他们来学院。

4. 录用一位求职者。

情感在所有阶段都发挥着重要作用。

当学部（系）决定在哪些岗位进行招聘时，往往会因为个体成员之间的不同目标而产生冲突和矛盾（第 5 章）。一般而言，教授比其同事更为重视自己的专业，所以他们往往对自己领域的招聘具有一种情感扭曲。但是彻底评估学部（系）的教学与研究需求应该选择一个更为合理的范围。目前还没有相关数据说明情感在产生决策选择过程中的作用，但是笔者认为认知过程类似于溯因推理中假设的生成过程。诸如反向推理等常规的认知过程利用了行为-目标联系的规则类知识（rule-like knowledge）。例如，如果部门成员了解到需要有人讲授伦理学课程，然后他们可能考虑聘请一位伦理学教师。但是招聘的优先次序也可能是基于更为模糊的考量，如哪些领域日渐重要。在概念间传递激活的扩散机制可能会有所帮助，但它在集中探求好的想法时却几乎没有任何作用。

对于寻求假设而言，情感是一种集中寻找决策选择的有效方式。某些观点可能会获得较高的积极效价，并会使人想到其他具有积极效价的观点。例如，最近我所在的学部（系）得知滑铁卢大学新建的理论物理学研究所获得了充足的研究基金，因此我们中的一些人认为也许应该聘请物理哲学领域的学者来与该研究所进行联系。这一情况源于人们对新型研究所的兴奋感，它促使人们将哲学与理论物理学联系起来，这使得人们对可能增添一位相关专业的部门成员而感到兴奋。

大学招聘中的求职者是由广告决定的，因此在这一阶段的可选择范围较为固定。但是更有创意的招聘往往在于主动寻求应聘者，而不是被动地等待应聘者的到来。情感又一次发挥了作用：人们倾向于从两种角度考量求职者：对其职业或者个人的青睐。当然，情感也会产生消极影响，人们会排除那些职业不受尊重或性格可疑的人。但是情感在招聘过程中是非常有用的，即努力支持、鼓励应聘者申请职位，而不是纯粹地等待求职者。当然，情感也可以阻止选项的产生，如当一个名字引起一个"除非我死了"的反应。

实践理性：行为评估

一旦确定了一系列可选择的行动（如求职者名单），那么部门必须决定聘用的人选。与巴泽曼所提出的系统化决策方法不同，部门成员的决策方式通常都十分随意。招聘委员会成员逐一查看简历，并从中挑选出一小部分入围决选名单。这是一种个体和群体性的遴选过程，因为委员会成员首先会自己拟定一份候选人名单，然后开会商议决定共同的候选名单。理想情况下，各成员单独地和合作地按照一套标准工作，例如：

1. 研究质量，如出版物和推荐信所示。
2. 教学能力，如经验和学生课程评价所示。

然而，当应聘者来到大学进行面试时，这一客观性可能会消失。然后谈论工作时的个人互动和表现质量可能会遮蔽求职者档案中所包含的更为全面的信息。性格可爱的应聘者可能会胜过成绩较高但性格内向的应聘者。另一方面，部门招聘时可能会做出理性的决定，即选择最符合其合理的既定标准的应聘者。笔者猜想无论是何种情况，部门中的个人都是通过某种情感格式塔做出决策的，它概括了成员们对特定应聘者的感受（第4章和第5章）。他们选择聘用自己感觉良好的应聘者，并拒绝感觉较差的求职者。如同科学中的假设评估，我们无法直接进入无意识的心理过程，这些过程整合了各类标准以生成合乎逻辑的决策。决策制定是在结构与过程方面类似于假设评估的连贯性过程（Thagard et al., 1995; Thagard, 2000）。有人可能会利用纸笔模型（pencil-and-paper models）实现巴泽曼在前文描述的决策过程，但是这样的做法很困难，因为很难保证某人实际利用的数值权重与他对各类标准的重视程度相一致。此外，如果有人这样做了并且发现模型主张聘用具有消极情感格式塔的求职者，那么我们可以合理地认为这一数字化过程是错误的。

然而我们必须承认，实践理性比理论理性更容易受到情感扭曲的影响。例如，某人可能希望根据食用健康食品这一强烈目标来确定晚餐的食谱，但却受菜单的诱惑而点了一份芝士汉堡加炸薯条。在这里，对高脂肪食物的短暂而强烈的欲望遮蔽了食者的长远利益，并充当了情感扭曲。人们所熟悉的意志软弱和自欺欺人的现象是对情感扭曲结果的最佳理解。

毫无疑问，招聘决策容易受到情感扭曲的影响。面对数以百计的求职者，哲学系的成员自然会根据单独的标准淘汰个人：这个人没有发表成果，那个人没有教学经验，等等。如果这一标准对于职位来说是适当的，那么这样的淘汰没有什么不妥，然而有意或无意识的陈规旧习和偏见可能会以非适当的规范方式产生同样的后果。例如，它们可能会使（哲学系的成员）草率地拒绝带有年幼子女的妇女，或是那些无法"融入"学部（系）的男或女同性恋求职者。大学学部（系）的成员可能具有一种有关同事所具有的适当品质的无意识模式，它在很大程度上基于成员自身。有些人因为与工作表现无关的特征而不符合这一模式，不过他们可能会被认为不适合这份工作。

情感扭曲活动说明了为什么有时候需要优先聘用。与哈克一样（Haack, 1998）（第10章），笔者更青睐雇用到最优求职者的招聘流程，考虑到女性与男性一样具有学术天分的合理假设，随着时间的推移会消除大学招聘中的性别歧视。但毫无疑问的是，有些部门的情感扭曲十分明显以至于不太可能进行公平招聘。一位美国哲学家曾告诉我，他所在的著名学部（系）在安置女性求职者时遇到了困难。例如，某一招聘部门的负责人告诉他:"不用费心告诉我们有关你的女学生的信息——我们现在不聘用女性。"在这种情况下,行政裁定强制聘用女性是改变学部的唯一方式,从而使其进行公平的招聘。

哈克(Haack,1998)充分认识到了情感在招聘决策中的作用,她将招聘过程描述为贪婪与忧虑的结合:

> 我们希望有人能够提升部门的声誉,具有我们可能从中受益的社会关系,愿意做我们不愿意做的教学工作,会发表足够多的文章从而顺利地获取终身职位。忧虑:我们不想要一个才华横溢或精力充沛的人,因为他会让其他人相形见绌,或非常成功地筹集到大量资金,或在有争议的问题上支持我们的反对者。

这些贪婪因素和忧虑因素的任何一个单独或结合在一起都可以充当情感扭曲,它所促成的情感格式塔会产生不公正、次优的招聘决策。那么我们是否应该尝试回避情感对决策的贡献,并尽可能以分析的方式利用巴泽曼的程序?

笔者怀疑将招聘和其他决策变为冷计算的做法是可能的,甚至是可取的(第2章)。我们的大脑存在许多认知区域(如新大脑皮质)和情感区域(如杏仁核)之间的相互联系(Damasio,1994)。我们不可能关闭杏仁核,它通过与身体状态紧密联系来促进情感评估。此外,如果达马西奥的患者(脑部损伤干扰了新大脑皮质-杏仁核连接)是一个正确的暗示,那么关闭杏仁核将会恶化而非改善决策。这些患者具有正常的语言和数学能力,但在个人和社会性决策方面往往效率低下,甚至不负责任。因此,笔者并不认为我们可以在实际的推理过程中取消情感的作用。

尽管如此,基于情感直觉的决策仍然具有很大的提升空间。在第2章我们主张知情直觉的过程:

1. 仔细设定决策问题,要求确定实现你的决定所要实现的目标,并列举出可能实现这些目标的合理行为的宽范围。

2. 仔细考量不同目标的重要性。这样的反思比只用数字权重计算目标的方式更加情感化、直觉化,但应该有助于你在当前的决策情境中更多地意识到你所关心的事情。爱好和情感失真(扭曲)可能夸大一些目标的重要性，因此我们要确定这些目标并加以识别。

3. 检验关于不同行为促成不同目标之程度的信念。这些信念具有充分的证据吗？如果没有，对信念进行修正。

4. 将你对最佳行为的直觉判断付诸实践，并密切注视你对不同选择的情绪反应。将你的决策交由他人审视，观察其是否合理。

这一程序显然适用于招聘决策，笔者希望该程序可以聘用到适合这一职位的最佳人选。

这种决策模式适用于个体思考者，但很多决策是社会性的，需要考虑群体中不同成员的观点和偏好。如果一些成员对特定的选择不理智地充满激情或固执地抗拒的话，那么情感肯定会成为社会决策的障碍。但是，情感在传递人们的喜好和评价方面也具有重要作用。如果笔者尝试与人们进行协调，发现他们对招聘这样的潜在行为感到非常不安，那么笔者会意识到他们的强烈情感表示一种强烈的偏好而非行动。或者，如果他们像笔者一样满腔热情，那么我们就可以共同实现一种有利于社会团结的群体情感连贯性（第5章）。

结　论

总之，理论理性和实践理性都涉及生成替代选择并对其进行评价以挑选最优选择的过程。选择的生成和评价都涉及情感，当情感引导人们寻求有吸引力的选择，以及当情感所表示的格式塔表明最大限度地实现了心理的连贯状态时，情感往往会积极参与这一过程。从选择生成和评价中剥离这些情感的作用（贡献）是不切实际的。否则笔者便不会需要它了，因为激情能够为科学、哲学和日常生活增光添彩。但情感的参与也可能是消极的，因为情绪扭曲阻碍了有吸引力的替代方案的产生，并扭曲了对哪种选择是最好的评价。为了克服情感的这些消极影响，我们需要利用知情直觉等过程，承认并鼓励情感对理论理性和实践理性的贡献，同时观察是否存在情感扭曲。除了成为一名热情的稳健派，人们还应当拥有适度的激情。

16 新的方向

在本书的结尾,简要回顾笔者对过去、现在以及未来的一些相关研究。第一部分描述了已发表的关于情感的研究成果,后者对本书的研究作了补充,然后总结了目前正在写作的数篇论文,这些论文扩展了笔者对情感认知不同机制的解释。第二部分更加理论化,指出了情感认知在理论和应用方面的一些令人兴奋的新型发展前景。

相关研究

这本书的所有章节的内容只是笔者与合作者在过去十年中所做的一些情感研究。现在笔者将指出一些与本书的机制-应用主题不相吻合的相关研究;大部分可以在笔者的网站上找到:http://cogsci.uwaterloo.ca/。笔者对情感认知的兴趣始于埃里森·巴恩斯(Allison Barnes)对类比推理的形式——移情的研究。我们的论文《类比与移情》利用了霍利约克和萨伽德(Holyoak et al., 1995)多重约束理论,以证明移情最好被视为一种类比思维(Barnes et al., 1997)。朱菁和笔者根据认知科学的最新研究在另一篇关于情感的哲学论文中指出,情感在人类行为中的作用远远超过哲学家们一贯的认识(Zhu et al., 2002)。

在一篇更为实用的论文中,笔者与迈克·波兹南斯基(Mike Poznanski)将情绪和情感纳入了个性与性格变化的神经网络理论(Poznanski et al., 2005)。理论的目的在于通过融入对人类性格的某些理解,使得诸如游戏以及人机界面等计算机程序变得更加有趣和自然。目前正在修改的三篇论文讨论了情感的其他方面。在一篇关于利益冲突的道德心理学论文中,笔者说明了第 6 章提出的 GAGE 模型的实际意义(萨伽德即将发表 b)。解释了为什么利益冲突在商业、政治和其他领域如此普遍,以及为什么人们几乎察觉不到自身的利益冲突。本文通过揭示认知-

情感交互的神经机制的关联性，将第 13 章对自我欺骗的解释予以扩展。

同样，溯因推理的神经计算解释也深化了第 10～12 章所讨论的科学发现问题，前者产生并评价了解释性假设（萨伽德即将发表 a）。笔者认为溯因推理不是一个纯粹的言语过程，而是包括情感在内的多模式表征。溯因推理包括两种情感反应：作为输入和输出的情感反应。前者表明某一目标值得解释，后者表示对推论出的假设感到满意。另见萨伽德和利特（Litt）即将发表的论文。另一篇论文的主题是关于科学合作所需的程序性知识，该论文沿用了第 5 章的社会性观点（萨伽德即将发表 b）。笔者认为，懂得如何合作需要理解和分享对科学研究至关重要的情感，包括好奇心、兴奋感以及发现的潜在乐趣。这类知识几乎不能转化为有意识的规则。

计划增加的部分

目前正在进行几项其他研究课题，旨在获得有关情感认知的新型观点。在笔者提出 HOTCO 模型的 20 世纪 90 年代，尽管其他模型正在涌现（Moore et al.，2002），但情感思维的计算模型还是很罕见的。增强对情感认知机制的认识依然任重而道远。

扩展的 GAGE

第 6 章提出了决策的 GAGE 神经计算模型。笔者现在正与利特合作扩展 GAGE 模型，并将其应用于关于决策和解释的新的心理学应用中。第一项必要的任务是确定应该纳入模型的另一组大脑区域。相关区域包括脑岛、前扣带皮质、背外侧前额叶皮质和丘脑；下面将讨论这些区域在情感决策和解释的不同方面的具体应用。第二项任务是在爱丽史密斯和安德森（Eliasmith et al.，2003）的神经计算框架内重新设计 GAGE 模型，他们对大脑如何编码、解码和转换信息进行了强有力的一般性说明。第三项任务是利用爱丽史密斯和安德森提出的计算工具实现扩展的 GAGE 模型，包括对原始的 GAGE 模型未能模拟的大脑区域进行模拟。

第四项任务是将描述决策和解释语境所需的复杂关系的表征纳入模型。为了表示客体之间的关系，笔者想采用一种所谓全息简化表征（HRRs）

的丰富向量结构,这是爱丽史密斯与萨伽德(Eliasmith et al.,2001)在类比思维问题上的应用。HRR 是一个实数向量,其最简单形式可表示一个基本特征。HRR 利用许多不同的数学运算来建构表示向量之间复杂关系的向量,如{原因[追逐(狗 男孩)](逃开 男孩 狗)},即男孩因为狗的追逐而逃避它。爱丽史密斯和安德森(Eliasmith et al.,2003)说明了如何在脉冲神经网络中对向量进行编码和解码,爱丽史密斯最近提出了一种利用其神经工程技术编码和转换 HRRs 的方法。

一旦设计并实现了扩展的 GAGE 模型——GAGEⅡ,我们便可以将其应用于许多涉及认知和情感整合的重要心理现象,包括决策、解释、数学思维,甚至可能是意识等方面。

现有的 GAGE 模型只适用于简单、无意识的决策,但笔者计划利用 GAGEⅡ模拟经济、政治和道德等更为普遍的决策。目的在于深入、广泛地说明作为金融决策、政治判断和道德结论之基础的认知、情感和神经机制。笔者猜想所有这些决策都涉及认知与情感的整合,这与原始 GAGE 模型的描述相一致,只不过认知复杂性更强,大脑区域的参与更广泛,包括了脑岛和背外侧前额叶皮质。

为使模型适用于经济决策,笔者计划将 GAGEⅡ发展为一般性质的偏好理论。目前,微观经济学理论是以一系列关于个体消费者行为的假设为基础的(Kreps,1990)。最基本的一项假设为偏好具有不对称性:如果某一消费者喜欢 X 胜过 Y,那么他不会喜欢 Y 胜过 X。然而,卡内曼和特沃斯基(Kahneman et al.,1979)设想了一些实例,表明人们以不同方式进行选择时常常违反不对称性。例如,如果人们被要求在两种行为之间做出选择,第一种行为肯定可以拯救 600 个人中的 400 人,第二种行为则有 1/3 的可能 600 人全部获救,2/3 的可能 600 人全部死亡,他们一般会选择第一种行为。然而,如果人们被要求在另外两种行为之间做出选择,第一种行为肯定会有 200 人死亡,第二种行为会有 2/3 的可能 600 人全部得救,1/3 的可能 600 人全部死亡,那么人们一般会选择第二种行为。从数学上讲,这 4 种行为是对等的,但是从幸存者和死亡者的角度来看,这些行为对人们的选择有着至关重要的影响。对于这一广泛复现的现象的一种自然解释为,人们的决策基于他们对不同选择的情感反应,GAGEⅡ模型应该可以产生关于诸如拯救生命等具有积极效价的观念以及与此相对，关于诸如死亡等具有消极效价的观念所涉及大脑区域的假设。

GAGE II 也可能解释其他众所周知的行为选择悖论，如阿莱悖论，在这一悖论中，人们在确定事物时会在数学上表现出令人困惑的偏好。确定性在情感上比少量的不确定性要令人满意得多。正如卢文斯基（Loewenstein，2001）等表明，许多具有风险的经济行为的实验结果可以被理解为一种假设：人们基于情绪感觉来评估风险。斯洛维奇等（Slovic et al.，2002）利用"情感启发"解释人们对风险和利益判断的许多相关发现。GAGE II 应该全面地解释这些现象。

另一个人们违反微观经济理论规范的有充分证据的现象是最后通牒博弈（the ultimatum game）（Sanfey et al.，2003）。在这一游戏中，一位玩家向另一位玩家提出一种分配方案，如果该玩家同意这一方案，那么两人可以分配一笔钱。从经济学角度来看，提议者应该给予尽可能少的钱，并期望响应者会认为任何金额都要比什么都得不到要好。然而实验人员却发现，提议者通常会给予总额的 50%，低于 50%的报价往往会被响应者拒绝。萨芬等（Sanfey et al.，2003）利用 fMRI 扫描来确定不公平的报价所引发的与情感（前脑岛）和认知（背外侧前额叶皮质）相关的脑区活动。将 GAGE 模型扩展至脑岛和背外侧前额叶皮质应该可以对这一结果进行神经计算解释。关于人们在最后通牒博弈中的行为，其自然解释是，提议者合理地期望响应者会对不公平的提议产生愤怒和厌恶等消极的情感反应。前扣带皮质是另一个与经济相关的大脑区域，其神经元为奖赏期待进行编码（Peoples，2002）。

笔者希望能为决策认知心理学的发展做出贡献，同时促进神经经济学的迅速发展（Camerer et al.，2005）。笔者设想计算神经经济学是心理学、神经科学、经济学以及计算机建模相互交叉的新兴领域（另见 Litt et al.，即将出版）。将 GAGE II 应用于政治判断也是可能的。关于这个问题笔者已经与埃默里大学心理学和精神病学系的德鲁·韦斯顿（Drew Westen）进行合作。他收集了大量美国政治争议中政治判断的相关数据，如比尔·克林顿的性丑闻和 2000 年美国大选中佛罗里达州的选票。总之，民主党人对共和党人事件的认知-情感反应截然不同。笔者已经利用 HOTCO（热连贯性）模型模拟韦斯顿的一些实验结果（参见上文第8章；Westen et al.，即将出版），并希望利用GAGE II从神经学方面对结果予以更为深刻的解释。

GAGE II应该也适用于另一种重要的认知-情感决策：道德判断。当人们判断某一行为的对错时，其评估基于认知推理（如违背道德原则的行为）和情感反应。情感反应可能包括高度积极的反应，如感觉到善意的行为而产生的快乐，或者高度消极的反应，如使人厌恶的行为，它（情感反应）存在各种居间的可能性。最近的实验证据表明，这种情感反应是道德判断的关键部分（Greene et al., 2002）。然而，目前还没有详细的理论解释认知和情感过程如何相互作用产生这类判断。笔者希望将GAGE II扩展至参与道德判断的已知大脑区域（如额内侧回），这将有助于从理论上理解道德判断的神经基础。格林等（Greene et al., 2001）描述了陷入道德困境之人进行决策的fMRI研究报告。请思考道德理论家着重讨论的两个难题，电车难题和天桥难题。在第一个问题中，为了拯救五个人的生命，人们必须就转动电车的方向进行选择，选择的间接代价是杀死一个人。在第二个难题中，为了拯救五个人的生命，人们必须在是否将某一个人推下天桥之间做出选择。正如卡内曼与特沃斯基的框架实例，这些选择在数学上是对等的，但人们的偏好却受到描述方式的巨大影响。在电车案例中，大多数人选择拯救五个人的生命而不是失去一条生命，但在天桥案例中，面对直接造成一个人死亡的情况，他们退缩了。格林等认为（Greene et al., 2001），这两种困境的关键区别在于后者涉及人们的情感。他们的功能磁共振成像（fMRI）数据显示，陷入天桥困境的人们在之前被认为是情感处理的几个大脑区域的活动更加活跃了，包括额叶内侧回和扣带后回。笔者希望利用GAGE II模型解释这些数据以及其他脑部扫描数据，它们表明道德情感涉及杏仁核与丘脑等大脑区域（Moll et al., 2002）。

笔者希望将GAGE II模型作为发展情感意识的神经计算理论的垫脚石，这是笔者对它最为热切的期望。有哲学观点认为，没有一种意识的科学理论是合理的，原因在于科学无法解决有关定性经验本质的问题，如"感到快乐是什么感觉？"但是对情感意识的关键方面进行机械解释似乎具有光明的前景：情感是如何开始与结束的，以及为什么它们具有积极或消极价值和或多或少的强度等定性特征。

莫里斯（Morris，2002）推测情感产生于包括前额叶皮质、杏仁核、脑岛以及丘脑在内的众多脑区的复杂相互作用。这需要进一步扩展GAGE，使之包括的神经表征可以概括与整合这些区域和其他区域的神经表征。笔者希望GAGEIII可以根据两种过程的相互作用机械地解释积极与消极情感的产生：前额叶皮质对感知刺激的认知评估，以及脑岛与杏仁核对身体状态的评估。积极的情感状态最有可能源于奖赏中枢（如NAcc）的活动，而消极的情感状态可能源自恐惧中枢（如杏仁核）的活动。根据情感体验所涉及的许多区域不同的脉冲率，特别是表示认知和躯体状态的其他区域活动的区域，从机制上解释情感体验的强度变化应该相对简单。GAGEIII可能不会告诉我们快乐是什么感觉，这个问题与一千克有多少小时一样会使人产生误解。但是笔者希望这一模型可以描述情感体验的开始、积极/消极特征以及强度的生成机制。

理　　性

GAGE II 和 GAGE III 是计算神经心理学的计划项目，但它们也会对比如理性的本质和还原等哲学问题产生影响，而这关系到笔者一直在探讨的不同解释层级（社会的、认知的、神经的以及分子的）之间的关系。笔者希望丰富的情感认知理论的发展可以有助于这一哲学课题：评估情感理性。第15章的内容既否定了情感是理性的障碍这一传统观点，又驳斥了情感在某种程度上优于理性这一浪漫主义观点。更确切地说，有效的人类思维需要认知与情感的平稳结合，使人们能够获得信念和其他表征，从而得到与重要事物相关的真理、解释以及决策。

从情感认知失灵的角度思考理性及其故障可能会对我们有所帮助，正如人们利用生物机制故障来解释医学方面的疾病（Thagard，2003）。有机体的正常功能由包含复杂成分、关系和变化的机制生成，这些机制实现了诸如消化、呼吸以及繁殖等有益的生物学目标。器官或细胞的缺陷或干扰产生了疾病。例如，产生或加工胰岛素的胰腺和细胞发生问题后会诱发糖尿病。

类似地，从情感认知机制失灵的角度考虑动机推论（第8章）和自我欺骗（第13章）等理性故障是有益的。相关机制可能包括第1~7章讨论的所有机制，包括社会的、认知的、神经的以及分子机制。第5章结尾描述了宣传和强制等畸形社会机制如何破坏情感共识的理想结果。在第8章中，笔者解释了情感评价对于信念评估的不合理影响如何产生有关法律犯罪的动机推理，解释方式与第13章丁梅斯代尔的自我欺骗一致。

情感评价没有什么不对，事实上正如上述的许多章节所显示的，情感评价对于决策至关重要，但是情感产生的不适当影响会滋生非理性。对比药物和免疫系统的情况，免疫系统是人体抵御细菌和其他病原体的关键部分。有时免疫系统失灵并侵袭它应该保护的器官，从而导致狼疮、多发性硬化症和类风湿性关节炎等自身免疫性疾病。同样，如果情感系统超越了其集中注意力和努力的固有生物学功能，便会不适当地干扰信念评价，从而滋生非理性。

解释层级之间的联系

另一个重要的哲学问题涉及情感认知所需的不同解释层级间的关系。表1.1总结了本书讨论的社会的、认知的、神经的以及分子机制。每一层级都是根据机制进行解释，如果笔者的这一主张是正确的，那么层级间的关系问题便可以理解为这样一个问题，即描述由要素、关系、相互作用以及变化所组成的机制间的关系。

要素是这一描述中最为简单的部分，它们天然适合于部分-整体式的层次结构。具有心理表征的人们构成社会群体。人由包括大脑在内的身体构成，而大脑则由神经元组成。神经元由蛋白质和其他分子构成，这些分子由原子等构成。然而，这些部分的层次结构并未告诉我们任何有关因果过程的内容，而后者对机制的解释性作用而言至关重要。

我们还可以对每一机械层次的要素之间的关系性质进行分层解释。举一个最显而易见的例子，请考虑两个人比邻而坐的社会群体，相邻关系可以近似地分解为：每个人的躯体在身体上与他人相接近。这种空间关系只有涉及相互作用的时间关系才会引起人们的兴趣，如一个人同另一人交谈。这类交互也可以分解为：两个或两个以上的人以自身的言语和倾听的身体行为进行谈话。这些活动在认知层面上解释为心理表征,其相互作用原则上可以根据其心理表征基础的神经结构间的相互作用来理解。在下一个层级,神经元之间的兴奋和抑制等相互作用可以根据分子的相互作用来理解,例如,多巴胺和血清素等神经递质的产生、运动和接收。

科学家们之所以研究要素、关系以及相互作用的这些层级,是为了解释变化是如何产生的,而这正是还原问题的关键所在。某一层次的变化在多大程度上可以用较低层次的变化予以解释?第 5 章主要讨论的社会变化为共识,即整个群体获得了共同的信念或决策。这一变化与认知层面的变化直接相关,因为共识是通过改变个体决策者的偏好决策而产生的。但是社会机制不能为个体的认知机制所取代,因为包括情感感染、移情和利他主义等社会层面的交互是社会过程的一个关键方面。同样,在认知层面上我们可以看到神经变化与心理表征变化的相关性,但是在认知层面思考变化(如人们的推理)仍然很重要。心理表征之间的相互作用产生了推理,解释了神经物质无法直接处理的所需现象,正如神经元的相互作用导致了大脑活动的变化,这种变化通常最好依据神经交互而非分子转换来描述。

图 16.1 描绘了两个不同层次的机制解释之间联系的恰当图景。在每一层级,要素的交互作用会引起变化,并在两组对象、交互作用和变化之间具有可识别的连接。但是,这些联系既不够紧密也不够松散,不能使顶层相对于较低层级显得冗余,也不足以使顶层独立于底层。理解对情感和其他主题研究的关键在于看到每一对层级之间的系统联系。

然而,我们不应认为某一层级和与其毗邻(上和下)层级的联系是唯一的。目前兴起了一个所谓社会认知神经科学的新兴领域,不仅如数十年来的情况一样将社会心理学与认知心理学相联系,而且一直延伸到神经甚至分子层面(Cacioppo et al., 2002)。例如,婚姻关系(可视为一社会群体)的形成可能在一定程度上需要根据涉及对偶结合(pair bonding)的分子机制来解释,如激素血管加压素和催产素的表现(草原田鼠是一夫一妻制,而山地田鼠不是,相关的基因差异涉及这两种化学物质)。同样,最近的一项研究发现,催产素会影响人们互相信任的意愿(Kosfeld et al., 2005)。因此,图 16.1 的更为完整、精确的版本将描述几个层级的机制,这些机制之间的联系会跳过一个或多个层级。

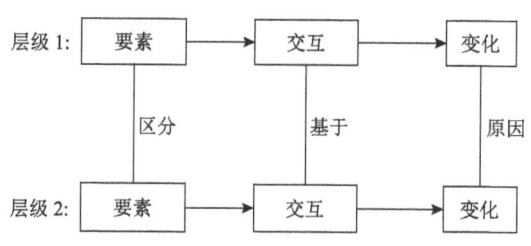

图 16.1　两种解释层级之间的关系
在每一层级,要素的交互导致客体系统发生了变化

根据麦考利和贝克特尔(McCauley et al., 2001)的解释多元论,笔者的情感研究观点既非还原论,也非反还原论。反还原论认为,某一层级的理论独立于较低层次的理论。这一观点显然与心理学和神经科学的发展不相符,因为在许多情况下认知理论向社会理论提供信息,神经理论向认知理论提供信息,而神经理论则由分子理论提供信息。还原论的观点同样不可信,它认为神经学解释是最基本层次的解释。目前,神经科学是有关情感如何运作的新知识的最主要来源,但其成就在一定程度上取决于它(神经科学)与社会、认知和分子解释的符合程度。还原论最终幻想一切事物都可依据原子、夸克或量子环等更为基本的物质予以解释。目前,原子与解释情感认知并非完全无关,因为原子的行为和结构与对化学反应的解释有关,而化学反应与分子生物学有关,理解神经元的行为等又与分子生物学相关。但是,将某一特定层次的解释置于其他解释之上的还原论忽略了这样一个事实,即不同范围的机制最适于解释不同的现象。例如,共识作为一种社会现象主要根据情感感染等社会机制来解释(第5章),即使从神经过程角度理解情感感染也是如此。量子力学与心理学几乎无关(Litt et al., 即将发表)。

对不同层级的机制与情感生成之间关系的持续理解取决于科学发展的过程,而非抽象的哲学思考。当前的趋势表明,情感认知解释将继续受益于包括社会的、认知的、神经的以及分子机制在内的多个层面的相互渗透与融合。思考本书所讨论的情感认知的一般主题,通过对与特定情感相关的科学发展进行更为细致的分析,都会促进我们对这一发展的理解。对诸如幸福、恐惧和爱等情感的社会的、认知的、神经的以及分子的理解的现状进行深入的多学科案例研究是非常有用的,笔者希望这些研究可以支持笔者偏向解释多元论胜过还原论和反还原论,但只有几十年如一日的研究才能最合理地解释不同解释层级之间关系的性质。

　　本章概述了关于情感如何影响思维的一些当前和未来的科学和哲学研究思路。毫无疑问,随着对情感认知机制和应用理解的不断加深,其他研究思路也会如雨后春笋般涌现出来。

参 考 文 献

Abelson, R. (1963). Computer simulation of "hot" cognition. In S. Tomkins and S. Messick (eds.), Computer Simulation of Personality (pp. 277-298). New York: John Wiley and Sons.
Adherents (2003). Adherents. com. Retrieved Nov. 26, 2003, from http://www.adherents.com/.
Adleman, L. M. (1994). Molecular computation of solutions to combinatorial problems. Science 266: 1021-1024.
Aggleton, J. (2000). The Amygdala: A Functional Analysis. Oxford: Oxford University Press.
AHFMR. (1999). Reovirus: Cancer fighter. Retrieved May 18, 2005, from http://www.ahfmr.ab.ca/publications/reports/Tri99/lee.shtml/.
Allen, R. J. (1991). The nature of juridical proof. Cardozo Law Review 373: 373-422.
Allen, R. J. (1994). Factual ambiguity and a theory of evidence. Northwestern University Law Review 88: 604-660.
Anderson, J. R. (1993). Rules of the Mind. Hillsdale, N. J.: Lawrence Erlbaum Associates.
Arabsheibani, G., D. de Meza, J. Maloney, and B. Pearson (2000). And a vision appeared unto them of a great profit: Evidence of self-deception among the self-employed. Economics Letters 67: 35-41.
Ashby, F. G., A. M. Isen, and A. U. Turken (1999). A neuropsychological theory of positive affect and its influence on cognition. Psychological Review 106: 529-550.
Atran, S. (2002). In Gods We Trust: The Evolutionary Landscape of Religion. Oxford: Oxford University Press.
Barnes, A. (1997). Seeing through Self-Deception. Cambridge: Cambridge University Press.
Barnes, A., and P. Thagard (1997). Empathy and analogy. Dialogue: Canadian Philosophical Review 36: 705-720.
Barsade, S. (2002). The ripple effect: Emotional contagion in group behavior. Administrative Science Quarterly 47: 644-675.
Bazerman, M. H. (1994). Judgment in Managerial Decision Making. New York: John Wiley and Sons.
Bechara, A., A. R. Damasio, H. Damasio, and S. Anderson (1994). Insensitivity to future consequences following damage to human prefrontal cortex. Cognition 50: 7-15.
Bechara, A., H. Damasio, D. Tranel, and A. R. Damasio (1997). Deciding advantageously before knowing the advantageous strategy. Science 275: 1293-1295.

Bechtel, W., and A. A. Abrahamsen (2005). Explanation: A mechanistic alternative. Studies in History and Philosophy of Science 36: 421-441.

Bechtel, W., and R. C. Richardson (1993). Discovering Complexity. Princeton, N. J. : Princeton University Press.

Berns, G., S. McClure, G. Pagnoni, and P. Montague (2001). Predictability modulates human brain response to reward. Journal of Neuroscience 21: 2793-2798.

Bhalla, U. S., and R. Iyengar (1999). Emergent properties of networks of biological signaling pathways. Science 283: 381-387.

Bischoff, J. R., D. H. Kirn, A. Williams, C. Heise, S. Horn, M. Muna, L. Ng, J. A. Nye, A. Sampson-Johannes, A. Fattaey, and F. McCormick (1996). An adenovirus mutant that replicates selectively in p53-deficient human tumor cells. Science 274: 373-376.

Black, I. B. (1991). Information in the Brain: A Molecular Perspective. Cambridge, Mass. : MIT Press.

Blanchette, I., and K. Dunbar (2001). Analogy use in naturalistic settings: The influence of audience, emotion, and goals. Memory and Cognition 29: 730-735.

Bosanquet, B. (1920). Implication and Linear Inference. London: Macmillan. Bower, G. H. (1981). Mood and memory. American Psychologist 36: 129-148.

Bower, G. H. (1991). Mood congruity of social judgments. In J. P. Forgas (ed.), Emotion and Social Judgments (pp. 31-53). Oxford: Pergamon Press.

Boyer, P. (2001). Religion Explained: The Evolutionary Origins of Religious Thought. New York: Basic Books.

Bray, D. (1995). Protein molecules as computational elements in living cells. Nature 376: 307-312.

Breiter, H., I. Aharon, D. Kahneman, A. Dale, and P. Shizgal (2001). Functional imaging of neural responses to expectancy and experience of monetary gains and losses. Neuron 30: 619-639.

Brink, D. O. (1989). Moral Realism and the Foundations of Ethics. Cambridge: Cambridge University Press.

Brown, R. E. (1994). An Introduction to Neuroendocrinology. Cambridge: Cambridge University Press.

Brown, S. (1996). Buzz: The Science and Lore of Alcohol and Caffeine. New York: Penguin.

Bugliosi, V. (1997). Outrage: The Five Reasons Why O. J. Simpson Got Away with Murder. New York: Island Books.

Bylander, T., D. Allemang, M. Tanner, and J. Josephson (1991). The computational complexity of abduction. Artificial Intelligence 49: 25-60.

Byrne, M. D. (1995). The convergence of explanatory coherence and the story model: A case study in juror decision. In J. D. Moore and J. F. Lehman (eds.), Proceedings of the Seventeenth Annual Conference of the Cognitive Science Society (pp. 539-543). Mahwah, N. J. : Lawrence Erlbaum Associates.

Cacioppo, J. T., G. G. Berntson, R. Adolphs, C. S. Carter, R. J. Davidson, M. K. McClintock, B. S. McEwen, M. J. Meaney, D. L. Schacter, E. M. Sternberg, S. S. Suomi, and S. E. Taylor (eds.). (2002). Foundations in Social Neuroscience. Cambridge, Mass. : MIT Press.

Calabresi, P., M. de Murtas, and G. Bernardi (1997). The neostriatum beyond the motor function: Experimental and clinical evidence. Neuroscience 78: 39-60.

Camerer, C., G. F. Loewenstein, and D. Prelec (2005). Neuroeconomics: How neuroscience can inform economics. Journal of Economic Literature 34: 9-64.

Campanario, J. M. (1996). Using Citation Classics to study the incidence of serendipity in scientific context. Scientometrics 37: 3-24.

Churchland, P. S. (1996). Feeling reasons. In A. R. Damasio, H. Damasio, and Y. Christen (eds.), Neurobiology of Decision Making (pp. 181-199). Berlin: Springer-Verlacht.

Churchland, P. S., and T. Sejnowski (1992). The Computational Brain. Cambridge, Mass. : MIT Press.

Clore, G., N. Schwarz, and M. Conway (1994). Affective causes and consequences of social information processing. In R. Wyer and T. Srull (eds.), Handbook of Social Cognition, vol. 1 (pp. 323-417). Hillsdale, N. J. : Lawrence Erlbaum.

Coady, C. A. J. (1992). Testimony: A Philosophical Study. Oxford: Clarendon Press.

Cochran, J. L., Jr. (1997). Journey to Justice. New York: One World.

Coffey, M. C., J. E. Strong, P. A. Forsyth, and P. W. K. Lee (1998). Reovirus therapy of tumors with activated Ras pathway. Science 282: 1332-1334.

Cohen, S., and S. Bersten (1990). Probability out of court: Notes on "Guilt beyond reasonable doubt." Australasian Journal of Philosophy 68: 229-240.

Cooke, R. (2001). Dr. Folkman's War: Angiogenesis and the Struggle to Defeat Cancer. New York: Random House.

Cooley, A., C. Bess, and M. Rubin-Jackson (1995). Madam Foreman: A Rush to Judgment? Beverly Hills, Calif. : Dove Books.

Cooper, J., and R. H. Fazio (1984). A new look at dissonance theory. In L. Berkowitz (ed.), Advances in Experimental Social Psychology, vol. 17. New York: Academic Press.

Cozman, F. J. (2001). JavaBayes: Bayesian networks in Java. Http: //www-2. cs. cmu. edu/~javabayes/.

Crick, F. (1988). What Mad Pursuit: A Personal View of Scientific Discovery. New York: Basic Books.

Crossin, K. L., and L. A. Krushel (2000). Cellular signaling by neural cell adhesion molecules of the immunoglobulin superfamily. Developmental Dynamics 218: 260-279.

Dalgleish, T., and M. J. Power (eds.). (1999). Handbook of Cognition and Emotion. New York: John Wiley and Sons.

Damasio, A. R. (1994). Descartes' Error. New York: G. P. Putnam's Sons.

Damasio, H., T. Grabowski, R. Frank, A. M. Galburda, and A. R. Damasio (1994). The return of Phineas Gage: Clues about the brain from the skull of a famous patient. Science 264: 1102-1104.

Darley, J. M., M. P. Zanna, and H. L. Roediger (2004). The Compleat Academic: A Career Guide. Washington, D. C.: American Psychological Association.

Davidson, B., and B. Pargetter (1987). Guilt beyond reasonable doubt. Australasian Journal of Philosophy 65: 182-187.

Davidson, D. (1985). Deception and division. In E. LePore and B. P. McLaughlin (eds.), Actions and Events: Perspectives on the Philosophy of Donald Davidson. Oxford: Blackwell.

de Sousa, R. (1988). The Rationality of Emotion. Cambridge, Mass.: MIT Press. Demos, N. F. (1960). Lying to oneself. Journal of Philosophy 57: 588-595.

Dennett, D. (1991). Consciousness Explained. Boston: Little, Brown.

Dershowitz, A. M. (1997). Reasonable Doubts: The Criminal Justice System and the O. J. Simpson Case. New York: Touchstone.

Descartes, R. (1964). Philosophical Writings. E. Anscombe and P. T. Geach, trans. London: Nelson.

Dunbar, K. (1995). How scientists really reason: Scientific reasoning in real-world laboratories. In R. J. Sternberg and J. Davidson (eds.), Mechanisms of Insight (pp. 365-395). Cambridge, Mass.: MIT Press.

Dunbar, K. (2001a). The analogical paradox: Why analogy is so easy in naturalistic settings, yet so difficult in the laboratory. In D. Gentner, K. Holyoak, and B. K. Kokinov (eds.), The Analogical Mind (pp. 313-334). Cambridge, Mass.: MIT Press.

Dunbar, K. (2001b). What scientific thinking reveals about the nature of cognition. In K. Crowley, C. D. Schunn, and T. Okada (eds.), Designing for Science: Implications from Everyday, Classroom, and Professional Settings (pp. 115-140). Mawah, N. J.: Lawrence Erlbaum.

Edwards, J. (2003/1746). A treatise concerning religious affections. Retrieved Nov. 26, 2003, from http://www.ccel.org/e/edwards/affections/religious_affections.html.

Ekman, P. (1992). An argument for basic emotions. Cognition and Emotion 6: 169-200.

Eliasmith, C., and C. H. Anderson (2003). Neural Engineering: Computation, Representation, and Dynamics in Neurobiological Systems. Cambridge, Mass.: MIT Press.

Eliasmith, C., and P. Thagard (2001). Integrating structure and meaning: A distributed model of analogical mapping. Cognitive Science 25: 245-286.

Elster, J. (1983). Sour Grapes. New York: Cambridge University Press.

Engel, A. K., P. Fries, P. König, M. Brecht, and W. Singer (1999). Temporal Binding, Binocular Rivalry, and Consciousness. Consciousness and Cognition 8: 128-151.

Ephrati, E., and J. S. Rosenschein (1996). Deriving consensus in multiagent systems. Artificial Intelligence 87: 21-74.

Erez, A., D. E. Johnson, and T. A. Judge (1995). Self-deception as a mediator of the relationship between dispositions and subjective well-being. Personality and Individual Differences 19(5): 597-612.

Everitt, B., S. Landau, and M. Leese (2001). Cluster Analysis. 4th ed. New York: Oxford University Press.

Falkenhainer, B., K. D. Forbus, and D. Gentner (1989). The structure-mapping engine: Algorithms and examples. Artificial Intelligence 41: 1-63.

Faust, J. (2000a). Proof beyond a reasonable doubt: An annotated bibliography. The APA Newsletters (American Philosophical Association) 99(2): 229-235.

Faust, J. (2000b). Reasonable doubt jury instructions. The APA Newsletters (American Philosophical Association) 99(2): 226-229.

Fazio, R. H. (2001). On the automatic activation of associated evaluations: An overview. Cognition and Emotion 15: 115-141.

Feist, G. J. (1993). A structural model of scientific eminence. Psychological Science 4: 366-371.

Feist, G. J., and M. E. Gorman (1998). The psychology of science: Review and integration of a nascent discipline. Review of General Psychology 2: 3-47.

Fenno, R. F. (1978). Home Style: House Members in Their Districts. Boston: Little, Brown.

Festinger, L. (1957). A Theory of Cognitive Dissonance. Stanford, Calif.: Stanford University Press.

Feynman, R. (1999). The Pleasure of Finding Things Out. Cambridge, Mass.: Perseus Books.

Fingarette, H. (1969). Self-Deception. London: Routledge and Kegan Paul.

Finucane, M. L., A. S. Alhakami, P. Slovic, and S. M. Johnson (2000). The affect heuristic in judgements of risks and benefit. Behavioral Decision Making 13: 1-17.

Fiske, S., and M. Pavelchak (1986). Category-based versus piecemeal-based affective responses: Developments in schema-triggered affect. In R. Sorrentino and E. Higgins (eds.), Handbook of Motivation and Cognition, vol. 1 (pp. 167-203). New York: Guilford.

Fodor, J. (2000). The Mind Doesn't Work That Way. Cambridge, Mass.: MIT Press.

Forgas, J. P. (1995). Mood and judgment: The Affect Infusion Model (AIM). Psychological Bulletin 117: 39-66.

Frank, R. H. (1988). Passions within Reason. New York: Norton.

Galarreta, M., and S. Hestrin (2001). Spike transmission and synchrony detection in networks of GABAergic interneurons. Science 292: 2295-2299.

Galison, P. (1997). Image and Logic: A Material Culture of Microphysics. Chicago: University of Chicago Press.

Gallagher, S. (2000). Philosophical conceptions of the self: Implications for cognitive science. Trends in Cognitive Science 4 (1): 14-21.

Gentner, D. (1983). Structure-mapping: A theoretical framework for analogy. Cognitive Science 7: 155-170.

Giere, R. N. (1999). Science without Laws. Chicago: University of Chicago Press.

Gilovich, T. (1991). How We Know What Isn't So. New York: Free Press.

Goldbeck, R. (1997). Denial in physical illness. Journal of Psychosomatic Research 43 (6): 575-593.

Goldberg, S. C. (1997). The very idea of computer self-knowledge and self-deception. Minds and Machines 7: 515-529.

Goldman, A. (1999). Knowledge in a Social World. Oxford: Oxford University Press.

Gooding, D. (1990). Experiment and the Nature of Meaning. Dordrecht: Kluwer.

Gooding, D., T. Pinch, and S. Schaffer, eds. (1989). The Uses of Experiments. Cam-bridge: Cambridge University Press.

Gopnik, A. (1998). Explanation as Orgasm. Minds and Machines 8: 101-118.

Grace, A., and H. Moore (1998). Regulation of information flow in the nucleus accumbens: A model for the pathophysiology of schizophrenia. In M. F. Lenzenweger and R. H. Dworkin (eds.), Origins and Development of Schizophrenia: Advances in Experimental Psychopathology (pp. 123-157). Washington, D. C.: American Psychological Association.

Greene, J., and J. Haidt (2002). How (and where) does moral judgment work? Trends in Cognitive Sciences 6: 517-523.

Greene, J. D., R. B. Sommerville, L. E. Nystrom, J. M. Darley, and J. D. Cohen (2001). An fMRI investigation of emotional engagement in moral judgment. Science 293: 2105-2108.

Grice, H. P. (1989). Studies in the Way of Words. Cambridge, Mass.: Harvard University Press.

Gross, M. (1998). Molecular computation. In T. Gramß, S. Bornholdt, and S. Groß (eds.), Non-Standard Computation (pp. 15-58). Weinheim: Wiley-VCH.

Haack, S. (1993). Evidence and inquiry: Towards Reconstruction in Epistemology. Oxford: Blackwell.

Haack, S. (1998). Manifesto of a Passionate Moderate. Chicago: University of Chicago Press.

Hacking, I. (1975). The Emergence of Probability. Cambridge: Cambridge University Press.
Hacking, I. (1983). Representing and Intervening. Cambridge: Cambridge University Press.
Haight, M. R. (1980). A Study of Self-Deception. Sussex: Harvester Press.
Harman, G. (1986). Change in View: Principles of Reasoning. Cambridge, Mass. : MIT Press/Bradford Books.
Harris, K. M. (1988). Hypocrisy and Self-Deception in Hawthorne's Fiction. Charlottesville: University Press of Virginia.
Hatfield, E., J. T. Cacioppo, and R. L. Rapson (1994). Emotional Contagion. Cambridge: Cambridge University Press.
Hawthorne, N. (1850). The Scarlet Letter: A Romance. Boston: Ticknor and Fields.
Hick, J. (1967). Faith. In P. Edwards (ed.), The Encyclopedia of Philosophy, vol. 3 (pp. 165-169). New York: Macmillan.
Hitchcott, P., and G. Phillips (1997). Amygdala and hippocampus control dissociable aspects of drug associated conditioned rewards. Psychopharmacology 131: 187-195.
Holyoak, K. J., L. R. Novick, and E. R. Melz (1994). Component processes in analogical transfer: Mapping, pattern completion, and adaptation. In K. J. Holyoak and J. A. Barnden (eds.), Advances in Connectionist and Neural Computation theory, vol. 2, Analogical Connections (pp. 113-180). Norwood, N. J. : Ablex.
Holyoak, K. J., and B. A. Spellman (1993). Thinking. Annual Review of Psychology 44: 265-315.
Holyoak, K. J., and P. Thagard (1989). Analogical mapping by constraint satisfaction. Cognitive Science 13: 295-355.
Holyoak, K. J., and P. Thagard (1995). Mental Leaps: Analogy in Creative Thought. Cambridge, Mass. : MIT Press.
Hummel, J. E., and K. J. Holyoak (1997). Distributed representations of structure: A theory of analogical access and mapping. Psychological Review 104: 427-466.
Hurley, S. L. (1989). Natural Reasons: Personality and Polity. New York: Oxford University Press.
Hutchins, E. (1995). Cognition in the Wild. Cambridge, Mass. : MIT Press.
Isen, A. M. (1993). Positive affect and decision making. In M. Lewis and J. M. Haviland (eds.), Handbook of Emotions (pp. 261-277). New York: Guilford Press.
Jacob, F. (1988). The Statue Within. F. Philip, trans. New York: Basic Books.
James, W. (1948). Essays in Pragmatism. New York: Hafner.
James, W. (1958). Varieties of Religious Experience. New York: New American Library.
Johnson, N. R., and W. E. Feinberg (1989). Crowd structure and process: Theoretical framework and computer simulation model. In E. Lawler and B. Markovsky (eds.), Advances in Group Processes, vol. 6 (pp. 49-86). Greenwich, Conn. : JAI Press.

Johnston, M. (1988). Self-deception and the nature of mind. In B. P. McLaughlin and A. O. Rorty (eds.), Perspectives on Self-Deception (pp. 63-91). Berkeley: University of California Press.

Josephson, J. R., and S. G. Josephson (eds.). (1994). Abductive Inference: Computation, Philosophy, Technology. Cambridge: Cambridge University Press.

Judson, H. F. (1979). The Eighth Day of Creation: Makers of the Revolution in Biology. New York: Simon and Schuster.

Just, D. (1998). Excluding prejudicial evidence from criminal juries. Retrieved May 6, 2005, from http: //www. justd. com/prejev. htm/.

Kahneman, D. (1999). Objective happiness. In D. Kahneman, E. Diener, and N. Schwarz (eds.), Well-Being: Foundations of Hedonic Psychology (pp. 3-25). New York: Russell Sage Foundation.

Kahneman, D., P. Slovic, and A. Tversky (1982). Judgment under Uncertainty: Heuristics and Biases. New York: Cambridge University Press.

Kahneman, D., and A. Tversky (1979). Prospect theory: An analysis of decision under risk. Econometrica 47: 263-291.

Kitcher, P. (1993). The Advancement of Science. Oxford: Oxford University Press.

Knutson, B., C. Adams, G. Fong, and D. Hommer (2001). fMRI visualization of brain activity during a monetary incentive delay task. NeuroImage 12: 20-27.

Koch, C. (1999). Biophysics of Computation: Information Processing in Single Neurons. New York: Oxford University Press.

Koch, C. M., and D. J. Devine (1999). Effects of reasonable doubt definition and inclusion of a lesser charge on jury verdicts. Law and Human Behavior 23: 653-674.

Kolodner, J. (1993). Case-Based Reasoning. San Mateo, Calif.: Morgan Kaufmann.

Kosfeld, M., M. Heinrichs, P. J. Zak, U. Fischbacher, and E. Fehr (2005). Oxytocin increases trust in humans. Nature 435: 673-676.

Koza, J. R. (1992). Genetic Programming. Cambridge, Mass.: MIT Press.

Kreps, D. M. (1990). A Course in Microeconomic Theory. Princeton, N. J.: Princeton University Press.

Kubovy, M. (1999). On the pleasures of the mind. In D. Kahneman, E. Diener, and N. Schwarz (eds.), Well-being: Foundations of Hedonic Psychology (pp. 134-154). New York: Russell Sage Foundation.

Kunda, Z. (1990). The case for motivated inference. Psychological Bulletin 108: 480- 498.

Kunda, Z. (1999). Social Cognition. Cambridge, Mass.: MIT Press.

Kunda, Z., and P. Thagard (1996). Forming impressions from stereotypes, traits, and behaviors: A parallel-constraint-satisfaction theory. Psychological Review 103: 284-308.

Kurzweil, R. (1999). The Age of Spiritual Machines. New York: Viking.

Lajunen, T., A. Corry, H. Summala, and L. Hartley (1996). Impression management and self-deception in traffic behavior inventories. Personality and Individual Differences 22(3): 341-353.

Lazar, A. (1999). Deceiving oneself or self-deceived? On the formation of beliefs "under the influence." Mind 108: 265-290.

Lazarus, R. S. (1991). Cognition and motivation in emotion. American Psychologist 46: 352-267.

LeDoux, J. (1996). The Emotional Brain. New York: Simon and Schuster.

Lempert, R. (1986). The new evidence scholarship: Analyzing the process of proof. Boston University Law Review 66: 439-477.

Lerner, J. S., and D. Keltner (2000). Beyond valence: Toward a model of emotion-specific influences on judgement and choice. Cognition and Emotion 14: 473-493.

Lerner, J. S., and D. Keltner (2001). Fear, anger, and risk. Journal of Personality and Social Psychology 81: 146-159.

Lerner, J. S., D. A. Small, and G. F. Loewenstein (2004). Heart strings and purse strings: Carryover effects of emotions on economic decisions. Psychological Science 15: 337-341.

Levine, D. S. (2000). Introduction to Neural and Cognitive Modeling, 2nd ed. Mahwah, N. J.: Lawrence Erlbaum.

Lewin, K. (1951). Field Theory in Social Science. New York: Harper and Row.

Lieberman, M. D. (2000). Intuition: A social cognitive neuroscience approach. Psychological Bulletin 126: 109-137.

Litt, A., C. Eliasmith, F. W. Kroon, S. Weinstein, and P. Thagard (forthcoming). Is the brain a quantum computer? Cognitive Science.

Litt, A., C. Eliasmith, and P. Thagard (forthcoming). A large-scale neural model of human reward processing.

Lockwood, P., and Z. Kunda (1997). Superstars and me: Predicting the impact of role models on the self. Journal of Personality and Social Psychology 73: 91-103.

Lodge, M., and P. Stroh (1993). Inside the mental voting booth: An impression-driven process model of candidate evaluation. In S. Iyengar and W. J. McGuire (eds.), Explorations in political psychology (pp. 225-295). Durham, N. C.: Duke University Press.

Lodish, H., A. Berk, S. L. Zipursky, P. Matsudaira, D. Baltimore, and J. Darnell (2000). Molecular Cell Biology, 4th ed. New York: W. H. Freeman.

Loewenstein, G. (1994). The psychology of curiosity: A review and reinterpretation. Psychological Bulletin 116: 75-98.

Loewenstein, G. F., E. U. Weber, C. K. Hsee, and N. Welch (2001). Risk as feelings. Psychological Bulletin 127: 267-286.

Lucretius. (1969). On the Nature of Things. London: Sphere Books.

Maass, W., and C. M. Bishop (eds.). (1999). Pulsed Neural Networks. Cambridge, Mass.: MIT Press.

Machamer, P., L. Darden, and C. F. Craver (2000). Thinking about mechanisms. Philosophy of Science 67: 1-25.

Macmillan, M. (2000). An Odd Kind of Fame: Stories of Phineas Gage. Cambridge, Mass.: MIT Press.

Magnasco, M. O. (1997). Chemical kinetics is Turing universal. Physical Review Letters 78: 1190-1193.

Marshall, B. J., and J. R. Warren (1984). Unidentified curved bacilli in the stomach of patients with gastritis and peptic ulceration. Lancet 1 (8390): 1311-1315.

McAllister, J. W. (1996). Beauty and Revolution in Science. Ithaca, N. Y.: Cornell University Press.

McCauley, R. N., and W. Bechtel (2001). Explanatory pluralism and the heuristic identity theory. Theory and Psychology 11: 736-760.

McCauley, R. N., and E. T. Lawson (2002). Bringing Ritual to Mind: Psychological Foundations of Cultural Forms. Cambridge: Cambridge University Press.

McGuire, W. J. (1999). Constructing Social Psychology: Creative and Critical Processes. New York: Cambridge University Press.

McLaughlin, B. P. (1988). Exploring the possibility of self-deception in belief. In B. P. McLaughlin and A. O. Rorty (eds.), Perspectives on Self-Deception (pp. 29-62). Berkeley: University of California Press.

McLaughlin, B. P. (1996). On the very possibility of self-deception. In R. T. Ames and W. Dissanayake (eds.), Self and Deception: A Cross-Cultural Philosophical Enquiry. New York: SUNY Press.

Medawar, P. B. (1979). Advice to a Young Scientist. New York: Harper and Row.

Meichenbaum, D. (1994). A Clinical Handbook/Practical Therapist Manual for Assessing and Treating Adults with Post-Traumatic Stress Disorder (PTSD). Waterloo, Ont.: Institute Press.

Mele, A. R. (2001). Self-Deception Unmasked. Princeton, N. J.: Princeton University Press.

Mill, J. S. (1970). A system of logic, 8th ed. London: Longman.

Millgram, E. (1997). Practical Induction. Cambridge, Mass.: Harvard University Press.

Millgram, E., and P. Thagard (1996). Deliberative coherence. Synthese 108: 63-88.

Minsky, M. (2003). The emotion machine. Retrieved Dec. 4, 2003, from http://web.media. mit. edu/~minsky/E2/eb2.html/.

Mischel, W., and Y. Shoda (1995). A cognitive-affective system theory of personality: Reconceptualizing situations, dispositions, dynamics, and the invariance in personality structure. Psychological Review 102: 246-268.

Mitchell, J. (2000). Living a lie: self-deception, habit, and social roles. Human Studies 23: 145-156.

Mitroff, I. I. (1974). The Subjective Side of Science. Amsterdam: Elsevier.

Mogenson, G., D. Jones, and C. Yim (1980). From motivation to action: Functional interface between the limbic system and the motor system. Progress in Neurobiology 14: 69-97.

Moll, J., R. de Oliveira-Souza, P. Eslinger, I. E. Bramati, J. Mourao-Miranda, P. A. Andreiuolo, and L. Pessoa (2002). The neural correlates of moral sensitivity: A functional magnetic resonance imaging investigation of basic and moral emotions. Journal of Neuroscience 22: 2730-2736.

Moore, S., and M. Oaksford (eds.). (2002). Emotional Cognition. Amsterdam: John Benjamins.

Moravec, H. (1998). Robot: Mere Machine to Transcendent Mind. Oxford: Oxford University Press.

Morris, J. S. (2002). How do you feel? Trends in Cognitive Sciences 6: 317-319.

Moss, S. (2002). Challenges for agent-based social simulation of multilateral negotia- tion. In K. Dautenhaum, A. Bond, L. Canamero, and B. Edmonds (eds.), Socially Intelligent Agents: Creating Relationships with Computers and Robots (pp. 251- 258). Norwell, Mass. : Kluwer.

Neapolitan, R. (1990). Probabilistic Reasoning in Expert Systems. New York: John Wiley and Sons.

Nerb, J., and H. Spada (2001). Evaluation of environmental problems: A coherence model of cognition and emotion. Cognition and Emotion 15: 521-551.

Nerb, J., H. Spada, and K. Lay (2001). Environmental risk in the media: Modeling the reactions of the audience. Research in Social Problems and Public Policy 9: 57-85.

Nersessian, N. (1992). How do scientists think? Capturing the dynamics of conceptual change in science. In R. Giere (ed.), Cognitive Models of Science, vol. 15 (pp. 3-44). Minneapolis: University of Minnesota Press.

Newell, A. (1990). Unified Theories of Cognition. Cambridge, Mass. : Harvard University Press.

Newman, E. A., and K. R. Zahs (1998). Modulation of neuronal activity by glial cells in the retina. Journal of Neuroscience 18: 4022-4028.

Newman, L. S., K. Duff, N. Schnopp-Wyatt, and B. Brock (1997). Reactions to the

O. J. Simpson verdict: "Mindless tribalism" or motivated inference processes? Journal of Social Issues 53: 547-562.

O'Donnell, P. (1999). Ensemble coding in the nucleus accumbens. Psychobiology 27: 187-197.

O'Donnell, P., and A. Grace (1995). Synaptic interactions among excitatory afferents to nucleus accumbens neurons: Hippocampal gating of prefrontal cortical input. Journal of Neuroscience 15: 3622-3639.

Oatley, K. (1992). Best Laid Schemes: The Psychology of Emotions. Cambridge: Cambridge University Press.

Olby, R. (1974). The Path to the Double Helix. London: Macmillan.

Olson, J. S. (1989). The History of Cancer: An Annotated Bibliography. New York: Greewood Press.

Ortony, A., G. L. Clore, and A. Collins (1988). The Cognitive Structure of Emotions. Cambridge: Cambridge University Press.

Paluch, S. (1967). Self-deception. Inquiry 10: 268-278.

Panksepp, J. (1993). Neurochemical control of moods and emotions: Amino acids to neuropeptides. In M. Lewis and J. M. Haviland (eds.), Handbook of Emotions (pp. 87-107). New York: Guilford Press.

Panksepp, J. (1998). Affective Neuroscience: The Foundations of Human and Animal Emotions. Oxford: Oxford University Press.

Parks, R. W., D. S. Levine, and D. L. Long (eds.). (1998). Fundamentals of Neural Network Modeling. Cambridge, Mass.: MIT Press.

Parsons, G. G., and A. Rueger (2000). The epistemic significance of appreciating experiments aesthetically. British Journal of Aesthetics 40: 407-423.

Paulhus, D. L., and D. B. Reid (1991). Enhancement and denial in social desirable responding. Journal of Personality and Social Psychology 60: 307-317.

Pearl, J. (1988). Probabilistic Reasoning in Intelligent Systems. San Mateo, Calif.: Morgan Kaufmann.

Pears, D. (1986). The goals and strategies of self-deception. In J. Elster (ed.), The Multiple Self (pp. 59-78). Cambridge: Cambridge University Press.

Peirce, C. S. (1931-1958). Collected Papers. Cambridge, Mass.: Harvard University Press.

Peirce, C. S. (1958). Charles S. Peirce: Selected Writings. New York: Dover.

Pennington, N., and R. Hastie (1992). Explaining the evidence: Tests of the story model for juror decision making. Journal of Personality and Social Psychology 51: 189-206.

Pennington, N., and R. Hastie (1993). Reasoning in explanation-based decision making. Cognition 49: 125-163.

Peoples, L. L. (2002). Will, anterior cingulate cortex, and addiction. Science 296: 1623-1624.

Petrocelli, D. (1998). Triumph of Justice: The Final Judgment of the Simpson Saga. New York: Crown.

Pfrieger, F. W., and B. A. Barres (1997). Synaptic efficacy enhanced by glial cells in vitro. Science 277: 1684-1687.

Plato (1961). The Collected Dialogues. Princeton, N. J. : Princeton University Press.

Polanyi, M. (1958). Personal Knowledge. Chicago: University of Chicago Press.

Popkin, R. H. (1979). The History of Scepticism from Erasmus to Spinoza. Berkeley: University of California Press.

Popper, K. (1959). The Logic of Scientific Discovery. London: Hutchinson.

Port, R., and T. van Gelder (eds.). (1995). Mind as motion: Explorations in the Dynamics of Cognition. Cambridge, Mass. : MIT Press.

Posner, R. A. (1999). Emotion versus emotionalism in law. In S. A. Blandes (ed.), The Passions of Law (pp. 309-329). New York: New York University Press.

Poznanski, M., and P. Thagard (2005). Changing personalities: Towards realistic virtual characters. Journal of Experimental and Theoretical Artificial Intelligence 17: 221-241.

Ramón y Cajal, S. (1999). Advice for a Young Investigator. N. S. Swanson and L. W. Swanson, trans. Cambridge, Mass. : MIT Press.

Read, S. J., E. J. Vanman, and L. C. Miller (1997). Connectionist, parallel constraint satisfaction, and Gestalt principles: (Re) Introducing cognitive dynamics to social psychology. Personality and Social Psychology Review 1: 26-53.

Reichenbach, H. (1938). Experience and Prediction. Chicago: University of Chicago Press.

Reisenzein, R. (1983). The Schachter theory of emotion: Two decades later. Psychological Review 94: 239-264.

Rey, G. (1988). Toward a computational account of akrasia and self-deception. In B. P. McLaughlin and A. O. Rorty (eds.), Perspectives on Self-Deception (pp. 264-296). Berkeley: University of California Press.

Richardson, R. C. (1996). The prospects for an evolutionary psychology: Human language and human reasoning. Minds and Machines 6: 541-557.

Roberts, R. M. (1989). Serendipity: Accidental Discoveries in Science. New York: John Wiley and Sons.

Rolls, E. T. (1999). The Brain and Emotion. Oxford: Oxford University Press.

Rorty, A. O. (1988). The deceptive self: Liars, layers, and lairs. In B. P. McLaughlin and A. O. Rorty (eds.), Perspectives on Self-Deception (pp. 11-28). Berkeley: University of California Press.

Rorty, A. O. (1996). User-friendly self-deception: A traveler's manual. In R. T. Ames and W. Dissanayake (eds.), Self and Deception: A Cross-Cultural Philosophical Enquiry. New York: SUNY.

Rottenstreich, Y., and C. K. Hsee (2001). Money, kisses, and electric shocks: On the affective psychology of risk. Psychological Science 12: 185-190.

Rudner, R. (1961). Value judgments in the acceptance of theories. In P. G. Frank (ed.), The Validation of Scientific Theories (pp. 31-35). New York: Collier Books.

Rumelhart, D. E., and J. L. McClelland (eds.). (1986). Parallel Distributed Processing: Explorations in the Microstructure of Cognition. Cambridge Mass.: MIT Press/Bradford Books.

Russell, B. (1984). Theory of Knowledge (Collected Papers, vol. 7). London: George Allen and Unwin.

Russo, J. E., and P. J. H. Schoemaker (1989). Decision Traps. New York: Simon and Schuster.

Sackeim, H. A., and R. C. Gur (1978). Self-deception, self-confrontation, and consciousness. In G. E. Schwartz and D. Shapiro (eds.), Consciousness and Self-Regulation: Advances in Research, vol. 2 (pp. 139-197). New York: Plenum.

Salmon, N. (1995). Being of two minds: Belief with doubt. Noûs 29: 1-20.

Salmon, W. (1984a). Logic. 3rd ed. Englewood Cliffs, N. J.: Prentice-Hall.

Salmon, W. (1984b). Scientific Explanation and the Causal Structure of the World. Princeton, N. J.: Princeton University Press.

Sanfey, A. G., J. K. Rilling, J. A. Aronson, L. E. Nystrom, and J. D. Cohen (2003). The neural basis of economic decision making in the ultimatum game. Science 300: 1755-1758.

Sanitioso, R., Z. Kunda, and G. T. Fong (1990). Motivated recruitment of autobiographical memories. Journal of Personality and Social Psychology 59: 229-241.

Sartre, J.-P. (1958). Being and Nothingness. H. E. Barnes, trans. London: Methuen.

Schacter, S., and J. Singer (1962). Cognitive, social, and physiological determinants of emotional state. Psychological Review 69: 379-399.

Scheffler, I. (1991). In Praise of the Cognitive Emotions. New York: Routledge.

Scherer, K. R. (1993). Studying the emotion-antecedent appraisal process: An expert system approach. Cognition and Emotion 7: 325-355.

Scherer, K. R., A. Schorr, and T. Johnstone (2001). Appraisal Processes in Emotion. New York: Oxford University Press.

Schick, T., Jr., and L. Vaughn (1999). How to Think about Weird Things, 2nd ed. Mountain View, Calif.: Mayfield.

Schiller, L., and J. Willwerth (1997). American Tragedy: The Uncensored Story of the Simpson Defense. New York: Avon Books.

Sears, D., L. Huddy, and L. Schaffer (1986). A schematic variant of symbolic politics theory, as applied to racial and gender equality. In R. Lau and D. Sears (eds.), Political Cognition (pp. 159-202). Hillsdale, N. J.: Lawrence Erlbaum.

Shapiro, R. L. (1996). The Search for Justice. New York: Warner Books.

Shastri, L., and V. Ajjanagadde (1993). From simple associations to systematic reasoning: A connectionist representation of rules, variables, and dynamic bindings.

Behavioral and Brain Sciences 16: 417-494.

Shelley, C. P. (2001). The bicoherence theory of situational irony. Cognitive Science 25: 775-818.

Shelley, C. P. (1999). Multiple analogies in evolutionary biology. Studies in History and Philosophy of Science, pt. C, Studies in History and Philosophy of Biological and Biomedical Sciences 30: 143-180.

Shultz, T. R., and M. R. Lepper (1996). Cognitive dissonance reduction as constraint satisfaction. Psychological Review 103: 219-240.

Sinclair, L., and Z. Kunda (1999). Reactions to a black professional: Motivated inhibition and activation of conflicting stereotypes. Journal of Personality and Social Psychology 77: 885-904.

Sinclair, L., and Z. Kunda (2000). Motivated stereotyping of women: She's fine if she praised me but incompetent if she criticized me. Personality and Social Psychology Bulletin 26: 1329-1342.

Sindermann, C. J. (1985). The Joy of Science. New York: Plenum.

Slovic, P., M. L. Finucane, E. Peters, and D. G. MacGregor (2002). The affect heuristic. In T. Gilovich, D. Griffin, and D. Kahneman (eds.), Heuristics and Biases: The Psychology of Intuitive Judgement (pp. 397-420). Cambridge: Cambridge University Press.

Snodgrass, J., G. Levy-Berger, and M. Haydon (1985). Human Experimental Psychology. New York: Oxford University Press.

Song, J. Y., K. Ichtchenko, T. C. Sudhof, and N. Brose (1999). Neuroligin 1 is a postsynaptic cell-adhesion molecule of excitatory synapses. Proceedings of the National Academy of Sciences 96: 1100-1105.

Starek, J. E., and C. F. Keating (1991). Self-deception and its relationship to success in competition. Basic and Applied Social Psychology 12: 145-155.

Strong, J. E., M. C. Coffey, D. Tang, P. Sabinin, and P. W. K. Lee (1998). The molecular basis of viral oncolysis: Usurpation of the Ras signaling pathway by reovirus. EMBO Journal 17: 3351-3362.

Strong, J. E., and P. W. K. Lee (1996). The v-erbB oncogene confers enhanced cellular susceptibility to reovirus infection. Journal of Virology 70: 612-616.

Strong, J. E., D. Tang, and P. W. K. Lee (1993). Evidence that the epidermal growth factor receptor on host cells confers reovirus infection efficiency. Virology 197: 405-411.

Surbey, M. K., and J. J. McNally (1997). Self-deception as a mediator of cooperation and defection in varying social contexts described in the iterated prisoner's dilemma. Evolution and Human Behavior 18(6): 417-435.

Swinburne, R. (1990). The Existence of God, 2nd ed. Oxford: Oxford University Press.

Talbott, W. J. (1995). Intentional self-deception in a single coherent self. Philosophy and Phenomenological Research 55(1), 27-74.

Tang, D., J. E. Strong, and P. W. K. Lee (1993). Recognition of the epidermal growth factor receptor in reovirus. Virology 197: 412-414.

Taylor, S. E. (1989). Positive Illusions: Creative Self-Deception and the Healthy Mind. New York: Basic Books.

Thagard, P. (1988). Computational Philosophy of Science. Cambridge, Mass. : MIT Press.

Thagard, P. (1989). Explanatory coherence. Behavioral and Brain Sciences 12: 435- 467.

Thagard, P. (1992). Conceptual Revolutions. Princeton, N. J. : Princeton University Press.

Thagard, P. (1996). Mind: Introduction to Cognitive Science. Cambridge, Mass. : MIT Press.

Thagard, P. (1999). How Scientists Explain Disease. Princeton, N. J. : Princeton University Press.

Thagard, P. (2000). Coherence in Thought and Action. Cambridge, Mass. : MIT Press.

Thagard, P. (2003). Pathways to biomedical discovery. Philosophy of Science 70: 235-254.

Thagard, P. (2004). Causal inference in legal decision making: Explanatory coherence versus Bayesian networks. Applied Artificial Intelligence 18: 231-249.

Thagard, P. (2005). Mind: Introduction to Cognitive Science, 2nd ed. Cambridge, Mass. : MIT Press.

Thagard, P. (forthcoming a). Abductive inference: From philosophical analysis to neural mechanisms. In A. Feeney and E. Heit (eds.), Inductive reasoning: Cognitive, mathematical, and neuroscientific approaches. Cambridge: Cambridge University Press.

Thagard, P. (forthcoming b). How to collaborate: Procedural knowledge in the cooperative development of science. Southern Journal of Philosophy.

Thagard, P. (forthcoming c). The moral psychology of conflicts of interest: Insights from affective neuroscience. Journal of Applied Philosophy.

Thagard, P. (forthcoming d). Testimony, credibility, and explanatory coherence. Erkenntnis.

Thagard, P., D. Gochfeld, and S. Hardy (1992). Visual analogical mapping. In Proceedings of the Fourteenth Annual Conference of the Cognitive Science Society (pp. 522-527). Hillsdale, N. J. : Lawrence Erlbaum Associates.

Thagard, P., and A. Litt (forthcoming). Models of scientific explanation. In R. Sun (ed.), The Cambridge Handbook of Computational Cognitive Modeling. Cambridge: Cambridge University Press.

Thagard, P., and E. Millgram (1995). Inference to the best plan: A coherence theory of decision. In A. Ram and D. B. Leake (eds.), Goal-Driven Learning (pp. 439-454). Cambridge, Mass. : MIT Press.

Thagard, P., and K. Verbeurgt (1998). Coherence as constraint satisfaction. Cognitive Science 22: 1-24.

Thagard, P., and J. Zhu (2003). Acupuncture, incommensurability, and conceptual change. In G. M. Sinatra and P. R. Pintrich (eds.), Intentional Conceptual Change (pp. 79-102). Mahwah, N. J.: Lawrence Erlbaum.

Thelen, E., and L. B. Smith (1994). A dynamic systems approach to the development of cognition and action. Cambridge, Mass.: MIT Press.

Tversky, A., and D. J. Koehler (1994). Support theory: A nonextensional representation of subjective probability. Psychological Review 101: 547-567.

Vallacher, R. R., S. J. Read, and A. Nowak (2002). The dynamical perspective in personality and social psychology. Personality and Social Psychology Review 6: 274-282.

van Andel, P. (1994). Anatomy of the unsought finding, serendipity: Origin, history, domains, traditions, appearances, patterns, and programmability. British Journal for the Philosophy of Science 45: 631-648.

van Gelder, T. (1995). What might cognition be, if not computation? Journal of Philosophy 92: 345-381.

Wagar, B. M., and P. Thagard (2003). Using computational neuroscience to investigate the neural correlates of cognitive-affective integration during covert decision making. Brain and Cognition 53: 398-402.

Wagar, B. M., and P. Thagard (2004). Spiking Phineas Gage: A neurocomputational theory of cognitive-affective integration in decision making. Psychological Review 111: 67-79.

Ward, T. B., S. M. Smith, and J. Vaid (eds.). (1997). Creative Thought: An Investigation of Conceptual Structures and Processes. Washington, D. C.: American Psychological Association.

Watson, J. D. (1969). The Double Helix. New York: New American Library.

Watson, J. D. (2000). A Passion for DNA: Genes, Genomes, and Society. Cold Spring Harbor, N. Y.: Cold Spring Harbor Laboratory Press.

Weiner, B. (1995). Judgments of Responsibility: A Foundation for a Theory of Social Conduct. New York: Guilford Press.

Westen, D., A. Feit, J. Arkowitz, P. Blagov, and P. Thagard (forthcoming). On selecting and impeaching presidents: Emotional constraint satisfaction in motivated political reasoning.

White, D. O., and F. J. Fenner (1994). Medical Virology. San Diego, Calif.: Academic Press.

Whitehouse, H. (2000). Arguments and Icons: Divergent Modes of Religiosity. Oxford: Oxford University Press.

Wilkins, J. (1969). Of the Principles and Duties of Natural Religion. New York: Johnson Reprint Corp.

Wilson, T. D., and J. W. Schooler (1991). Thinking too much: Introspection can re- duce the quality of preferences and decisions. Journal of Personality and Social Psychology 60: 181-192.

Wolpert, L., and A. Richards (1997). Passionate Minds: The Inner World of Scientists. Oxford: Oxford University Press.

Wooldridge, M. (2002). An Introduction to Multiagent Systems. Chichester: John Wiley and Sons.

Wrangham, R. (1999). Is military incompetence adaptive? Evolution and Human Behavior 20: 3-17.

Zerbe, W. J., and D. L. Paulhus (1987). Socially desirable responding in organized behavior: A reconception. Academy of Management Review 12: 250-264.

Zhu, J., and P. Thagard (2002). Emotion and action. Philosophical Psychology 15: 19-36

词汇与人名表

A

Abduction　演绎推理
Abelson R　阿贝尔森·R
Abrahamsen　阿布拉姆森，A. A
Adleman L. M.　埃德尔曼，L. M.
Aggleton J.　阿格雷顿，J
Ajjanagadde V.　阿扎纳伽德，V.
Alhakami A. S.　阿哈卡米，A. S
Allen R. J.　阿伦，R. J.
Altruism　利他主义
Amygdala　杏仁核
Analogical inference　类比推理
Analogies, multiple　类比，多重
Analogy　类比
Anderson C. H.　安德森·C. H.
Anderson J. R.　安德森·J. R.
Anderson S.　安德森·S.
Anger　愤怒
Appraisal　评价
Arabsheibani　阿拉比西巴尼
Artificial intelligence　人工智能
Ashby F. G.　阿什比·F. G.
Atran S.　阿特兰·S.

B

Barnes, A.　巴恩斯·A.
Barres B. A.　巴里斯·B. A.
Barsade S.　巴萨德·S.
Basic emotions　基本情感
Bayesian network　贝叶斯网络
Bazerman M. H.　巴泽曼·M. H.
Beam A.　比姆·A.
Bechara A.　贝沙拉·A.
Bechtel W.　贝克特尔·W.

Bernardi G. 贝尔纳迪·G.
Berns G. 伯恩斯·G.
Bersten S. 伯恩斯坦·S.
Bess C. 贝丝·C.
Bhalla U. S. 巴拉·U. S.
Bischoff J. R. 比斯科夫·J. R.
Bishop C. M. 毕晓普·C. M.
Black I. B. 布莱克·I. B.
Blanchette I. 布兰切特·I.
Bosanquet B. 博赞吉特·B.
Bower G. H. 鲍尔·G. H.
Boyer P. 波伊尔·P.
Bray D. 布雷·D.
Breiter H. 布莱特·H.
Brekke D. 布莱克·D.
Brink D. O. 布林克·D. O.
Brown R. E. 布朗·R. E.
Brown S. 布朗·S.
Bugliosi V. 布格利奥西·V.
Burns R. 伯恩斯·R.
Bylander T. 拜兰德·T.
Byrne M. D. 伯恩·M. D.

C

Cacioppo J. T. 卡西奥波·J. T.
Calabresi P. 卡拉布雷西·P.
Camerer C. 卡莫勒·C.
Campanario J. M. 坎帕纳里奥·J. M.
Cancer 癌症
Causal relations 因果关系
Cells 细胞
Churchland P. S. 丘奇兰德·P. S.
Clore G. L. 科洛尔·G. L.
Coady C. A. J. 科迪·C. A. J.
Cochran J. L. 科克伦·J. L.
Coffey M. C. 科菲·M. C.
Cognitive dissonance 认知失调
Cohen S. 柯恩·S.
Coherence 连贯性；一致性

Collaboration 协同
Collins A. 柯林斯·A.
Compassion 同情
Computational models 计算模型
Concentration 专注、集中
Conceptual change 概念变换
Consciousness 意识
Consensus 一致，共识
Conway M. 康韦·M.
Cooke R. 库克·R.
Cooley A. 库利·A.
Cooper J. 库珀·J.
Cozman F. J. 科兹曼·F. J.
Craver C. F. 克莱弗·C. F.
Creativity 创造力
Crick F. 克里克·F.
Crossin K. L. 克罗辛·K. L.
Curiosity 好奇心，求知欲

D

Dalgleish T. 达格利什·T.
Damasio A. R. 达马西奥·A. R.
Damasio H. 达马西奥·H.
Darden L. 达登·L.
Darley J. M. 达利·J. M.
Davidson B. 戴维森·B.
Davidson D. 戴维森·D.
Decision making 决策
Deliberative coherence 审慎连贯性
Demos N. F. 迪莫斯·N. F.
de Murtas M. 德·穆尔塔斯·M.
Dershowitz A. M. 德肖维茨·A. M.
Descartes R. 笛卡儿·R.
de Sousa R. 德·索萨·R.
Devine D. J. 迪瓦恩·D. J.
Discovery 发现
Distributed representations 分布式表征
DNA 脱氧核糖核酸
Donne J. 多恩·J.
Dopamine 多巴胺

Doubt　怀疑
Dunbar K.　邓巴·K.
Dynamical system　动力学系统

E

ECHO　解释连贯性模型
Economy of research　经济学研究
Edwards J.　爱德华兹·J.
Ekman P.　艾克曼·P.
Elements　要素
Eliasmith C.　伊利亚史密斯·C.
Elster J.　埃尔斯特·J.
Emotional cognition　情感认知；情绪认知
Emotional coherence　情感连贯性/一致性
Emotional contagion　情感感染
Emotional gestalt　情感格式塔
Emotional incoherence　情感非连贯性
Emotional skewer　情感扭曲
Empathy　移情
Engel A. K.　恩格尔·A. K.
Ephrati E.　埃弗拉特·E.
Epicurus　伊壁鸠鲁
Erez A.　埃雷兹·A.
Ethical judgment　道德判断
Everitt B.　埃弗里特·B.
Evolution　进化
Excitement　兴奋
Experimental design　实验设计
Explanatory　解释性
Explanatory pluralism　解释多元论

F

Falkenhainer B.　福克兰汉纳·B.
Faust J.　佛斯特·J.
Fazio R. H.　法西奥·R. H.
Fear　恐惧
Feedback　反馈
Feinberg W. E.　范伯格·W. E.
Feist G. J.　菲斯特·G. J.
Fenner F. J.　芬纳·F. J.

Fenno R. F.　芬诺・R. F.
Festinger L.　费斯汀格・L.
Feynman R.　费曼・R.
Fingarette H.　芬格莱特・H.
Finucane M. L.　芬努凯恩・M. L.
Fiske S.　菲斯克・S.
Fodor J.　福多・J.
Fong G. T.　方・G. T.
Forbus K. D.　福布斯・K. D.
Forgas J. P.　佛格斯・J. P.
Frank R. H.　弗兰克・R. H.

G

Gage P.　盖奇・P.
GAGE (model)　盖奇（模型）
Galarreta M.　加拉雷塔・M.
Galison P.　加里森・P.
Gallagher S.　加拉格尔・S.
Gentner D.　金特纳・D.
Giere R. N.　吉尔・R. N.
Gilovich T.　基洛维奇・T.
Gochfeld D.　戈切菲尔德・D.
Goldbeck R.　戈德贝克・R.
Goldberg S. C.　戈德伯格・S. C.
Goldman A.　戈德曼・A.
Gooding D.　古丁・D.
Gopnik A.　高普尼克・A.
Gorman M. E.　戈尔曼・M. E.
Grace A　格雷斯・A.
Greene J.　格林尼・J.
Grice H. P.　格莱斯・H. P.
Gross M.　格罗斯・M.
Gur R. C.　古尔・R. C.

H

Haack S.　哈克・S.
Hacking I.　哈金・I.
Haidt J.　海德特・J.
Haight M. R.　海特・M. R.
Hardy S.　哈迪・S.

Harman G.　哈曼·G.
Harris K. M.　哈里斯·K. M.
Hastie R.　黑斯蒂·R.
Hatfield E.　哈特菲尔德·E.
Hawthorne N.　霍桑·N.
Haydon M.　海登·M.
Hestrin S.　赫斯林·S.
Hick J.　希克·J.
Hippocampus　海马
Hitchcott P.　赫克特·P.
Holyoak K. J.　霍利约克·K. J.
Hormones　荷尔蒙，激素
HOTCO (hot coherence)　热一致性/连贯性
Hsee C. K.　海斯·C. K.
Huddy L.　赫迪·L.
Hume D.　休谟·D.
Hummel J. E.　胡梅尔·J. E.
Humor　幽默
Hurley S. L.　赫胥黎·S. L.
Hutchins E.　哈钦斯·E.
Hypocrisy　伪善
Hypothesis formation　生成假设

I

Impression formation　印象生成
Informed intuition　知情直觉
Interest　兴趣
Intuition　直觉
Investigation　调查
Iowa gambling task　爱荷华州赌博任务
Irony　讽刺，反语
Isen A. M.　艾辛·A. M.
ITERA　环境风险评估中的直觉思维
Iyengar R.　艾扬格·R.

J

Jacob F.　雅各布·F.
James W.　詹姆斯·W.
Johnson D. E.　约翰逊·D. E.
Johnson N. R.　约翰逊·N. R.

Johnson S. M.　约翰逊·S. M.
Johnston M.　约翰斯顿·M.
Johnstone T.　约翰斯通·T.
Jones D.　琼斯·D.
Josephson J. R.　约瑟夫森·J. R.
Josephson S. G.　约瑟夫森·S. G.
Judge T. A.　加奇·T. A.
Judson H. F　贾德森·H. F.
Just D.　加斯特·D.
Justification　辩护

K

Kahneman D.　卡内曼·D.
Kaplan F.　卡普兰·F.
Keating C. F.　基廷·C. F.
Keltner D.　凯尔特纳·D.
Kitcher P.　基切尔·P.
Knutson B.　克努森·B.
Koch C.　科赫·C.
Koch C. M.　科赫·C. M.
Koehler D. J.　凯勒·D. J.
Kolodner J.　克洛德纳·J.
Kosfeld M.　科斯菲尔德·M.
Koza J. R.　科扎·J. R.
Kroon F. W.　克鲁恩·F. W.
Krushel L. A.　克鲁舍尔·L. A.
Kubovy M.　库伯维·M.
Kunda Z.　昆达·Z.
Kurzweil R.　科兹维尔·R.

L

Lajunen T.　拉尤宁·T.
Landau S.　兰多·S.
Lawson E. T.　劳森·E. T.
Lay K.　雷·K.
Lazar A.　拉扎尔·A.
Lazarus R. S.　拉扎勒斯·R. S.
LeDoux J.　勒杜·J.
Lee P. W. K.　李·P. W. K.
Leese M.　李斯·M.

Leibniz 莱布尼兹
Lempert R. 伦伯特·R.
Lepper M. R. 莱佩尔·M. R.
Lerner J. S. 勒纳·J. S.
Levine D. S. 莱文·D. S.
Levy-Berger G. 莱维-伯杰·G.
Lewin K. 勒温·K.
Librach P. B. 里布奇·P. B.
Lieberman M. D. 利伯曼·M. D.
Litt A. 利特·A.
Lockwood P. 洛克伍德·P.
Lodge M. 洛奇·M.
Lodish H. 洛迪什·H.
Loewenstein G. F. 卢文斯基·G. F.
Long D. L. 郎·D. L.
Lucretius 卢克莱修

M

Maass W. 马斯·W.
Machamer P. 马查谟·P.
Macmillan M. 麦克米伦·M.
Magnasco M. O. 马尼亚斯科·M. O.
Marshall B. J. 马歇尔·B. J.
McAllister J. W. 麦卡利斯特·J. W.
McCauley R. N. 麦考利·R. N.
McClelland J. L. 麦克莱兰·J. L.
McGuire W. J. 麦圭尔·W. J.
McLaughlin B. P. 麦克劳林·B. P.
McNally J. J. 麦克纳利·J. J.
Means-ends argument 手段—目的论证
Mechanisms 机制
Medawar P. B. 梅达沃·P. B.
Meichenbaum D. 迈肯鲍姆·D.
Mele A. R. 米尔·A. R.
Melz E. R. 梅尔茨·E. R.
Mental representations 心理表征
Metaphor 隐喻
Mill J. S. 密尔·J. S.
Miller L. C. 米勒·L. C.
Millgram E. 米尔格兰姆·E.

Minsky M. 明斯基·M.
Mischel W. 米歇尔·W.
Mitchell J. 米切尔·J.
Mitroff I. I. 米特罗夫·I. I.
Models 模型
Mogenson G. 穆根森·G.
Moll J. 莫尔·J.
Moore H. 摩尔·H.
Moore S. 摩尔·S.
Moravec H. 莫拉韦克·H.
Morris J. S. 莫里斯·J. S.
Moss S. 莫斯·S.
Motivated inference 动机推理

N

Neapolitan R. 那不勒斯·R.
Nerb J. 纳伯·J.
Nersessian N. 纳斯塞安·N.
Neuromodulators 神经调节剂
Neurotransmitters 神经递质
Newell A. 纽厄尔·A.
Newman E. A. 纽曼·E. A.
Newman L. S. 纽曼·L. S.
Normative questions 规范性问题
Novick L. R. 诺维克·L. R.
Nowak A. 诺瓦克·A.
Nucleus accumbens 伏隔核

O

Oaksford M. 奥克斯福德·M.
Oatley K. 奥特利·K.
O'Donnell P. 奥唐奈·P.
Olby R. 奥比·R.
Olson J. S. 奥尔森·J. S.
Ortony A. 奥托尼·A.

P

Paluch S. 帕鲁赫·S.
Panksepp J. 潘克斯普·J.
Parallel constraint satisfaction 平行约束满足

Pargetter B. 帕吉特·B.
Parks R. W. 帕克斯·R. W.
Parsons G. G. 帕森斯·G. G.
Pascal's wager 帕斯卡赌注
Paulhus D. L. 保卢斯·D. L.
Pavelchak M. 帕维尔查克·M.
Pearl J. 珀尔·J.
Pears D. 皮尔斯·D.
Peirce C. S. 皮尔士·C. S.
Pennington N. 彭宁顿·N.
Peoples L. L. 皮普尔斯·L. L.
Personality 个性，性格
Persuasion 说服，劝服
Petrocelli D. 帕特塞利·D.
Pfrieger F. W. 普弗里格·F. W.
Phillips G. 菲利普斯·G.
Pinch T. 平奇·T.
Plato 柏拉图
Polanyi M. 波兰尼·M.
Political judgment 政治判断
Popkin R. H. 波普金·R. H.
Popper K. 波普尔·K.
Port R. 博尔特·R.
Posner R. A. 波斯纳·R. A.
Power M. J. 鲍尔·M. J.
Poznanski M. 波兹南斯基·M.
Prelec D. 普瑞莱兹·D.
Probability 概率，可能性
Propaganda 宣传，布道
Proteins 蛋白质
Psychopaths 精神病患者

Q

Quistgaard K. 奎斯特加特·K.

R

Rapson R. L. 拉普森·R. L.
Rationality 理性
Rats and lawyers 老鼠与律师
Read S. J. 里德·S. J.

Reasonable doubt　合理怀疑
Reasoning　推理
Reduction　还原
Reichenbach H.　赖欣巴哈·H.
Reid D. B.　里德·D. B.
Reisenzein R.　雷塞辛恩·R.
Religion　宗教
Reverse empathy　逆向移情
Rey G.　雷伊·G.
Richards A.　理查德·A.
Richardson R. C.　理查德森·R. C.
Ritual　仪式
Roberts R. M.　罗伯茨·R. M.
Roediger H. L.　罗迪格·H. L.
Role models　角色模型
Rolls E. T.　罗尔斯·E. T.
Rorty A. O.　罗蒂·A. O.
Rosenschein J. S.　罗森切恩·J. S.
Rottenstreich Y.　罗滕斯杰克·Y.
Rubin-Jackson M.　鲁宾－杰克逊·M.
Rudner R.　鲁德纳·R.
Rueger A.　吕格尔·A.
Rumelhart D. E.　鲁梅尔哈特·D. E.
Russell B.　罗素·B.
Russo J. E.　拉索·J. E.

S

Sackeim H. A.　萨克基姆·H. A.
Sahdra B.　萨德拉·B.
Salmon N.　萨尔蒙·N.
Salmon W.　萨尔蒙·W.
Sanfey A. G.　桑菲·A. G.
Santioso R.　桑提奥索·R.
Sartre J.-P.　萨特·J.-P.
Schacter S.　沙克特·S.
Schaffer L.　谢弗·L.
Scheffler I.　谢弗·I.
Scherer K. R.　谢雷尔·K. R.
Schick T.　希克·T.
Schiller L.　席勒·T.

Schoemaker P. J. H.　斯科梅克·P. J. H.
Schooler J. W.　斯库勒·J. W.
Schorr A.　肖尔·A.
Schwarz N.　施瓦尔兹·N.
Science education　科学教育
Sears D.　西尔斯·D.
Sejnowski T.　塞诺斯基·T.
Self　自我
Self-deception　自我欺骗
Serendipity　意外发现
Shapiro R. L.　夏皮罗·R. L.
Shastri L.　夏斯特里·L.
Shelley C. P.　雪莱·C. P.
Shoda Y.　翔田·Y.
Shultz T. R.　舒尔茨·T. R.
Sinclair L.　辛克莱·L.
Sindermann C. J.　辛德曼·C. J.
Singer J.　西格尔·J.
Slovic P.　斯洛维奇·P.
Small D. A.　斯莫尔·D. A.
Smith L. B.　史密斯·L. B.
Smith S. M.　史密斯·S. M.
Snodgrass J.　史努德格罗斯·J.
Social　社会的
Somatic markers　躯体标记
Song J. Y.　桑·J. Y.
Spada H.　斯帕达·H.
Spellman B. A.　斯佩尔曼·B. A.
Starek J. E.　斯塔克·J. E.
Stereotypes　刻板印象
Stroh P.　斯特罗·P.
Strong J. E.　斯特朗·J. E.
Subjective well-being　主观幸福感
Surbey M. K.　苏比·M. K.
Surprise　惊奇
Swinburne R.　斯温伯恩·R.

T

Talbott W. J.　塔尔博特·W. J.
Tang D.　唐·D.

Tanner A.　坦纳·A.
Taylor S. E.　泰勒·S. E.
Thagard P.　萨伽德·P.
Thelen E.　西伦·E.
Turing machine　图灵机
Turken A. U.　土库曼·A. U.
Tversky A.　特沃斯基·A.

V

Vaid J.　怀德·J.
Valence　效价
Vallacher R. R.　瓦尔拉奇·R. R.
van Andel P.　范·安德尔·P.
van Gelder T.　范·戈德尔·T.
Vanman E. J.　范曼·E. J.
Vaughn L.　沃恩·L.
Ventral tegmental area (VTA)　腹侧背盖区
Ventromedial prefrontal cortex (VMPFC)　腹内侧前额叶皮质
Verbeurgt K.　韦伯尔·K.
Viruses　病毒
Visual representations　视觉表征

W

Wagar B. M.　瓦加尔·B. W.
Ward T. B.　沃德·T. B.
Warren J. R.　沃伦·J. R.
Watson J. D.　沃森·J. D.
Weber E. U.　韦伯·E. U.
Weiner B.　维纳·B.
Welch N.　韦尔奇·N.
Westen D.　威斯顿·D.
White D. O.　怀特·D. O.
Whitehouse H.　怀特豪斯·H.
Wilkins J.　威尔金斯·J.
Willwerth J.　威尔沃斯·J.
Wilson T. D.　威尔逊·T. D.
Wishful thinking　愿望思维
Wolpert L.　沃尔珀特·L.
Wooldrige M.　伍尔德里奇·M.
Wrangham R.　瓦兰厄姆·R.

Y
Yim C. 严·C.

Z
Zahs K. R. 扎赫斯·K. R.
Zanna M. P. 赞纳·M. P.
Zerbe W. J. 泽布·W. J.
Zhu J. 朱菁